大型网站架构实战

梁嘉祯◎著

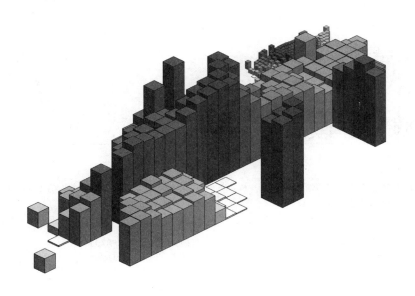

机械工业出版社
China Machine Press

图书在版编目（CIP）数据

大型网站架构实战 / 梁嘉祯著. —北京：机械工业出版社，2022.1

ISBN 978-7-111-70059-3

Ⅰ．①大… Ⅱ．①梁… Ⅲ．①网站－建设 Ⅳ.①TP393.092.1

中国版本图书馆CIP数据核字（2022）第016290号

大型网站架构实战

出版发行：机械工业出版社（北京市西城区百万庄大街22号 邮政编码：100037）

责任编辑：刘立卿

责任校对：姚志娟

印 刷：中国电影出版社印刷厂

版 次：2022年2月第1版第1次印刷

开 本：186mm×240mm 1/16

印 张：22

书 号：ISBN 978-7-111-70059-3

定 价：99.80元

客服电话：（010）88361066 88379833 68326294

投稿热线：（010）88379604

华章网站：www.hzbook.com

读者信箱：hzjsj@hzbook.com

互联网的发展速度超出了大部分人的预期。淘宝等购物平台、斗鱼等直播平台、抖音等短视频平台和头条号等自媒体平台像雨后春笋般相继涌现，它们都属于大型网站平台。随着互联网的持续发展，未来一定还会出现更多的大型网站。成功的大型网站虽然是凤毛麟角，但是它们会成为行业的标杆，会拉动大型网站的需求，使得大型网站带来的项目机会越来越多。

大型网站不仅要处理复杂、凌乱且时刻变化的业务需求，还要应对大量的用户访问和数据处理；而且随着近些年云计算的兴起，大型网站越来越复杂。因此，搭建一个大型网站不再是几个软件工程师就能完成的。大型网站要有更加全面的架构设计、更加复杂的功能和更加强大的处理能力，其对项目开发人才的要求也越来越高。理解大型网站架构是应聘互联网开发岗位的必要条件，也是一个加分项，更是成为架构师的前提。

在笔者职业生涯的开端，曾参与了一个合同额每年亿元级的软件项目。该项目有一个独特的架构，可以让开发人员近似千人一面地完成开发工作，加之该项目有严谨的项目管理流程，使得它迭代十几年至今。之后笔者参与了一个不太成功的大型网站项目（合同额千万元级），其程序凌乱不堪，即使工程师们各显神通，最后成本还是严重超标，运维成本也非常高。

那个不太成功的大型网站项目采用了当时最新的前端框架 Angular 2 和微服务框架，高并发和高可用性设计等也都采用当时较为流行的方案，但开发出来的软件质量却很差。这让笔者深深地体会到，仅靠框架和技术很难保证软件的质量，高质量的软件还依赖于良好的架构设计。架构设计不仅要选取现成的软件工具，而且还需要思考软件本身的结构，另外还需要约束软件开发的过程。

对大型网站来说，想在项目之初就设计好架构，这确实是一件十分困难的事情。因为一个成熟的大型网站系统是非常复杂的，其涉及的问题也非常多，再加上工期等客观条件的限制，导致架构设计很多时候是滞后于开发的，开发过程也很难被约束。

其实，在项目之初并不需要把大型网站整个架构都设计好，只需要解决一些关键问题即可，其他问题可以在项目迭代的过程中解决。那么，大型网站架构需要解决哪些关键问题呢？其实所谓关键问题都是经验之谈。解决好这些关键问题，在能提高项目质量的同时还能降低项目的成本。

为了帮助读者全面、系统地学习大型网站架构设计的相关知识，笔者编写了本书，给出了自己对相关问题的思考，并对多年的从业经验进行了总结，相信对相关读者会有所帮助。

本书特色

- 内容新颖：讲解时涉及的大部分软件都采用最新版本（截至完稿时）。
- 内容完善：全面介绍大型网站架构设计的发展和面临的挑战，以及前端架构、后端架构、云计算服务架构和整体架构的技术细节，并详解 3 个典型的大型网站架构设计案例，最后对笔者所理解的未来架构设计做必要介绍。
- 案例典型：详细介绍单点登录系统、媒体库管理系统和直播系统的架构设计。
- 问题驱动：从问题出发，问题与技术相对应，一步步地剖析和还原大型网站架构设计，帮助读者更好地理解相关的知识。
- 经验总结：全面归纳和总结笔者经历的几个大型网站项目的实践经验。
- 图文并茂：提供 160 余幅示意图帮助读者更加直观地理解相关内容。
- 实用性强：结合具体示例讲解知识点，便于读者理解和掌握。

本书内容

第1篇　大型网站架构的发展与面临的挑战

本篇涵盖第 1、2 章，主要介绍大型网站架构的发展与面临的挑战。架构分为业务架构与技术架构，本篇从宏观上介绍业务架构与技术架构，以及它们之间的关系。

第2篇　大型网站架构的技术细节

本篇涵盖第 3～6 章，详细介绍大型网站架构的技术细节。本篇把大型网站架构细分为前端架构、后端架构、云计算服务架构和整体架构 4 个部分，分别介绍每部分需要解决的关键问题及其解决方法。本篇结合实际项目介绍相关知识点，以帮助读者更加深刻地理解大型网站架构。

第3篇　大型网站架构实战案例

本篇涵盖第 7～9 章，选取几个较为通用且典型的网站系统作为案例，还原这些系统的架构设计，以帮助读者进一步深入理解大型网站架构。

第4篇　未来架构的设想

本篇涵盖第 10 章，介绍笔者对未来架构的设想。本篇内容虽然是一家之言，但是笔者认为，架构设计是开放的，软件世界是无限包容的，其美好是从想象开始的。

读者对象

- 网站系统架构师；
- 网站系统开发人员；
- 云计算开发人员；
- 网站系统运维人员；
- 网站开发项目经理；
- 对大型网站架构感兴趣的人员；
- 各类院校学习网站架构的学生；
- 专业培训机构的相关学员。

本书配套资源

本书涉及的源代码需要读者自行下载，请在华章公司的网站（www.hzbook.com）上搜索到本书，然后单击"资料下载"按钮，即可在本书页面上找到下载链接进行下载。

意见反馈

鉴于笔者的水平所限，书中可能还存在一些疏漏，敬请各位读者指正。阅读本书时如果有疑问，可以发送电子邮件到 yiigaa@126.com 或 hzbook2017@163.com 以获得帮助。

梁嘉祯

第 2 篇　大型网站架构的技术细节

第3篇 大型网站架构实战案例

第4篇 未来架构的设想

第1篇
大型网站架构的发展与面临的挑战

第1章　大型网站业务和架构的发展

虽然说大型网站的内部非常复杂，理解大型网站架构也是一件非常困难的事情，但是技术终究是问题驱动的，某个特定的技术在一开始就是为了解决某个特定的问题或实现某个特定的想法而生的。也就是说，大型网站的复杂性在于它本身已经解决了很多问题，所以看起来是复杂的。如果我们从头回顾大型网站的业务和架构发展，并且理解当时遇到的问题，那么在宏观上了解大型网站架构则会变得很简单。

作为整本书的第1章，笔者在尽量忽略复杂的细节和一些技术点的前提下，先从大型网站系统的发展历史了解大型网站架构。

1.1　大型网站的业务演变

业务指的是需要处理的事务。笔者对于业务的理解，就是某个特定场景需要处理的需求，比如电商网站系统有电商的业务（如订单管理、商品管理、商家和用户管理等），直播网站系统有直播的业务（如直播间管理、直播审核流程等）。这里不讨论具体某个行业的大型网站业务，只是介绍网站系统发展演变中的业务需求变化，以及网站技术大致的工作原理。

🔔注意：对于下面介绍的发展演变节点，后说明的节点并没有取代先说明的节点，先说明的节点也没有被淘汰的意思。随着互联网使用深度的增加和边界的不断扩展，网站系统应对的业务场景也不断增加，因此网站系统的演变节点也会增加。

1.1.1　静态网站的出现

静态网站是网站最简单的一种形态。最早期的网站通常是为了公开某些信息而搭建的，其作用跟现实中的公示栏类似。与公示栏不同的是，要想获取静态网站信息的话，用户需要在浏览器的地址栏中输入网址，浏览器才会显示该网站的信息。

1. 应对的业务场景

静态网站的作用是公开某些资源信息，如某个公司的基本信息或者一些产品的介绍。静态网站展示的信息不限于文字，也包括图片、音频和视频等信息。

2．工作原理

静态网站的工作原理可以简单地理解为：浏览器向服务器发送获得网页资源文件（HTML 超文本文件、JavaScript 脚本文件、CSS 样式文件、图片文件和视频文件等）的请求，在取得网页资源文件后在浏览器的视窗中显示这些内容。服务器只负责存储这些网页资源文件，等某个客户端请求这些网页资源文件的时候就给该客户端发送这些文件。静态网站的工作原理如图 1.1 所示。

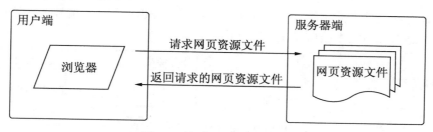

图 1.1　静态网站的工作原理

3．使用场景

静态网站没有完全被淘汰，由于其结构十分简单，对于公开一些相对固定的信息而言（如产品介绍、公司基本信息等），反而是一个不错的选择。加上现在有很多 Word 转 HTML 和 PDF 转 HTML 的工具，做几个静态网页就相当于写几页 Word 文档一样简单。

不过，单纯的静态网站目前已经很少了，现在的静态网站往往是嵌入一个网站系统，从而作为网站系统的门户网站或者帮助文档。

1.1.2　动态网站的出现

从静态网站的工作原理可知，静态网站只是浏览器向服务器请求一些事先写好的文件。如果网站用于记录考试成绩，那么每次更新成绩，就需要人工修改或添加这些网页文件。这样做有几个问题：第一，对使用者不友好，使用者需要具备一定的网页编程知识，否则操作起来很容易出错；第二，数据增多后会出现很多问题，例如网页文件不断增大导致浏览器加载速度变慢或者文件个数过多导致维护起来非常麻烦等问题；第三，维护数据成本太高，更新或删除数据时会变得非常烦琐。

静态网站在面对上述需求，即实现交互（如管理数据、用户注册、订单管理等功能）时是乏力的。为了应对这样的场景，网站需要有根据不同情况动态变更的能力，于是动态网站出现了。

1．应对的业务场景

动态网站可以应对一些需要实现交互的场景，如管理数据、用户注册和订单管理等。

一般情况下，动态网站是围绕数据库进行构造的。相对于静态网站，动态网站更有利于网站内容的管理和更新。

2．工作原理

动态网站和静态网站的区别是，动态网站有一部分应用程序代码运行在服务器端，而静态网站的服务器端只是单纯地存储文件。

动态网站增加了数据库，作为存储网站数据的仓库。服务器接到浏览器的请求后，不再是单纯地返回文件，而是运行一些应用程序后（如数据操作、检验账号和密码等），再返文件。动态网站的工作原理如图 1.2 所示。

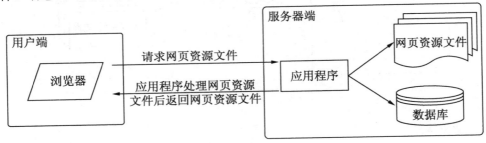

图 1.2　动态网站的工作原理

3．使用场景

动态网站的技术点相对较少，成型比较快，适用于中小型网站系统（如学校里的实验室预约网站、公司里的绩效管理网站等）或者一些开发周期要求比较短的网站系统。

1.1.3　大型网站系统的出现

随着互联网应用的深化，以电商平台（淘宝和京东等）、论坛社区（天涯和人人网等）、内容发布平台（优酷和网易新闻等）为代表的大型网站系统迅速崛起。

大型网站系统就主功能而言和动态网站需要处理的业务场景是类似的。以大型电商平台为例，其主要功能其实就是订单管理、商品管理及用户管理。这些功能简单地说，无非就是对数据进行管理而已。但是，与动态网站应对的业务场景不同的是，大型网站系统的业务功能是非常复杂的。

当然，大型网站需要面临的问题除了业务功能的挑战外，更关键的是如何承受每天数百万、数千万甚至数亿用户的使用。为了应付大量用户的使用，单台服务器是不够的，而需要增加服务器个数。

1．应对的业务场景

大型网站系统除了要应对复杂的交互场景（如管理数据、用户注册、订单管理）外，还需要应对大量用户的使用。

大型网站系统与动态网站不一定是两个东西，在服务器足够多的情况下，单纯的动态网站也可以是大型网站系统。现在，大部分的大型网站系统是由多种架构的网站混合而成的，即大型网站的内部可能同时存在静态网站、动态网站和 B/S 架构网站（伪静态）等。

🔔 说明：B/S 架构网站在本节中没有单独介绍。关于 B/S 架构的详细内容，可以参考 1.2.2 小节中关于 B/S 架构网站的介绍。

2．工作原理

大型网站系统的内部是复杂的，一般是由多种架构的网站混合而成的（包括静态网站、动态网站及 B/S 架构网站等）。服务器的应用程序也不仅仅用于处理网页文件，不过这里先认为与单纯的动态网站类似，即应用程序仅处理网页文件。

在忽略大型网站复杂的内部结构的情况下，大型网站系统的工作原理其实很简单，就是存在多个服务器，以降低单台服务器的压力。至于怎么协调这些服务器，这里暂不讲解，后文会详细说明。当然，除了增加服务器的数量外，还有很多机制（如缓存、数据库读写分离等）可以应对大量用户的使用。这里可以简单地认为，大型网站只是拥有多个服务器即可。大型网站系统的工作原理如图 1.3 所示。

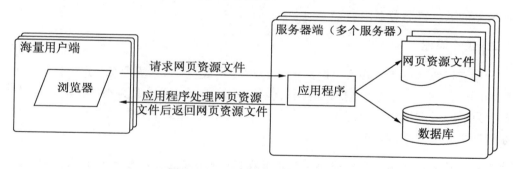

图 1.3　大型网站系统的工作原理

3．使用场景

大型网站系统适用于有大量用户访问的网站。有这么一个定义，大型网站的量级界定为服务器规模大于百台，每日网页的浏览量大于千万次。

实际上，访问量的多少其实是网站运营的结果，与"考虑是否按大型网站设计"是不相关的。大型网站架构的最终目的是可以通过简单地增加服务器来应对可能日益膨胀的用户规模。在成本允许的情况下，选用大型网站架构会大大减少网站后期维护的成本。但是如果用户数量最多就几万，而且用户群体扩大的可能性不大，那么选用制作成本较高的大型网站架构确实就有点大材小用。

1.1.4　大型云计算网站系统的出现

随着互联网的进一步发展，网站只是应对一些交互场景是远远不够的，于是云计算的概念也出现在了网站系统之中。以直播平台（虎牙直播、斗鱼直播等）、在线视频编辑网站（WeVideo 等）和大型新闻发布平台（新闻爬虫发布系统等）等为代表的大型云计算网站系统也出现了。

🔔说明：云计算是一种基于互联网的计算方式，借助这种计算方式，共享的软硬件资源可以按需提供给计算机等终端和设备。浅显地说，云计算服务就好比是自来水厂，提供集中化的自来水处理，人们需要自来水的时候，只需要打开水龙头即可。

1．应对的业务场景

相对于大型网站系统，大型云计算网站系统除了要应对大量的用户和复杂的交互场景外，还需要应对一些复杂的任务（如电话语音通知、音视频合成和自动爬虫等），因此大型云计算网站需要额外的云计算程序来完成这些任务。以在线视频编辑网站为例，在这些网站中，用户编辑视频文件时，视频文件的处理程序不再运行在用户的计算机上，而是运行在网站的云计算服务器上。

2．工作原理

大型云计算网站系统在大型网站系统的基础上加上了云计算服务。云计算服务可能是视频转码服务，也可能是数据挖掘的相关服务，不同的网站可能会有不一样的云计算服务。当然，为了应对大量用户的访问，云计算服务也是部署在多个服务器上的。大型云计算网站系统的工作原理如图 1.4 所示。

🔔注意：云计算服务不一定完全由网站本身提供，现在有很多提供云计算服务的第三方平台（如百度 API 平台、科大讯飞的在线语音识别服务等），网站的应用程序通过简单地调用第三方平台的服务就可以实现复杂的功能。

3．使用场景

云计算网站的出现扩大了网站的边界。网页已经不仅仅是为了展示信息或操作数据而存在，往往是作为用户与集中化云计算的桥梁而存在。

在很多情况下，用户不再需要下载软件，而只需要在浏览器中打开相应的网站即可完成工作。由此，网络应用的概念也开始流行起来，我们可以在网站上做更多的事情，如直接编辑视频等。

🔔注意：现在的大型网站一般都是大型云计算网站，因此后续提到的大型网站默认就是大型云计算网站。

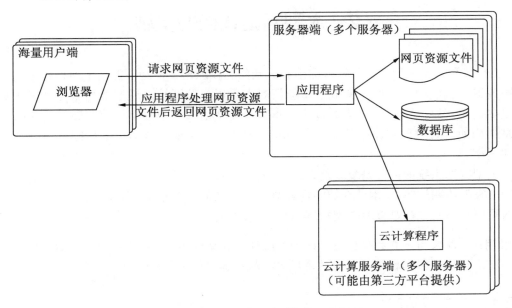

图 1.4　大型云计算网站系统的工作原理

1.1.5　大型网站的未来

2009 年，谷歌发布了一款网络笔记本计算机 Chromebook，这款笔记本计算机号称"完全在线"（可以认为笔记本中只有一个浏览器），用户所需的计算和存储都由网络服务提供。近几年，任天堂和索尼都推出了云游戏服务，游戏的画面渲染交给云计算服务器完成，而游戏机只负责显示画面。诸如此类，还有很多应用场景正在被云计算改变。

目前，上述网络应用产品都不算特别完善，这主要是网络的原因造成的。随着 5G 网络的建设和发展，网络问题会得到解决，到时候一定会有更多的云计算场景出现，也会有更多的网络应用出现。

但是，即使出现了足够多的网络应用，以现在各自运营、各自宣传的现状来说，离实现完全云计算化的未来还是有距离的，这需要一个网络应用市场来做统一的管理。网络应用市场除了可以整合零散的网络应用外，还可以提供权威的安全认证，消除用户对陌生网络应用私隐安全方面的顾虑。

综上，笔者认为，大型网站的未来应该是网络应用市场。到时候，出现更规范化约束的同时，也一定会有更成熟和更统一的技术出现。

1.2　大型网站架构的发展

1.1 节介绍了大型网站的业务需求和大致的工作原理,但是不能简单地理解为只要增加服务器,就能把一个网站变成一个能应对大量用户的网站。通过增加服务器来达到支持更多的用户是大型网站架构的目的。本节简要介绍大型网站架构的发展,并介绍大型网站架构如何有效地增加服务器。本节介绍的技术点只要了解即可,后续章节会有更详细的说明。

大型网站系统的内部是复杂的,一般是多种网站架构的混合(包括静态网站、动态网站和 B/S 架构网站等)。本节介绍的内容会忽略一些细节,另外,除了 1.2.1 小节所讲的动态网页以外,其他都是以 B/S 架构网站作为基础的。

🔔说明:软件架构是有关软件整体结构与组件的抽象描述,是一个软件的基本思想。简单
地说,架构就是以宏观的角度思考软件如何解决问题。

1.2.1　动态网页时代

在 1.1.2 小节动态网站的出现中提到了动态网站的工作原理,服务器在接到浏览器的请求后,应用程序处理网页资源文件后才返回文件。在这里进一步说明一下,经过处理后,返回的只是 HTML 格式的文件,如 JSP 和 PHP 文件等。对于不需要处理的资源文件,如 JavaScript 脚本文件、CSS 样式文件、图片文件、视频文件等,服务器在接到请求后,会直接返回。当然,动态网站除了可以操作数据库,同样也可以调度云计算服务。动态网站的技术架构如图 1.5 所示。

1.2.2　B/S 架构网站的崛起

不可避免的是,动态网页需要在每一次请求网页时都处理一遍所有的 HTML 格式的文件(如 JSP 和 PHP 文件)。这样无疑会有不少的资源浪费。如果需要更新网页中的内容,就必须重新加载整个网页,使用户体验不是那么友好,特别是在网速不好的情况下。

因此,网站更好的方式应该是类似于 C/S 架构模式(客户端-服务器模式,如桌面软件等),服务器只需要处理客户端关心的数据即可,无须做多余的处理。出于这样的考虑,B/S 架构模式(浏览器-服务器模式)出现了,服务器在接受网页请求的时候,还是像静态网站一样不经处理地直接返回 HTML 文件。浏览器需要更新部分网页数据的时候,只需要通过 JavaScript 脚本向服务器请求其关心的数据,然后对网页的某部分进行更新即可。B/S 架构的网站也常常称为伪静态网站。大型网站架构虽然内部复杂,可能会包含动态网

站和静态网站，但一般还是以 B/S 架构网站为主。

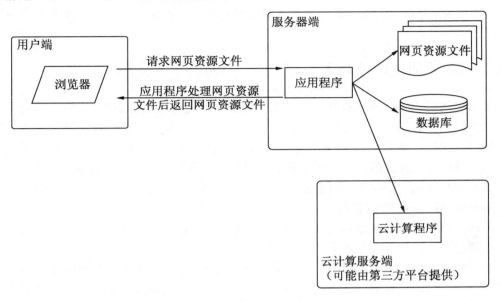

图 1.5　动态网站的技术架构

随着 B/S 架构的应用，浏览器运行的网页和服务器处理请求的接口也分别被称为前端和后端。随着 Ajax 技术的出现，进一步简化了前端与后端的请求方式，B/S 架构也逐渐崛起。B/S 网站技术架构如图 1.6 所示。

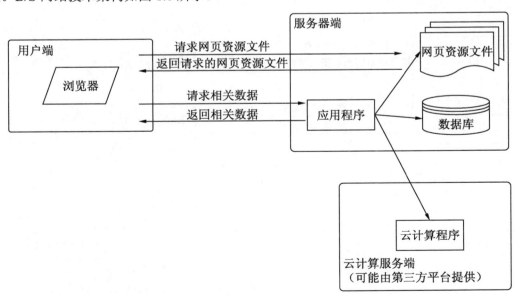

图 1.6　B/S 网站技术架构

🔔说明：Ajax 即 Asynchronous JavaScript and XML 的缩写，意为异步 JavaScript 与 XML。Ajax 可以仅向服务器发送并取回必需的数据，并在浏览器中处理来自服务器的数据。

1.2.3　CDN 加速网站响应

虽然说网页不需要传统意义上的软件安装就可以使用，但其实每次打开网页时，都需要从服务器端下载网页文件（浏览器会有部分文件缓存，但大多数情况下都是重新下载）。而这些网页文件（如 HTML 超文本文件、JavaScript 脚本文件、CSS 样式文件、图片文件和视频文件等）大多数都是不需要服务器处理的。如果每次都从服务器返回网页文件，显然在大量用户访问的情况下，服务器的压力是很大的。加上复杂的网络环境，不同地区的用户访问网站时速度差别极大。

因此，针对这些服务器不需要做处理的文件，在面对大量用户的访问时，"怎么能让用户迅速打开网站"是一个很重要的问题。

为了解决这个问题，我们可以增加足够多的服务器，并且把服务器根据用户的地区分布合理分配。这确实是解决问题的思路，但如果完全由网站服务商提供这些服务器的话，成本是很高的。不过，已经有很多第三方供应商（如阿里云、腾讯云等）提供这些服务器，我们只需要在第三方平台上配置网站域名和缓存策略，就可以解决问题。配置完成后，第三方服务器会自动缓存网页文件，用户便可以从就近的服务器上获取网页文件，而不是每个请求都被积压到网站服务器上。这样的服务被称为 CDN（Content Delivery Network，内容分发网络）加速，这种网站的技术架构如图 1.7 所示。

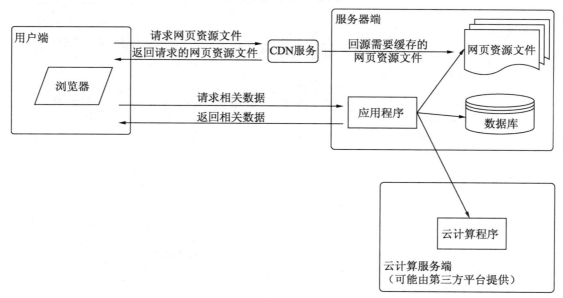

图 1.7　CDN 加速后的网站技术架构

📢说明：CDN 可以把静态文件缓存在多个服务器上，使用户就近获取所需内容，从而降低源服务器的网络拥塞，提高用户访问的响应速度。

1.2.4　应用和数据分离

网站服务器中有应用程序、资源文件、数据库和云计算服务，它们对计算机的物理性能要求都不一样，如资源文件需要更好的硬盘性能，数据库除了硬盘性能外还要求更好的 CPU 性能。如果把应用程序、资源文件、数据库和云计算服务都放在一台服务器上的话，是不能有针对性地对网站进行扩展的。

因此我们需要分离应用和数据，把应用程序、资源文件、数据库和云计算服务分别部署到专门的服务器上。当用户量越来越大时，就可以有针对性地增加存在性能瓶颈的服务器。应用和数据分离的网站技术架构如图 1.8 所示。

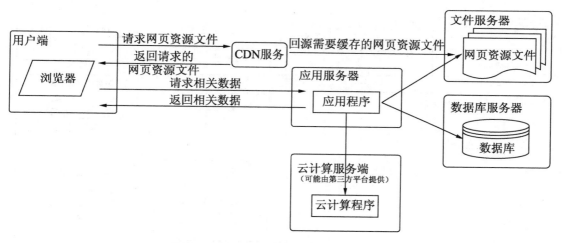

图 1.8　应用和数据分离的网站技术架构

1.2.5　非关系型数据库和关系型数据库并存

在一定层面上，网站是围绕数据工作的，网站的业务实际上是对数据的管理，数据库一般是整个网站系统的核心。因此大型网站架构对数据库的运用是非常重要的。数据库一般指的是像 MySQL 和 Oracle 等类似于表格的关系型数据库。当然，仅仅使用关系型数据库也可以满足所有的业务需求，但是存在两个问题：第一，针对查询而言，很多查询请求都是相同的，一段时间内查询的结果都是一样的，而数据库则基本上需要每次都重新检索一次；第二，表格形式的关系型数据库由于形式的限制，应对某些业务场景是乏力的，非关系型数据库的出现，就是为了应对大规模数据集合及多种数据类型等挑战。

　　针对问题一，虽然关系型数据库也有自己的缓存机制以达到减少检索的目的，但是它并不能根据具体业务定制缓存策略。引用 Redis 等键值存储的非关系型数据库可以对"预期访问量很大并且更新概率较小"的数据进行缓存，这样可以大大减少关系型数据库的压力。

　　针对问题二，应对海量数据时，采用 HBase 等列存储非关系型数据库比较省力；应对大量不限制结构的数据时，采用 MongoDB 等文档型非关系型数据库比较省力；应对社交关系等复杂的数据时，采用 Neo4J 等图形非关系型数据库比较省力，需要注意的是，这里的图形不是图片，是图形结构的意思。

　　根据实际情况选择对应的非关系型数据库，非关系型数据库和关系型数据库并存，无疑是大型网站架构设计中必要的一环。非关系型数据库和关系型数据库并存的网站技术架构如图 1.9 所示。

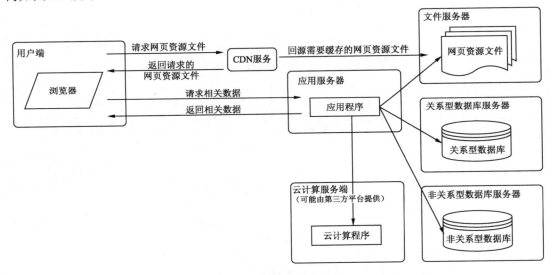

图 1.9　非关系型数据库和关系型数据库并存的网站技术架构

　　💬说明：非关系型数据库一般也被称为 NoSQL。NoSQL 的说法是相对使用 SQL 语言作
　　　　　　为交互的关系型数据库而言的。

1.2.6　集群化

　　集群化实际上就是我们前面一直提到的增加服务器个数。但是，单纯地增加服务器最多是从一个网站变成多个网站，而不是让一个网站变成一个能接纳更多用户访问的网站。为了更好地增加服务器，需要增加一些软件为这些相同功能的服务器进行协调。下面根据1.2.4 小节中提到的大型网站的四部分（应用程序、资源文件、数据库和云计算服务）分

别介绍集群化的相关技术。

- 应用程序的集群化：应用程序在 B/S 架构中，一般就是指后端接口。应用程序的集群化需要添加一个负载均衡的服务，让前端网页请求后端接口时，均衡地调度这些应用程序服务器。
- 资源文件服务器的集群化：资源文件服务器的集群化，主要是为了应对前端的下载请求。虽然 CDN 加速解决了大部分资源文件服务器的压力，但是 CDN 缓存一段时间后也会重新向资源文件服务器回源。当用户地区分布足够广的时候，这个压力也是不容忽视的。资源文件服务器的集群化同样需要添加一个负载均衡的服务。
- 数据库服务器的集群化：一般数据库都会提供集群化的部署方案，根据该方案部署即可。
- 云计算服务的集群化：如果使用的是第三方云计算服务，则集群化是第三方平台提供的；如果是自身的云计算服务器的话，则需要使用 RabbitMQ 等消息队列作为任务调度中心。更多细节可以参考第 5 章云计算服务架构的介绍。

说明：负载均衡（Load Balance）的作用是接受请求并把请求分发到多个服务器上（如 FTP 服务器和 Web 服务器等）。关于负载均衡的详细说明，请参考 6.3.13 小节中关于集群与分布式部署的介绍。

集群化的网站技术架构如图 1.10 所示。

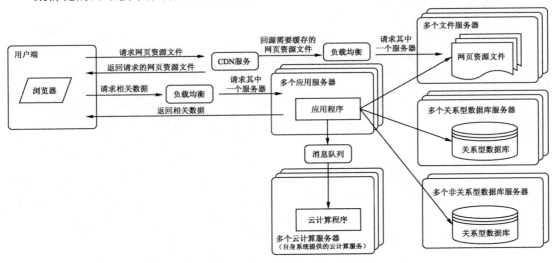

图 1.10　集群化的网站技术架构

1.2.7　分布式趋势

集群化后，大型网站系统能很好地通过增加服务器有效应对大量用户访问的压力。但是，大型网站系统除了要应对大量的用户访问以外，还需要不断地扩展业务。而不断扩展业务功能后，应用程序部分会变得非常复杂和混乱。为了缓和这种应用程序部分复杂和混乱的情况，大型网站架构出现了分布式的趋势。

分布式的大型网站架构，简单地说就是把庞大的大型网站系统分割成多个独立的子系统和子模块，这些系统和模块通过互相协助的方式完成任务。在物理意义上，分布式的大型网站系统把这些子系统分别部署在不同的服务器上，并且能让这些应用程序协同完成任务。

例如，上传视频可以赢取积分，分布式网站系统会由视频管理子系统接收视频上传，然后由积分管理子系统增加该用户的积分。而视频管理子系统和积分管理子系统部署在不同的服务器集群中。

分布式的网站系统会越来越流行，虽然其开发成本相对较高，但是独立的子系统可以独立发布，发现问题时也可以单独测试，这为后续的运维提供了保障。另外，独立的子系统如果通用性足够的话是可以复用的，即该子系统可以为其他网站服务，缩减新网站系统的开发成本。分布式的网站技术架构如图 1.11 所示。

说明：分布式大型网站系统，不单单指的是把应用程序分割成相互协作的独立子系统，还会拆分出多组数据库服务器和云计算服务器等。为了简化说明，这里只介绍了应用程序部分的分布式协作。另外，前面提到的应用和数据分离的网站系统其实也是一种分布式架构。

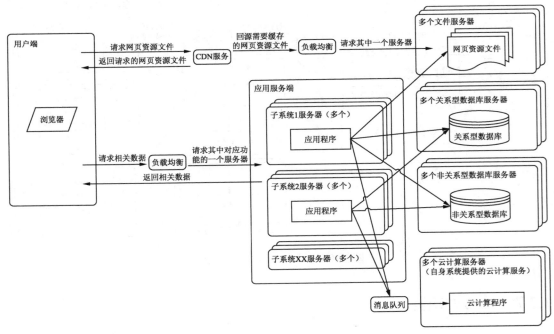

图 1.11　分布式的网站技术架构

1.2.8　微服务

微服务也是近年来比较热门的话题。2014 年，Martin Fowler 与 James Lewis 共同提出了微服务的概念，定义了微服务是由单一应用程序构成的小服务，拥有轻量化的处理程序。多个微服务共同提供网站系统所需要的功能。

微服务是分布式网站系统的进一步优化。简单地说，微服务希望一个大型网站可以通过很多个完全独立的小服务组成。这样可以更清晰地运维网站系统，更快速地进行开发，更精准地定位问题。

不过，微服务也是存在争议的，在笔者经历过的两个采用微服务的项目中，最后的结果都不太好。除了微服务框架的中间件增加了网站结构的复杂性以外，更关键的是，微服务的颗粒度需要项目自己定义，这个颗粒度的权衡很难拿捏。因此，大多数采用微服务的项目其结果都不太理想，应用程序部分变得十分臃肿，微服务间的调用也十分混乱。

笔者认为，微服务的概念会给大型网站架构带来新的思考，但目前的状态下，盲目地使用微服务框架，在大多数情况下只会弄巧成拙。微服务的网站技术架构如图 1.12 所示。

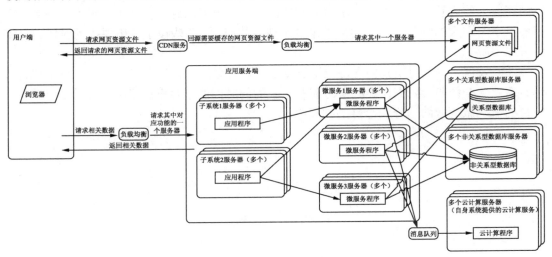

图 1.12　微服务的网站技术架构

1.2.9　大型网站架构的未来

目前大型网站架构的各种技术都是相对成熟的，第三方云服务平台（如腾讯云和阿里云）也提供了各式各样的基础服务和云计算服务。不过，如果要从零开始构造一个大型网站还是很困难的。

　　这种构造的难度恰恰证明大型网站的架构还没有完全成熟。微服务概念的提出，尽管其实际的应用效果不尽人意，但它也确实给原本以为已经成熟的大型网站架构带来了新的思考。更加成熟的大型网站架构应该是由很多独立的模块合并起来的，就好像一个庞大的机械设备是由很多现成的零件组装成的一样。

　　大型网站架构还在发展，更加标准化的架构将会出现。到时候，大型网站架构将变成一个标准化的生态环境，开发大型网站时将不需要考虑这么多的技术点，网站架构主要考虑组合哪些已有的子系统模块。

1.3　小　　结

　　在了解大型网站的业务演变时，需要明白多种网站类型的应用场景；在了解大型网站架构的发展时，需要知道大型网站架构可能遇到的问题。通过了解这些发展历史，相信读者能对大型网站架构有大概的了解。

　　当然，仅仅从宏观上了解是不够的，毕竟我们忽略了很多复杂的细节。不过，我们可以站在巨人的肩膀上，前人发现了很多问题，解决了很多问题，也产生了很多种技术，我们可以学习别人的经验和前人的技术来解决遇到的问题。有些技术等需要用的时候再仔细学习也不晚。

　　随着发展，大型网站架构变得越来越复杂，想要在技术选型和架构决策时直击要害，确实需要一些经验。我们在虚心学习前辈经验的同时，也不要盲目跟风，而需要根据实际项目的情况做清醒的选择和冷静的判断。

第2章　大型网站架构面临的挑战

第1章介绍了大型网站业务和架构的发展，相信读者已经对大型网站架构有了大致的了解。本章我们将再深入一步，介绍大型网站架构的挑战及其基本的应对思路。

🔔 注意：为了方便讲解，本章把架构细分为业务架构和技术架构。业务架构是软件开发的目标，其作用是梳理需求和规划功能结构；技术架构的作用是规划软件结构并制定开发规则，是为了指导和约束开发过程而存在的，技术架构的好坏会直接影响软件质量。另外，除本章以外，本书提及的架构都是技术架构。

2.1　大型网站架构的基本问题

从所有大型网站的共性来讲，大型网站架构的最终目的是可以通过简单地增减服务器来适应当前的用户数量。另外，网站系统的开发终归是量体裁衣的过程，每个网站系统根据不同的运营目的和规模会有不同的功能需求，而大型的网站系统，往往也会有庞大的功能集合。

因此，大型网站架构的基本问题主要有两个：

- 如何应对大量的用户操作；
- 如何规划庞大的功能集合。

2.1.1　业务架构面临的挑战

业务指的是需要处理的事务。笔者对于业务的理解，就是某个特定场景需要处理的需求，比如电商网站系统有电商业务（如订单管理、商品管理、商家管理和用户管理等），直播网站系统有直播业务（如直播间管理和直播审核流程等）。简单地说，业务就是网站系统的功能。

对于大型网站而言，庞大的功能群是不可避免的，毕竟功能是一个网站的运营资本。但是很多时候，正因为功能群的庞大，导致很难整理出清晰的需求列表和功能结构（没有设计出一个清晰的业务架构）。没有清晰的业务架构的网站系统如图 2.1 所示，在这种情况下，看起来是整理完了所有的功能，但是这种没有任何逻辑的列举方式往往会造成需求遗漏，导致项目实施过程中频繁变动需求，最后导致项目严重超支。

图 2.1　没有清晰的业务架构的网站系统

业务架构是必要的，它能帮助我们顺着业务逻辑思考功能点是否完备，避免需求遗漏。除此之外，业务架构对后续的架构设计和迭代计划都有一定的指导意义。业务架构主要包括两部分，即功能模块结构和核心业务逻辑。

功能模块结构是业务架构的主要部分。这部分需要划分出功能模块（业务模块），规整混乱的功能点。除此之外，用户角色、展示端和平台等信息也需要在此体现。以一个视频网站的业务架构为例，其功能模块结构如图 2.2 所示。一般而言，图 2.2 也被称为业务架构图。

核心业务逻辑是对功能模块结构的补充。一般而言，针对每一个功能模块，都需要梳理其主要的业务逻辑。另外，如果功能模块之间存在关联的话，也最好梳理这部分的业务逻辑。例如，一个视频网站的业务主逻辑如图 2.3 所示。其中，椭圆形代表的是用户角色，矩形代表的是平台入口，圆形代表的是某个资源的抽象。另外，业务逻辑图不需要把所有功能都表达出来，只需要把主要的业务逻辑表达清楚即可。

完善的业务架构确实能让整个项目的开发过程更加顺畅。但是，无论在项目实施过程中还是在运营过程中，都会不可避免地产生很多新的想法，自然也会产生很多需求变更（有时候甚至会推翻之前设计的业务流程）。因此，在大型网站项目中，始终如一的业务架构是很难做到的。大型网站项目的需求变更是很难约束的，而我们能做的就是控制需求变更的实施节奏，避免由于来回改动一些小问题而影响整个项目的进度。

综上，业务架构主要有以下两个挑战：

- 设计清晰的业务架构，在大量需求中规整功能模块，指定功能边界，厘清产品业务逻辑。一般来说，按照本小节提到的"业务架构图"和"业务主逻辑图"来做即可解决这个问题。

- 把控需求变更的实施节奏，避免由于来回改动一些小问题而影响整个项目的进度。关于这个挑战，在 2.2 节"业务架构的基本思路"中会详细说明。

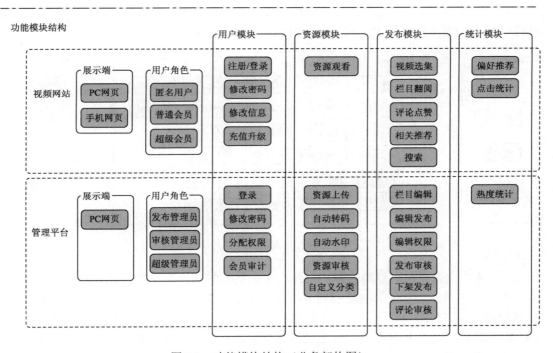

图 2.2　功能模块结构（业务架构图）

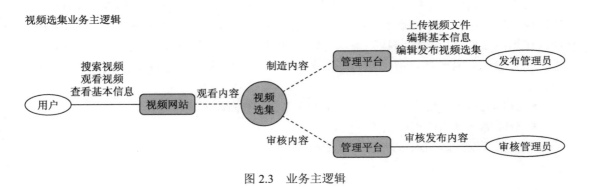

图 2.3　业务主逻辑

注意：在业务架构的设计过程中，可以先忽略"大量用户访问"这一问题，而只关注"如何规整大量的功能集合"这个问题即可。业务架构的设计不需要关心每个功能的细节和具体的实现形式，只需要清楚"做什么"即可。功能细节是"原型设计"阶段才应该关心的事情。

2.1.2　技术架构面临的挑战

技术架构指的是软件架构，是一个软件系统的骨架。技术架构的作用是规划软件结构并明确开发规则，是为了指导和约束整个开发过程而存在的，技术架构的好坏会直接影响软件质量。一个没经过技术架构设计的网站系统如图 2.4 所示。

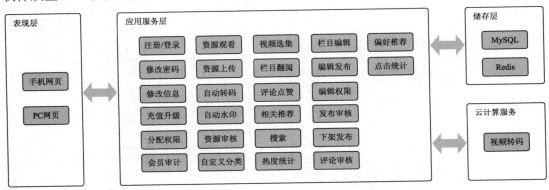

图 2.4　没经过技术架构设计的网站系统

图 2.4 看上去虽然有点结构感，但是这样的结构图对开发过程是没有指导意义的。它的问题在于：第一，业务功能是罗列的，没有划分功能模块或子系统；第二，忽略了太多技术细节。在这样的项目里，开发人员的编码自由度过大，开发人员会按照自己的喜好编码，随着功能的增多和开发人员的更替，网站系统的内部会变得非常混乱，从而导致在维护或者升级网站系统的时候举步维艰。

这些没经过技术架构设计或者技术架构做得不好的软件，笔者称它们为一次性软件，它们像一次性塑料袋一样基本不可再升级维护，使用起来也会存在各种问题。技术架构设计的作用除了能明确软件结构以外，还能让开发团队并然有序地协同工作，让网站系统维护和升级更容易一些。但是要做好一个大型网站的技术架构是困难的，主要有以下几个挑战：

- 清晰地描述系统逻辑，并具备适度的技术细节描述。
- 清晰地划分功能模块或子系统。
- 根据开发团队的水平制定开发规则。

🔔注意：根据开发团队的水平制定开发规则，是指需要制定如编码规范、第三方技术使用
　　　规范和通用场景解决方案等规则，以约束整个开发过程，从而避免代码过度混乱。
　　　开发规则本章不展开介绍，在后续涉及代码的章节中会提及。

2.1.3　业务架构和技术架构的相互成全

有人说，做项目就是不断妥协的过程。这可能是因为没做好业务架构，开发过程中无
原则地增加或改动功能，时间节点一拖再拖，导致最后上线的网站变成一个什么都有但又
哪里都有问题的怪物；也有可能是因为技术架构没做好，软件结构模糊，开发过程纪律松
散，导致网站系统内部凌乱不堪，用户使用过程中发现一堆 Bug。

除此之外，还可能是业务架构和技术架构没有相互成全。业务架构一般掌握在项目管
理者手里，项目管理者往往是希望功能多而全，开发周期更短一些；而技术架构一般掌握
在架构师手里，架构师往往希望软件质量过硬，开发周期再长一些。这么看来，业务架构
和技术架构本身是存在矛盾点的，这个矛盾点在于成本（时间成本和人员成本等）。

偏倚业务架构的项目往往会造成工作量过大、工期过短的状况，导致每个开发人员都
会不断冲破技术架构的既定规则，随心所欲地编写代码以求开发速度最快，最后交付的网
站往往就像是一个山寨的电子产品，外表看上去还可以，一旦开始使用就会发现各种问题。
这样的网站系统后续升级是困难的，很多时候只能重新再做一个。

偏倚技术架构的项目往往会制定严苛的开发规则并选用最前沿的技术，造成团队遵守
规则和学习前沿技术的成本过高，很多工期都没有花在生产上，导致工期一拖再拖，最后
的结果往往是成本严重超标，而且迫于成本的压力，最后交付的软件质量也一定与预期差
距很大，反而弄巧成拙。

业务架构和技术架构的相互成全，其实是找到成本的平衡点。对于业务架构而言，适
当地砍掉一些开发起来比较费劲的非主要功能是有必要的；对于技术架构而言，不能只追
求软件质量，也应该考虑业务功能带来的工作量、开发团队的水平和前沿技术的风险等客
观问题，适当降低标准。

2.2　业务架构的基本思路

大型网站系统有很多功能，一次性明确所有的功能需求并设计出一个庞大的业务架构
是一件费力不讨好的事情。因为在项目前期，难免会忽视一些琐碎功能，而随着开发的进
行，也会有很多新的想法产生，基本上不会存在完全按照最初的业务架构设计完成的软件
产品。因此，业务架构不仅要做到"规整功能模块，厘清产品业务逻辑"，更重要的是如
何做到"有规划性地应对项目过程中的需求变更"。

⚠说明：关于如何做到"规整功能模块，厘清产品业务逻辑"，可以参考 2.1.1 小节中介
　　　绍的业务架构图和业务主逻辑图。

2.2.1　递进思想

　　传统的软件开发基本上都遵循瀑布开发模型，即项目开发过程必须严格按照需求分
析、设计、编码、测试和维护等步骤执行。瀑布开发模型的流程和产出物如图 2.5 所示。
在一般的瀑布开发模型中，每个阶段都需要有明确的产出物，通过严格的评审后才能进入
下一阶段。瀑布开发模型的理想状态是每个阶段只执行一次，一次性完成整个项目。瀑布
开发模型很大程度上依赖需求分析阶段的明确性，因为在瀑布开发模型中默认需求是充分
和明确的，需求几乎不存在被改动的情况，所以设计和编码阶段都是完全以需求分析为依
据的。如果在项目后期才发现有重要的需求变更或者有其他遗漏，往往就会导致项目失败
或者项目重新启动。

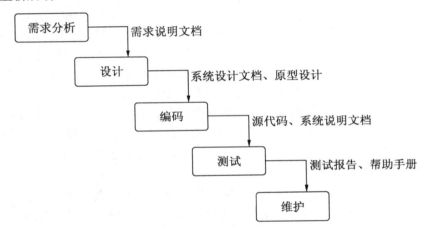

图 2.5　瀑布开发模型的流程和产出物

　　在 2.1.1 小节中曾提到，大型网站系统的需求很难做到完全明确，在项目开发过程中
往往会有更好的想法产生。如果我们完全采用瀑布开发模型的思维方式开发大型网站项
目，并且想一次性确定需求并交付项目，那么很可能在项目的后期才会发现需求有遗漏，
或者很可能在网站基本定型后才发现大部分功能使用起来并没有预想的好。这些情况都会
在很大程度上导致项目失败。

　　瀑布开发模型的弊端很明显，即需求必须是完全明确的，对需求的变化适应性差。瀑
布开发模型一般就是我们执行项目时的惯性思维，正是因为这种惯性思维，使得开发者在
项目开发过程中对需求的变更是恐惧的。针对瀑布开发模型的弊端，敏捷开发模型被提出
来而且逐渐流行。敏捷开发模型不是确切的项目管理框架，它是一套软件开发的原则。敏
捷开发主张适度的计划、迭代开发、提前交付和持续改进，并且提倡快速与灵活地看待开

发与变更。简单地说，就是在开发过程中保持沟通，不断交付完成的部分，并持续地改进，而不是一次性交付项目。遵循敏捷开发原则的项目流程如图 2.6 所示。

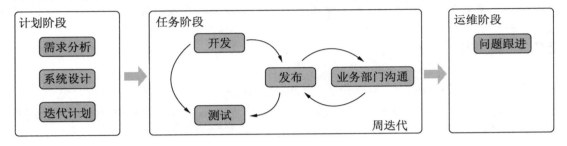

图 2.6　遵循敏捷开发原则的项目流程

不过，软件开发终归逃不出需求分析、设计、编码、测试和维护等步骤，没有一个明确的主体需求也会导致开发无法进行，盲目地持续改进更会造成很大的成本浪费。因此笔者认为瀑布开发模型的流程也不是不能借鉴。敏捷开发提倡的是沟通，通过持续的沟通和改进最终得到一个满意的结果，而非以一开始想象中的全部需求来指导整个项目开发。

因此，不用在意项目开发是遵循瀑布开发模型还是敏捷开发模型，关键是如何在明确需求的同时适应需求变化。笔者认为，项目开发需要有递进思想。遵循递进思想的项目流程如图 2.7 所示。可以看到，应先完成主体功能，然后再添砖加瓦，需求不用一次性完全明确，而是持续地进行沟通和改进，每个部分开始编码前其需求必须是明确的，这样通过多个递进阶段完成整个项目。

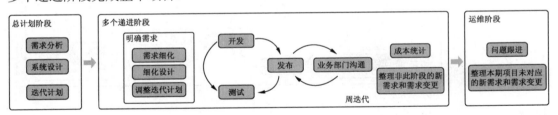

图 2.7　遵循递进思想的项目流程

项目流程只有遵循递进思想，才能更好地应对需求变化。同样，业务架构也需要遵循递进思想，才能有规划地应对项目开发过程中的需求变更。在明确主体需求的前提下，可以适当省略一些次要或琐碎功能的细节，但不能完全忽视这些次要或琐碎功能，完全忽略这些需求会导致工期失控。等主体功能开发完成后，再对次要功能的细节进行明确，等次要功能完成后，再对一些琐碎的功能进行明确，以递进的方式逐步细化和修改业务架构。

🔔**说明：** 除了瀑布开发模型和敏捷开发模型，常用的开发模型还有迭代式开发和螺旋开发等，这里不展开介绍。我们不用在意选用哪种开发模型，因为没有一个模型能确保项目开发过程是顺利的，也没有一个模型能直接导致项目失败。

2.2.2　版本计划逐渐完善

在 2.2.1 小节中曾提到，项目流程只有遵循递进思想，才能更好地应对需求变化。那么，项目应该规划为多个版本，以方便逐步完成。一般来说，项目版本可以划分为主功能阶段、次要功能阶段和优化阶段。版本计划逐步完善的项目流程如图 2.8 所示。

🔔**说明：** 这里的版本计划与项目管理的里程碑是类似的。另外，针对功能集特别庞大的项目，需要划分出独立的几个版本，并对每个版本划分主功能阶段、次要功能阶段和优化阶段等。

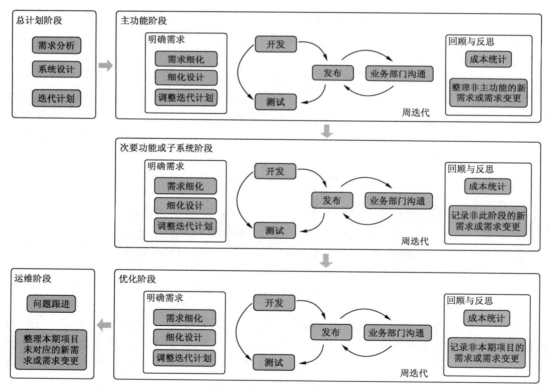

图 2.8　版本计划逐步完善的项目流程

1．主功能阶段

主功能阶段主要实现整个主体功能，这一阶段的业务架构需要完全明确主体功能需求，次要功能和琐碎功能的细节可以先忽略，但次要功能和琐碎功能也要体现，因为它们会影响技术架构和迭代计划。项目开发过程中可能会对主体功能进行调整，但是偏离程度不能太大，不能说一开始只想要一个网页，而项目开发过程中却想加入 App 客户端。

2．次要功能阶段

次要功能阶段的目标是实现之前忽略的次要功能。这一阶段可以根据实际情况进一步细分成多个次要功能阶段。在这个阶段中，不需要一次性明确全部的次要功能，只需要明确当前阶段的次要功能即可。次要功能阶段可能会出现频繁的需求变更，因为次要功能一般是一些用户体验方面的功能，经常会发生改动。但是，最好能按照过往经验和精品网站的要求做尽量好的方案，这样能在一定程度上减少需求变更的发生。

3．优化阶段

因为项目开发过程是不停地让业务部门或者客户使用网站系统的过程，所以其间难免会有很多新的想法，有一些甚至是从来没有提及的需求。这些新需求一定不能在主功能阶段和次要功能阶段添加（除非这些需求所需的工作量非常小，或者这些功能是主要功能或次要功能中必不可少的部分），因为这样会打乱这两个些阶段的开发节奏和既定计划，导致进度失控。要想把进度失控的项目重新拉到正常的状态是很困难的，很多时候失控只会越来越严重。因此，这些需求可以先记录下来，在优化阶段再仔细评估和处理这些需求。在优化阶段再处理这些"突发奇想"的需求，既可以保证前面的项目进度，又可以集中控制这些需求带来的风险。

🔔注意：虽然项目开发过程大致分为主功能阶段、次要功能阶段和优化阶段，但是具体开发计划是灵活的，可以根据不同的子系统制定独立的详细计划。有些开发团队有 2 周或 4 周作为一个迭代周期的习惯，具体开发计划也可以按照这样的周期制定。

2.2.3　持续优化，推陈出新

很多项目的失败与团队经验、技术水平或项目管理水平没有直接的关系。大部分项目失败的原因是妄想网站第一次上线就具备市场上所有的好功能，同时还要具备特色功能。这个想法如果占据主动，则会添加过多其实并不需要的伪功能，也会习惯性地修改需求，最后在不知不觉中导致时间成本和人力成本的严重超支，以致项目崩塌。对于大型网站而言，由于功能繁多，所以值得斟酌的地方也会有很多，加之项目工期较长，开发人员看上去也充足，因此需求经常被改变，导致项目在不知不觉中失控。

罗马非一日建成。时间成本和人力成本是有限的，好的功能也会随着市场竞争被更好的功能所取代。而且从用户使用的角度讲，通过多个迭代版本持续学习新功能往往会比一次性地接受过多功能更有吸引力。因此，大型网站项目应该持续优化，且要不断推陈出新，而非一次性地完成全部功能，即通过一期项目、二期项目、三期项目等有规划地逐步构建大型网站才是合理的。

　　对于业务架构而言，如果出现一些好的想法或功能，但是其工作量很大，则需要考虑是否将其放在下一期的项目中实现。

🔔注意：网站系统很少像桌面软件或者操作系统一样有明确的版本区分和发布日期，往往是几天一更新，看起来像没有版本计划一样。实际上网站经常更新是由于网站系统升级非常便利，而且这种更新仅仅是对一些 Bug 进行修复或者对小功能进行升级，大的功能其实还是会按照内部版本的规划进行开发和发布的。

2.3　技术架构的基本思路

　　在 2.1.2 小节中曾提出，技术架构既要清晰地划分功能模块或子系统，又要对整个网站系统的技术逻辑有清晰的认知。庞大的技术架构确实会让人望而却步，架构设计也变得无从入手。如果把一个庞大的技术架构分成独立的几部分，然后再逐一深入的话，那么一个庞大的技术架构也不是不可理解的。

2.3.1　分层思想

　　架构设计一般被认为是普通编码的进阶，因此我们先从熟悉的编程思想讲起。想必读者一定了解过面向过程和面向对象编程，无论是面向过程编程还是面向对象编程，都需要关心整个业务流程。很多时候，一些重复、通用的步骤会影响我们对整体业务结构的理解，会不自然地产生一种结构混乱的感觉。

　　除了面向过程和面向对象的编程思想外，当然还有很多其他编程思想，其中面向切面的编程思想也逐渐在网站技术中得到重用。这种编程思想是想通过抽离重复可用的代码（如日志、用户权限等），让开发人员只关注核心代码，而忽略相同且琐碎的部分。不同编程思想下的业务代码对比如图 2.9 所示。

　　从图 2.9 中可以看出，在面向过程和面向对象的编程思想下，我们需要关心整个业务流程，因此不得不用“认证用户-修改信息-日志记录”和“认证用户-修改密码-日志记录”来描述业务结构；而在面向切面的编程思想下，可以清晰地看到一种层次感，由于这种层次感，我们可以把业务结构简单地归纳为“认证用户-具体业务-日志记录”。

　　面向切面的编程思想能让我们更轻松地理解业务结构，就是因为这种“层次感”。那么，对于大型网站技术架构而言，如果把庞大的网站系统架构分成独立的几层，用分层的思维去理解庞大的架构，那么设计大型网站技术架构就不再无从下手了。因此，对于大型网站技术架构的设计而言，首先需要有分层思想，然后再对其分而治之。

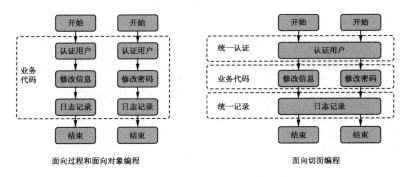

图 2.9　不同编程思想下的业务代码对比

🔔注意：面向切面的编程思想不等同于分层思想，这里只是借现今网站系统开发中比较流
　　　行的面向切面的编程思想来引出分层思想。

2.3.2　IaaS、PaaS 和 SaaS 分层管理

　　一般来说，用分层思想来理解大型网站系统，目前比较公认的架构分层是基础设施服
务层（IaaS，Infrastructure as a Service）、平台服务层（PaaS，Platform as a Service）和软
件服务层（SaaS，Software as a Service）。例如，视频网站在 IaaS、PaaS 和 SaaS 分层下的
技术架构如图 2.10 所示。需要注意的是，这里省略了应用程序部分和很多技术细节。

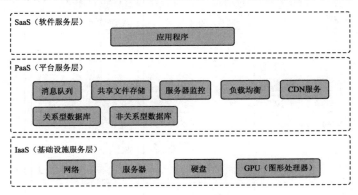

图 2.10　视频网站在 IaaS、PaaS 和 SaaS 分层下的技术架构

　　IaaS 层主要包括服务器、存储设备和网络设备等，即所有物理硬件都属于这一层。大
型网站系统的物理设备可以是公有云的服务器（如阿里云服务器），也可以是购买的本地
服务器。但无论是何种形式，对这一层的管理，并不是安排线路或者电源，而是估算每一
个独立虚拟机的物理配置、磁盘大小及网络带宽等。

　　PaaS 层主要包括一些公共软件，也可以说是大型网站系统的运行环境，如操作系统、
分布式数据库和分布式文件系统等。我们对这一层的管理主要是选择需要的软件服务，如

数据库和操作系统等。

IaaS 和 PaaS 层已经决定了网站系统的运行环境，SaaS 层才是需要开发的部分。这里先将 SaaS 层的内部称为应用程序，具体内容在 2.3.3 小节中会详细说明。

🔔注意：很多时候 IaaS、PaaS 和 SaaS 也指云计算服务商提供的服务（如直播服务和智能审核服务被称为 SaaS 服务），这里不展开介绍。

2.3.3　前端、后端和云计算服务分层开发

本小节继续讨论 2.3.2 小节中提到的 SaaS 层中的应用程序。在这一部分，我们不仅要对其分层，而且要对其划分功能模块或子系统。

在第 1 章中讲过，大型网站一般以 B/S 架构为主，因此我们可以把应用程序进一步细分成前端、后端和云计算服务。而子系统的划分一般是根据业务架构而定的。以一个视频网站为例，前端、后端和云计算服务分层的技术架构如图 2.11 所示，其中前端部分的页面可能会使用多个子系统的功能。

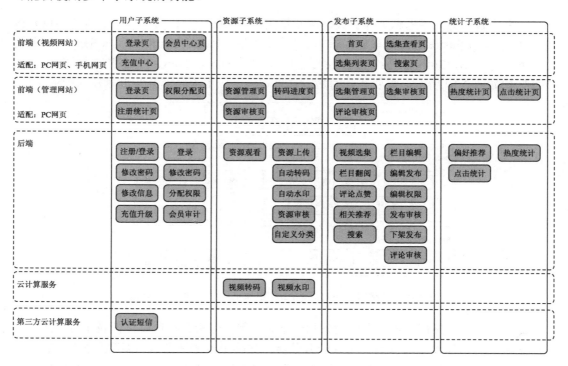

图 2.11　前端、后端和云计算服务分层的技术架构

前端指的是视图层，其作用是交互和展示，一般指的是网页。一些网站系统也有 App 或者 PC 软件，如果按照本小节的分层思路，其实它们也算是前端的一部分，不过很少有

人这么说。

　　后端指的是业务处理层，其作用是处理前端发送的请求，并且在处理后返回给前端。一些时候，后端也会接收非前端的请求（开放的 API 接口），不过后端处理的都是一些业务请求，如数据库操作和云计算任务调度等。

　　云计算服务受后端软件调度。这一部分一般是指运行时间较长或者需要持续运行的软件服务，如视频转码服务和爬虫服务等。在图 2.11 中，云计算服务被分成两部分，一部分是自身系统提供的云计算服务，另一部分是第三方云计算服务，它们是由第三方平台提供的。这两部分不一定同时存在，需要根据具体项目情况而定。

　　我们把 IaaS、PaaS 和 SaaS 分层架构与前端、后端和云计算服务分层架构合并，并加上一些技术说明（技术说明是参照 1.2.7 小节中的图 1.11 添加的），就可以得到一个完整的技术架构，如图 2.12 所示。

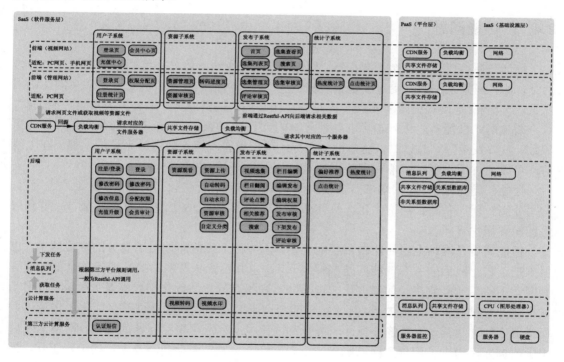

图 2.12　完整的技术架构

　　图 2.12 基本能表述清楚一些必要的技术细节、系统逻辑和子系统划分，具体项目可以根据实际需要补充或省略一些细节。但这样的架构图只是架构设计的一部分，一般还需要使用其他辅助文档进一步明确细节。不过对架构有了清晰的理解后，其他文档的编写并不复杂。

注意：平常听到的前台和后台实际上都是前端部分，前台一般指的是普通用户使用的前端网页，后台一般指的是管理员用户使用的前端网页。

2.4　大型网站技术架构的核心问题

即使我们以分层思想解决了大型网站技术架构的结构和主要细节，但是还不够全面。本节笔者会把大型网站技术架构的核心问题提出，让读者对其有足够全面的理解。

注意：本节只是提出这些问题，这些问题的具体解决方法将在第 6 章 "整体架构" 中进行详细说明。

2.4.1　性能问题

性能是所有软件的一个重要指标，网站系统也不例外。网站系统的性能问题可以分为两个，即 "网站系统的响应速度是否足够迅速" 和 "网站系统是否能支撑足够多的在线用户"。一个响应速度很慢或者不能支撑足够多在线用户的网站，一定会被大量用户所诟病。

衡量网站性能有一系列指标，如响应时间、TPS（Transactions Per Second，每秒的事务数）及并发量等。通过测试这些性能指标，可较为客观地评估网站系统的性能。在上线前，可以通过压力测试模拟预期的用户量，从而测试网站性能是否达标。

性能问题无处不在，前端部分需要对浏览器的访问进行优化，后端部分需要考虑缓存、读写分离、代码和数据结构优化，整体部署上需要考虑 CDN 加速、负载均衡、集群和服务器配置调优等问题。

性能调优是网站上线后比较重要的工作，因为在上线前即使做了充分的模拟测试，也很难把正式上线后的所有性能问题都解决。但是也并不意味着网站的性能问题全部都要等到网站上线后才能解决。如集群化、读写分离和缓存等一些优化问题涉及大量编码工作，如果在开发过程中不重视的话，那么很可能会由于网站系统的性能过差且优化工作量过大而推迟上线和运营。笔者曾参与过一个开发过程中没有考虑缓存问题的项目，网站上线后由于数据库压力过大而导致网站响应速度非常慢，而加入缓存会涉及大量的编码工作，最后那个网站的上线时间推迟了几个月。

2.4.2　可用性问题

可用性（也可理解为稳定性）是网站系统的另一个重要指标。对于绝大多数大型网站而言，保证每天 24 小时正常运行是最基本的要求。但事实上，网站系统总会出现一些程序错误或服务器故障，也就是说，服务器宕机本身是难以避免的。高可用性设计指的是，当一部分服务器宕机时，网站系统仍可正常使用。

网站的可用性指标一般是正常运行时间占总时间的百分比，网站上线后要密切监控网站的健康状况。

高可用性有几个基本的处理手段：第一是冗余，如热备（确保主服务器宕机后备用服务器可以马上取代主服务器）和数据备份（在一定程度上规避硬件故障带来的风险）等；第二是监控，如完整的日志机制（发生故障时有迹可循）和服务器监控等；第三是软件质量；第四是定期维护，如手动重启或清理服务器等，这样能防止很多奇怪的问题发生（如硬盘读写问题或程序崩溃等）。

2.4.3　伸缩性问题

伸缩性指的是网站系统对当前用户使用量的适应性。简单地说，具备伸缩的网站系统可以通过简单地添加或者减掉服务器来适应当前的用户量。网站在运营中，其用户数量会不断地攀升或持续地下降，也有可能由于营销活动使得某几天的用户量激增。因此，网站系统的用户量是阶段性变化的，这就需要通过添加或者减少服务器来适应当前的用户量。

另外，一些大型网站（如电商网站和视频网站等）不可能在一天之中的每个时段的用户量都是稳定的。在一般情况下，其用户量会在某几个时段激增，而在其他时段会下降。如果时刻都保持满足峰值用户量的服务器数量，一定会造成大量的资源浪费。因此，大部分大型网站需要实现自动弹性伸缩服务器以动态适应用户量。

实现自动弹性伸缩服务器有两种手段：第一是通过监控服务器的 CPU 和内存等基本指标来伸缩服务器；第二是根据业务编写专门的弹性伸缩策略软件，根据业务指标来弹性伸缩服务器。

需要注意的是，增减服务器的手段不是关键，关键是能做到新增的服务器可以马上协同工作（无须进行多余的调控），而减掉的服务器也不影响网站系统的正常运行。

注意：公有云和私有云都提供弹性伸缩服务器的服务。一般来说，我们不需要关心弹性伸缩服务器的实现过程，而只需要制定好弹性伸缩的策略即可。如果按照监控服务器的基本指标进行弹性伸缩，则只需要配置弹性伸缩的性能指标就可以；如果根据业务定制弹性伸缩策略，则需要根据实际业务策略向公有云或私有云发送请求。

2.4.4　扩展性问题

扩展性评价的是，在新增功能时，能否对已有功能做到无影响或少影响，以及新功能能否快速上线。如何响应网站快速发展所带来的需求变化是一定需要考虑的。

扩展性跟其他几个核心问题有所区别，其好坏更多与应用软件部分（前端、后端和云计算服务）相关，也就是与团队编写的代码有很大的关系。好的扩展性要求代码质量过关、业务功能模块划分清晰等。因此，在一开始规划业务功能模块或子系统时就需要仔细斟酌。

分布式服务是解决扩展性的很好方法，通过使用一些分布式框架，便可以增加独立程序来添加新的功能模块。

2.4.5　安全性问题

安全性指的是网站对恶意访问和恶意攻击等的抵抗性。网站系统的安全性，一方面是保证网站的正常运行，另一方面是保证数据不被泄露。近年来，用户数据被泄露的事件对知名网站的影响很大，因此网站的安全性也越来越受到平台的重视。

安全性大多是一些琐碎或者经常被忽略的问题，保证网站的安全性需要做大量的安全性测试，如请第三方公司做渗透测试，或请相关机构做等保（信息系统安全等级保护）测评等。

2.5　小　　结

本章把大型网站架构细分成业务架构和技术架构，比较全面地论述其基本问题和设计思路。其中，提及的业务架构图和技术架构图不是唯一的标准，应根据实际情况进行设计。在本章的最后提出了大型网站技术架构的核心问题，解决了这几个问题，基本就勾勒出了大型网站技术架构的全貌。

从宏观上讲，大型网站架构其实就是这些内容。读者在有了清晰认知的同时，应该还会有很多疑问，那是因为我们还不知道怎么去做。所以从第 3 章开始，会对大型网站架构的细节展开讲解，后面的章节也会更侧重做法。

第 2 篇
大型网站架构的技术细节

第 3 章　前　端　架　构

前面的章节从宏观的角度介绍了大型网站架构。从本章开始，我们将着眼于细节，逐一展开介绍前面章节中提到的前端、后端、云计算服务分层的技术架构。其中，前端部分是直接影响用户体验的，因此本章先介绍前端部分的架构。需要注意的是，这里的前端指的是 B/S 架构网站中的前端网页，是静态网页。

🔔注意：本章不讨论前端的交互设计和 UI 设计，而只讨论前端架构应该如何应对大型网站前端的复杂性。本章提到的具体方法都不是唯一的，读者需要根据实际情况斟酌参考。

3.1　前端的工作原理

在讨论前端架构之前，我们先搭建一个前端 Web 服务器，再通过构造一个简单的网页来了解其工作原理。在了解前端网页的工作原理之后，我们才能更好地理解前端架构需要注重的细节。

🔔注意：如果在 3.1.1 小节中对一些配置项感觉概念模糊的话，可以先暂时跳过，在看完 3.1.3 小节后，再回头琢磨这些配置项应该就清晰了。

3.1.1　Web 服务器搭建

网页想要被非本机的浏览器访问，便需要搭建一个 Web 服务器。目前比较主流的 Web 服务器软件有三个，即 Apache、IIS 和 Nginx。

Apache 是目前使用最多的 Web 服务器软件，它拥有极其稳定的性能，扩展模块全面、多样，且可以运行在 Windows 和 Linux 等多个平台上；IIS 是微软提供的互联网基本服务，它除了提供 Web 服务外，还提供 FTP、NNTP 和 SMTP 等服务，不过 IIS 只能运行在 Windows 操作系统上；Nginx 是轻量级的 Web 服务器软件，它支持负载均衡和反向代理等功能，扩展模块虽然没有 Apache 全面，但比 Apache 占用的内存和资源少，在高并发处理上表现更好。

Web 服务器的选取需要根据具体情况而定。对于一般的大型网站而言，因为服务器操作系统一般以更为稳定的 Linux 为主,并且服务器需要应对大量的网页请求(高并发),所以本书选用 Nginx 作为 Web 服务器软件。

Nginx 的安装以 Windows 系统和 CentOS 系统为例。选择这两个系统进行介绍是因为 Windows 一般是开发人员在开发时使用的操作系统,而 CentOS 一般是网站服务器操作系统。

1. 在Windows系统中安装Nginx

在 Windows 系统中安装 Nginx 的具体操作步骤如下:

(1)从 Nginx 官网(http://nginx.org/en/download.html)下载 Nginx,一般选择下载稳定版本。官网上的 Nginx 版本划分如图 3.1 所示,这里我们下载 Windows 系统上的稳定版本。

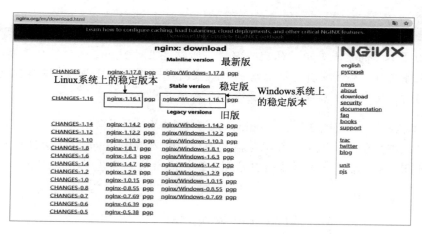

图 3.1　Nginx 官网上的版本划分

(2)下载完 Nginx 压缩包后,将其解压到一个目录下,其目录结构如图 3.2 所示。其中,html 文件夹是默认存放网页资源的地方,conf 文件夹存放的是 Nginx 的相关配置文件,logs 文件夹存放的是 Nginx 的运行日志。

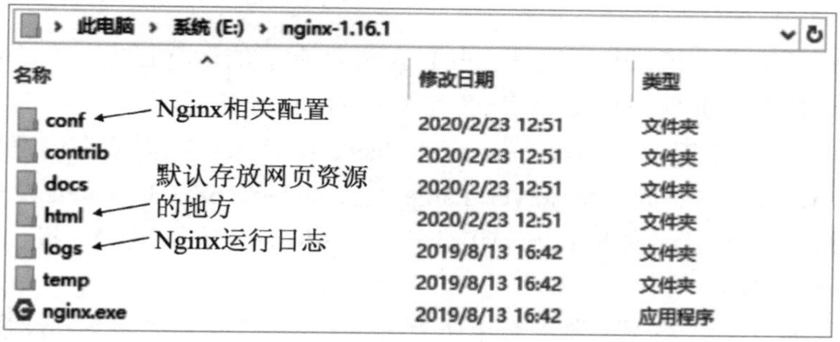

图 3.2　解压后的 Nginx 目录结构

（3）修改 Nginx 配置，Nginx 的配置文件是 conf/nginx.conf。默认的配置文件如代码 3.1 所示，其中，"…" 是省略的意思，"#" 后面是对属性的注释。如果是本地调试，保持默认配置即可。

代码 3.1　默认的 Nginx 配置

```
…
server {
    listen        80;                    #端口，80 为 HTTP 的默认端口
    server_name  default_server;         #服务名称
…
    location / {
        root    html;        #网页资源文件夹，这里的 html 指的是图 3.2 中的 html 文件夹
        index   index.html;              #网站默认网页
    }
…
}
…
```

注意：　由于本章的重点是前端的代码架构，所以这里对 Nginx 的配置只需要关注端口、服务名称、存放网页资源的路径和默认网页等基本配置即可，其他配置，如负载均衡、反向代理和高并发配置等，会在第 6 章中讲解。

（4）启动服务，双击图 3.2 中的 nginx.exe 文件即可，运行窗口会一闪而过。在不修改默认配置且正常启动的情况下，在浏览器的地址中输入 http://localhost 会打开 Nginx 的默认网页，如图 3.3 所示。这个默认网页是图 3.2 中 html 文件夹里的 index.html。

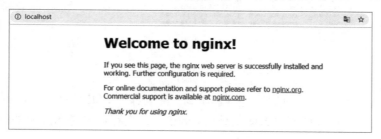

图 3.3　Nginx 的默认网页

如果不能正常启动，可以查看图 3.2 中 logs 文件夹里的运行日志。不能启动一般都是由于端口冲突造成的，此时可以修改步骤（3）中的 listen 配置项。

如果在步骤（3）中修改了 server_name 和 listen 配置项，则需要在浏览器的地址栏中输入 server_name:listen。例如，将 server_name 设置为 192.168.3.3，listen 设置为 8081，那么在浏览器的地址栏中应该输入 http://192.168.3.3:8081。一般情况下，将 server_name 设置成 default_server 即可。

另外，可以通过在任务管理器中结束所有 nginx.exe 任务来关闭 Nginx 服务，如图 3.4 所示。

（5）设置防火墙。如果非本机的浏览器想要访问网页，则需要设置防火墙端口的权限。对于大型网站而言，服务器系统一般为 Linux，Windows 系统下的 Nginx 安装一般只是为了方便本地开发，非本机浏览器访问的场景比较少，因此防火墙的设置不是必需的。如果开发时有非本机访问的情况，可以暂时关闭 Windows 防火墙。

图 3.4　关闭 Nginx 服务

2. 在CentOS系统中安装Nginx

在 Centos 系统中安装 Nginx 时，虽然也可以从官网上下载安装，但是操作比较复杂。因此，这里推荐使用 yum 安装，这种安装方式简单方便且不易出错，具体操作步骤如下：

（1）添加 Nginx 源。在默认情况下，CentOS 系统中不包含 Nginx 源，添加 Nginx 源的命令如代码 3.2 所示，其中"\"为换行符。添加成功后，会在/etc/yum.repos.d 目录下多出一个 nginx.repo 文件。

代码 3.2　添加 Nginx 源的命令

```
sudo rpm -ivh \
http://nginx.org/packages/centos/7/noarch/RPMS/nginx-release-centos-7-0.
el7.ngx.noarch.rpm
```

（2）安装 Nginx 的命令如代码 3.3 所示。在 CentOS 系统中，Nginx 默认安装在/etc/nginx 目录下，配置文件是/etc/nginx/nginx.conf，运行日志的路径是/var/log/nginx/，默认网页资源存放在/usr/share/nginx/html/目录下。

代码 3.3　安装 Nginx 的命令

```
sudo yum -y install nginx
```

（3）修改配置。Nginx 的配置文件是/etc/nginx/nginx.conf，默认的配置文件如代码 3.4 所示，其中，"…"是省略的意思，"#"后面是对属性的注释。如果是本地调试，保持默认配置即可。

代码 3.4　CentOS 系统中的 Nginx 配置

```
server {
    listen          80;                    #端口，80 为 HTTP 的默认端口
    server_name  default_server;          #服务名称
…
    location / {
        root    /usr/share/nginx/html;     #网页资源文件目录
        index  index.html;                 #网站默认网页
    }
…
}
…
```

（4）启动服务。设置 Nginx 开机自动启动、启动服务和停止服务的命令如代码 3.5 所

示。其中，"#"表示注释部分，输入命令时不需要输入，后文不再赘述。

代码 3.5　Nginx 的启动命令

```
sudo systemctl enable nginx          #设置开机启动
sudo systemctl start nginx           #启动服务
sudo systemctl stop nginx            #停止服务
```

（5）配置防火墙。一般经过步骤（4）的配置就能启动 Nginx 了，但如果防火墙是开启状态的话，非本机浏览器是不能访问网页的，因此这里需要配置防火墙。配置防火墙的命令如代码 3.6 所示，命令需要按顺序执行。

代码 3.6　配置防火墙的命令

```
sudo firewall-cmd --add-service=http --permanent   #开启防火墙的 HTTP 服务
#打开端口，根据 Nginx 的端口配置，替换 80 即可
sudo firewall-cmd --add-port=80/tcp -permanent
sudo firewall-cmd --reload                         #重启防火墙
```

防火墙配置成功后，非本机浏览器访问网页的效果如图 3.5 所示。

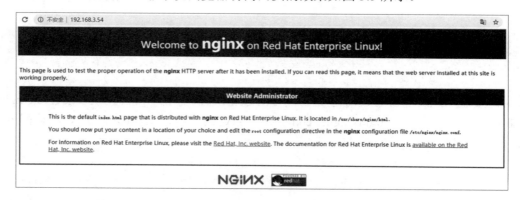

图 3.5　非本机浏览器访问网页

需要注意的是，如果有明确的 Nginx 版本要求的话，需要从官网上下载安装。

3.1.2　构造一个简单的网页

安装完 Nginx 后，有一个默认的网页，如图 3.3 或图 3.5 所示。这个网页只有一个 HTML 文件，这与我们平常的网页结构不一样，这样的网页会造成我们对前端网页工作原理的理解不够全面。我们一般把一个网页分成一个 HTML 文件、多个 CSS 样式文件和多个 JavaScript 文件，因此在介绍前端工作原理之前，我们还需要构造一个简单的网页，该网页将包含一个 HTML 文件、两个 CSS 文件和两个 JavaScript 文件。

📢注意：本节构造的网页只是为了方便对 3.1.3 小节的讲解，其中的编码细节不作为现实编码的参考。

1．创建一个HTML文件

创建一个 abc.html 文件，如代码 3.7 所示。HTML 文件主要用来设置网页的属性和定义页面元素，这个页面的元素主要包括标题、一行文字和按钮。

代码 3.7　abd.html 文件的代码

```
<!DOCTYPE html>                                    <!-- 采用 HTML5 标准 -->
<html>                                             <!-- 文档开始点 -->
  <head>                                           <!-- 头部元素开始点 -->
    <meta charset="utf-8">                         <!-- 设置网页属性 -->
    <title>简单的例子</title>                        <!-- 网页标签的名称 -->

    <link rel="stylesheet" href="css_1.css">       <!-- 引用 CSS 文件 -->
    <link rel="stylesheet" href="css_2.css">
  </head>                                           <!-- 头部元素结束点 -->
  <body>                                            <!-- 主体开始点 -->
    <div class="title">简单的翻译例子</div>           <!-- 网页元素：标题 -->
    <span id="id_text">Hello World.</span>         <!-- 网页元素：一行文字 -->
    <button onclick="translates()">转换</button>    <!-- 网页元素：按钮 -->
  </body>                                           <!-- 主体结束点 -->

  <script src="js_1.js"></script>                  <!-- 引用 JavaScript 文件 -->
  <script src="js_2.js"></script>
</html>                                             <!-- 文档结束点 -->
```

这里需要明确一点，除了用 iframe 嵌入网页的情况外，一个网页只有一个 HTML 文件。在 HTML 的规范中，除了<!DOCTYPE html>这样的标准声明外，其他的内容都应该包含在<html></html>中。而<html></html>里面的内容主要包含头部元素（<head></head>）和主体（<body></body>）两个部分，头部元素主要包含一些网页属性的设置，而主体才是网页元素被定义的部分。

HTML 文件可以引用多个 CSS 样式文件，引用 CSS 文件的位置一般在<head></head>中，这样有利于网页的加载，在后续工作原理的讲解中会详细说明。

HTML 文件可以引用多个 JavaScript 脚本文件，引用的位置一般在<body></body>之后，这样有利于网页的显示，也能避免一些错误，在后续的工作原理中会详细说明。

注意：网页元素（如按钮等）写在<body></body>外或<html></html>外，网页仍会正常显示，因为浏览器具有容错机制，但这样并非 HTML 规范的本意。

2．创建两个JavaScript文件

下面创建两个 JavaScript 文件，用来进行网页的交互处理。第一个文件命名为 js_1.js，如代码 3.8 所示，其内容主要是定义两个变量。

代码 3.8　js_1.js 文件的代码

```
var EnglishText = "Hello World.";
var ChineseText = "你好，世界。";
```

另一个文件命名为 js_2.js，如代码 3.9 所示，其内容是转换网页上的文字。在网页上单击按钮后会调用此函数，代码 3.7 中的 "<button onclick="translates()">转换</button>" 绑定了 translates()函数。

代码 3.9　js_2.js 文件的代码

```
var translates = function() {
    var text = document.getElementById("id_text").innerText;
    if(text == EnglishText){
        document.getElementById("id_text").innerText = ChineseText;
    } else {
        document.getElementById("id_text").innerText = EnglishText;
    }
}
```

JavaScript 本身没有命名空间之类的限定，只要在同一个 HTML 文件中被引用就可以互相调用。例如上例中，页面引用了 js_1.js 和 js_2.js 两个 JavaScript 文件，而 js_2.js 中的函数则可以直接使用 js_1.js 中定义的变量。

注意：这里的两个 JavaScript 文件内容可以写在一个 JavaScript 文件中，分为两个 JavaScript 文件只是为了模拟多个 JavaScript 文件的情况。

3．创建两个CSS文件

下面创建两个 CSS 样式文件。CSS 样式文件的作用是给 HTML 文件中的网页元素提供样式和布局设置，如提供字号大小、间距和颜色等设置。一个 CSS 文件命名为 css_1.css，如代码 3.10 所示，其内容是定义标题的样式。代码 3.7 中的 "<div class="title">简单的翻译例子</div>" 绑定了 title 这个样式属性。

代码 3.10　css_1.css 文件的代码

```
/* 定义标题的样式 */
.title{
    margin-bottom: 10px;
    font-size: 32px;
}
```

另一个 CSS 文件命名为 css_2.css，如代码 3.11 所示，其内容是定义文字的样式。代码 3.7 中的 "<span id="id_text">Hello World.</span>" 是通过 id(id_text)绑定样式属性的。

代码 3.11　css_2.css 文件的代码

```
/* 定义文字的样式 */
#id_text{
    font-size: 20px;
}
```

注意：这里的两个样式定义可以写在一个 CSS 文件中，分成两个 CSS 文件只是为了模拟多个 CSS 文件的情况。

4. 发布网页

为了后续对网页地址说明的方便，下面在 Nginx 的网页资源目录下创建一个 sample 文件夹，把刚创建的 abc.html、css_1.css、css_2.css、js_1.js 和 js_2.js 文件放到 sample 文件夹内。以 Windows 系统中的 Nginx 为例，目录结构如图 3.6 所示。

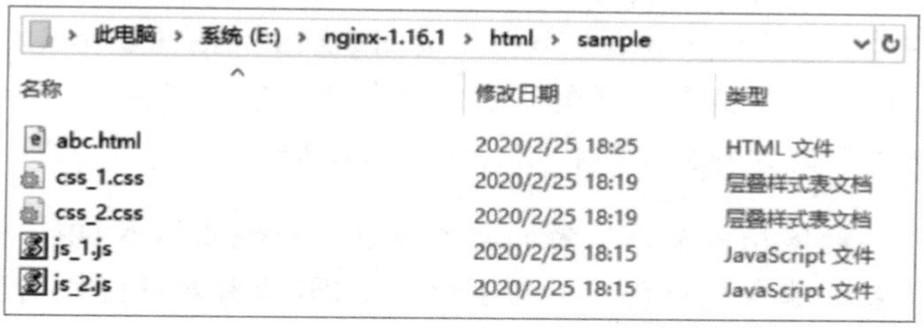

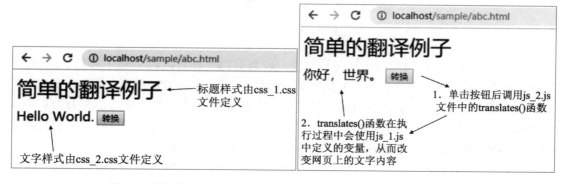

图 3.6　Nginx 中的目录结构

在 Nginx 默认配置的情况下，在浏览器的地址栏中输入 http://localhost/sample/abc.html，显示的页面如图 3.7 所示。

单击"转换"按钮后将会转换文字，如图 3.8 所示。

图 3.7　页面效果　　　　　　　　图 3.8　单击按钮后的网页效果

3.1.3　前端网页的工作原理

在成功构造一个简单的网页并运行后，接下来介绍前端网页的工作原理。通过 3.1.1 小节和 3.1.2 小节的介绍我们知道，一个网页要运行起来，至少需要两步。第一步是搭建 Web 服务器，让浏览器能请求并得到网页资源文件；第二步是把网页资源文件放到网页服务器上。前端网页的工作原理也分为两部分介绍：一部分是浏览器加载网页资源，介绍浏览器与 Web 服务器的关系；另一部分是浏览器运行网页，介绍浏览器和网页的关系。

🔔注意：本节默认以 Chrome 浏览器作为说明的对象。虽然不同浏览器运行网页的工作原理会有所区别，但是整体流程是基本相同的。本节在原理讲解上会省略很多细节，读者只需要大体了解即可。

1．浏览器加载网页资源

一个网站是由很多个网页组成的，每个网页都有自己的地址。以 3.1.2 小节中的网页为例，在浏览器的地址栏中输入网址（http://localhost/sample/ abc.html）并按 Enter 键后，相当于向服务器发送了一个请求。这个请求包含多个部分，如图 3.9 所示，其中为了对网址有一个全面的解释，此处补充了端口部分和参数部分。

🔔说明：类似于这样的网址或某个资源的网络地址，一般被称为 URL（Uniform Resource Locator，统一资源定位符），后面将以 URL 代替对网址或网络地址的描述。

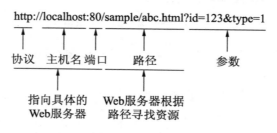

图 3.9　网页地址的结构

协议（protocol）：请求网页资源的协议一般为 HTTP 或 HTTPS。由于 HTTPS 具有更高的安全性，而且浏览器会对使用 HTTP 的网站提示"不安全"，所以现在一般使用 HTTPS。如果使用 HTTPS，则需要对 Web 服务器进行额外配置。不过，HTTPS 只是在 HTTP 的基础上做了通信加密，这个加解密的过程是浏览器和 Web 服务器自动完成的，我们只需要配置好 Web 服务器即可，这对网站开发本身没有影响。

主机名（hostname）：这里可以是域名或者服务器的公网 IP。如果是域名的话，那么在真正发送请求到网页服务器之前，域名解析服务器（DNS）会自动把域名转换成服务器的公网 IP。域名解析服务器是公共资源（一般不能对其进行操作），在购买域名后，在购买域名的网站绑定域名和服务器的公网 IP，即可自动同步信息到 DNS。

端口（port）：一般使用默认端口。如果是默认端口，那么可以省略端口部分。HTTP 的默认端口是 80，HTTPS 的默认端口是 443。

协议+主机名+端口：有了这三部分，Web 服务器就能收到用户发送的请求。Web 服务器收到请求后，会继续对 URL 的后续部分进行解析。

路径（path）：Web 服务器根据路径寻找资源，在如图 3.9 所示的例子中，Web 服务器会根据/sample/abc.html 这个路径找到 abc.html 网页文件并把文件内容发送给浏览器。不过，资源不一定都是文件，也可能是后端接口。但无论请求的资源是什么，Web 服务器都会以字节流形式返回内容。

参数（parameters）：从 "？" 开始到最后都为参数部分，多个参数之间用 "&" 隔开。参数一般用在请求资源时，其处理不一定在服务器端进行，也可能由网页的 JavaScript 脚本处理。

💬 说明：网址还可以添加信息片段部分，这部分一般是在整个网址的最末端以 "#" 开始，如 http://localhost/sample/abc.html?id=123&type=1#home。信息片段部分只会被网页的 JavaScript 脚本处理，因此，如果只更新这部分，那么网页是不会被浏览器刷新的。

以上是对 URL 的介绍，下面我们回到浏览器加载网页资源的过程。服务器在接收到请求后返回网页文件，浏览器对网页文件进行解析，当发现网页文件中有其他需要下载的资源时（如代码 3.7 中的<link rel="stylesheet"　href="css_2.css">），会向 Web 服务器请求新的文件。以 3.1.2 小节中的网页为例，浏览器加载网页资源的全过程如图 3.10 所示。

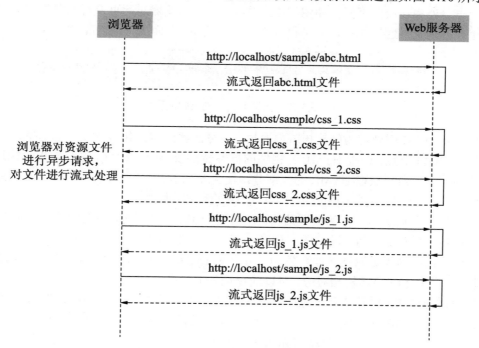

图 3.10　浏览器加载网页资源的全过程

💬 注意：文件资源都以字节流的形式返回，浏览器每获取一部分内容就会立即对其进行处理，而不会等全部获取文件资源后再解析。资源请求的方式一般是异步请求，即不会等上一个请求的资源全部获取后再开始请求下一个网页资源。

对于如图 3.10 所示的请求过程，可以按 F12 键打开浏览器的开发工具查看具体的请求细节。以 Chrome 浏览器为例，其开发者工具如图 3.11 所示。

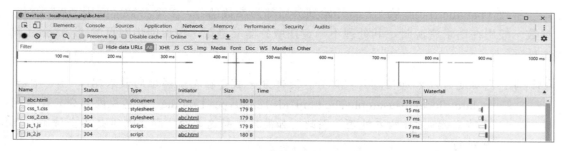

图 3.11　使用开发者工具查看资源请求的细节

2．浏览器运行网页

浏览器显示网页的工作流程大概可以分成 4 部分，即构建 DOM 树、构建呈现树（render tree）、布局处理和绘制页面，如图 3.12 所示。因为浏览器对网页进行的是流式处理，所以此流程不是一次性完成的，而是每解析一部分网页，都可能会执行一次流程。

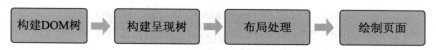

图 3.12　浏览器显示网页的流程

可以将 DOM 树理解为结构树或内容树。浏览器解析 HTML 文档，并将各元素标签逐个转换成 DOM 节点，即把 HTML 文档中的标签转换成一个结构树。这个解析和构造过程是流式的，浏览器每获取 HTML 的一部分，便会立刻对其进行解析。以 3.1.2 小节中的网页为例，其 DOM 树如图 3.13 所示，其中省略了元素的属性。

呈现树是网页显示部分的数据结构。在构造 DOM 树的同时，也会解析外部 CSS 文件及元素标签中的样式设置，浏览器会构造一个与 CSS 样式对应的 CSSOM 树。浏览器会利用 CSSOM 树中的视觉属性（如颜色和尺寸）和 DOM 树对应的元素构造另一个结构——呈现树。呈现树和 DOM 树相对应，可以简单地理解为在 DOM 树的节点上添加视觉属性。但是呈现树与 DOM 树并非一一对应，呈现树只记录在浏览器上可显示的部分，一些非可视化的元素（如<head></head>）和一些被隐藏的元素是不会被记录在呈现树上的。仍以 3.1.2 小节中的网页为例，其呈现树如图 3.14 所示。

呈现树构造完毕之后，进入布局处理阶段。布局处理阶段主要是根据呈现树和浏览器窗口的大小计算出每一个节点出现在屏幕上的确切坐标。最后进行绘制，即把网页描画出来。

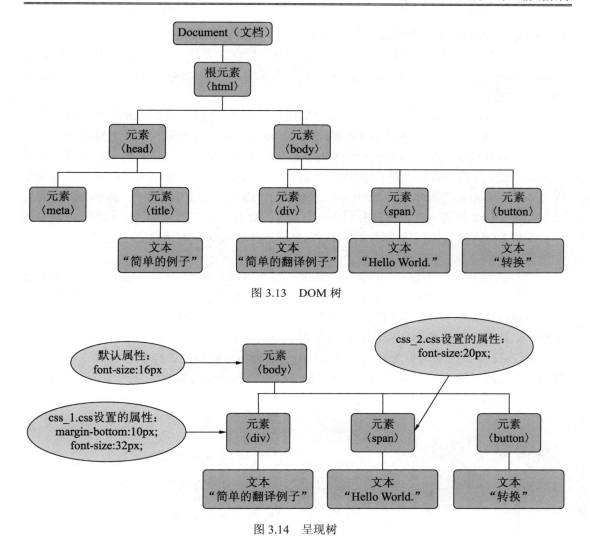

图 3.13　DOM 树

图 3.14　呈现树

　　浏览器显示网页是渐进的过程，上文提到的流程并不是一次完成的。浏览器会尽快将内容显示在屏幕上，而不是等到整个 HTML 文档解析完毕才开始构建呈现树和设置布局。在不断接收和处理网络资源的同时，浏览器会不断解析并显示内容。

　　在以上过程中并没有提及 JavaScript 文件的作用。浏览器有专门的 JavaScript 解析器处理 JavaScript 文件。JavaScript 解析器中会有一些预编译的流程，不过这是内部行为，我们不必过于关心。JavaScript 脚本可以响应网页事件（如单击和拖动等），调用浏览器的一些功能（如全屏等），以及与远端服务器通信（请求数据）等。JavaScript 脚本对于网页显示而言，其最大的作用是可以修改 HTML 内容（即可以改变 DOM 树，一般来说，JavaScript 脚本修改 HTML 内容的操作也被称为 DOM 操作），HTML 内容发生变化后，浏览器会自动进行网页的重排和重绘，从而显示新的网页。例如 3.1.2 小节中的网页，当单击按钮后，

JavaScript 脚本会自动改变网页的文字内容。

以上是前端网页的工作原理。但是还有一个问题没说清楚。在 3.1.2 小节中为什么要把 JavaScript 文件的引用放在<body></body>的后面，而将 CSS 文件的引用放在<head></head>中呢？

这是因为，浏览器虽然对 HTML 文件是流式处理的，但是 JavaScript 文件可能会修改 HTML 的内容，即可能会影响 DOM 树的结构，从而影响呈现树的构造及后续的流程，所以当浏览器处理到<script></script>标签时，会停止对 HTML 文件的解析，先加载并处理完 JavaScript 文件后再继续解析 HTML 文件。在一般情况下，JavaScript 脚本只在响应事件（如单击）后才会操作 HTML 元素，因此把 JavaScript 的引用放在<body></body>的后面有利于 DOM 树的构建，从而有利于网页尽早显示出来。再者，因为 JavaScript 脚本可能会操作 DOM 树，如果放在开头，则可能会导致由于被操作的元素还没被构造出来而发生错误。

而 CSS 文件由于不影响 DOM 树的构造，因此当浏览器处理到<link></link>标签时会继续往下解析。因为 CSS 文件会影响呈现树的构造，所以会暂停呈现树的构造，直到 CSS 文件下载结束并解析完成。把 CSS 文件放在<head></head>中，可以让浏览器尽早加载 CSS 文件，这样有利于呈现树的构造，从而有利于网页尽早显示。

以 3.1.2 小节中的网页为例，整个网页解析的渐进过程如图 3.15 所示。其中，黑色粗线为构造过程，这里只体现了 DOM 树的构造和呈现树的构造这两部分，而省略了布局处理和绘制这两个浏览器的自发行为。

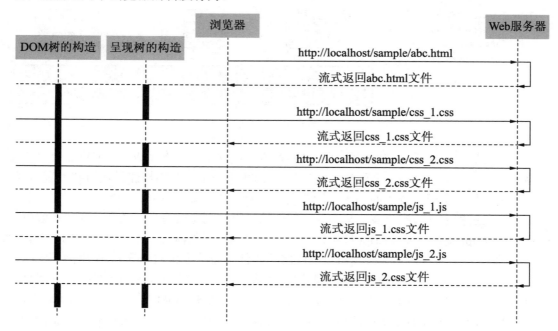

图 3.15　网页构造的全过程

注意： 在不同的浏览器中，具体构造 DOM 树和呈现树的暂停点和开始点是有所区别的，不过大体上仍然如图 3.15 所示。

3.2 前端架构需要解决的问题

前端网页就是这么简单，除去图片、视频等资源外只有三部分，即标记网页元素的 HTML、设置元素样式的 CSS 和负责交互处理的 JavaScript。

在软件开发上，普遍认为架构设计能把复杂的工程代码分解成相互耦合度较低的模块，规划整个工程。简单地说，在大多数人的认知里，架构设计是为了分离代码而存在的。更直接地说，架构设计就是为开发人员分工而存在的。而前端网页是天然按照单个网页解耦的（即网页与网页之间是独立的），在大多数的前端工程中，一个网页的复杂度刚好适合一个人的工作量。基于这样的认知，前端网页确实是不需要架构设计的，因为绝大多数的前端工程不存在分工的问题，每个前端工程师分几个页面就完事了。

而事实上，前端网页的复杂度已经逐渐超出控制。在一些稍具规模的网站上，需要由几十甚至上百个页面组成；在一些复杂的网页中（如在线画图，在线剪辑视频），也需要由几十甚至上百个小模块组成。在大型网站的前端工程里，如果没有架构设计，任由开发人员自由发挥的话，一定会出现代码高度混乱和高度冗余的情况。这种情况是危险的，很大程度上会造成项目进度失控或运维成本过高等状况。

再者，软件架构并不是仅仅为了分工而存在的。架构是软件整体结构的抽象描述，是一个软件的基本思想，而分工只是结构抽象带来的附加好处。而基于这样的认知，所有软件（包括前端）都需要架构设计。但是如果网站只有几个页面，并且没有任何扩展需求，此时还要大费周章地去做架构设计，就相当于牛刀宰鸡了。

因此，在具有一定规模的前端工程中，是需要架构设计的。而前端架构，一般需要解决 4 个问题来提高前端网页的质量和性能，即规整化、适配性和兼容性、模块化、单页应用。

注意： 本节论述的是前端架构需要解决的问题和这些问题出现的原因，对应的解决方法会在后续 3.3 ~ 3.6 节中详细说明。

3.2.1 规整化概述

由于前端页面的易学性，导致很多前端开发工作都是由其他软件工程师兼职的。即使一些专职的前端工程师，有相当一部分也没有系统地学习过前端开发，所以前端代码中会出现各种各样的编写习惯，很多代码细节也过于粗糙，导致源源不断地出现各种小问题。

由于前端的代码在网上很容易找到，因此一些前端工程师会东找个例子，西找个例子，然后简单地把代码放到一起，顶多再模仿着写几行代码或者在例子中修改几个变量，这样就算完成一个页面了。像这样在很多代码细节还不清楚的情况下，直接把代码堆到一起，看起来是很快就完成了一个页面，但是一旦出现问题，便需要花很长的时间去"尝试"出问题的位置，大部分情况下这种行为是得不偿失的。

由于网上有很多网页模板，看起来还很不错，因此一些工程师便使用这些模板稍稍改动就算完成页面了，导致整个网站是"色彩斑斓""五彩缤纷"。但是到网站发布前 UI 风格整顿的时候，网页修改的工作量和重新做一次没什么两样。

由于 JavaScript 语法的开放性，夸张地说，100 个人用 JavaScript 就会有 100 种编程语言。越大的前端工程，越多的前端工程师，前端工程也会越混乱。

以上，浮躁地忽略学习过程、随意地抄袭代码、偷懒地使用网页模板、一人一个样的语法使用习惯和低估了前端工程的复杂性，这些都造成了前端结构极度混乱和代码高度冗余的局面。虽然看上去功能是完成了，但是一旦发生 Bug 修正、需求变更、UI 改版、交互方式变更等情况，都会出现工数和风险完全不可控的局面。

很多人可能会认为，前端是天然按照单个网页解耦的，混乱是可以控制在一定范围内的。但是，前端工程除了网页标签以外，往往还有 CSS 样式文件和 JavaScript 脚本文件，这些文件是可以无限制地被多个网页引用的。混乱的前端结构如图 3.16 所示。由此可知，在混乱的前端工程内部，其实并不是天然按照单个网页解耦的。所以混乱其实不能天然被控制在一定范围内。

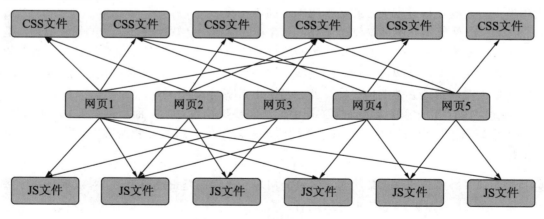

图 3.16　混乱的前端工程结构

更可怕的是，这种不好的前端编程行为会遵循破窗效应，会感染到其他的前端工程师，甚至整个开发团队。因此，前端架构第一个需要做的便是规整化，制定一些规则，以达到约束整个前端开发过程的目的。

说明：破窗效应，是指如果环境中的不良行为被放任不管，则会诱使更多的人仿效这种
　　　不良行为，甚至变本加厉。以一幢建筑物为例，如果它的一些窗户被破坏且一直

不被修理好，则可能会诱使更多人破坏更多的窗户。

3.2.2　适配性和兼容性概述

首先是适配性。现在的显示设备多种多样，前端网页的显示也不仅仅局限在 PC 浏览器当中。更多地，手机浏览器、某些嵌入网页的 App、平板电脑、电视，甚至是巨屏，都可能需要显示前端网页。这些林林总总的显示设备，分辨率、长宽比各式各样，交互方式也不尽相同，而前端页面对这些设备的适应性，就是适配性。当然，网页不需要适配所有的显示设备，很多情况下，PC 的网页和手机的网页都会分开实现。但是即使是只需要在 PC 浏览器显示的网页，也需要有一定的适配性，因为 PC 显示器的分辨率不尽相同，浏览器的窗口也可以随意缩放。

因此，前端架构应该考虑网页的适配性。适配性做不好的网页，很容易产生一些页面错位等用户体验不好的状况，这种山寨的感觉会影响用户对网站的第一印象。网页需要适配的多种设备如图 3.17 所示，但是在一般情况下，网页不需要适配所有的设备，只需要适配选定的设备种类即可（如 PC 版网页、移动端版网页）。而对大型网站而言，大屏展示端不是必需的，但是 PC 端和移动端的适配需要充分对应。

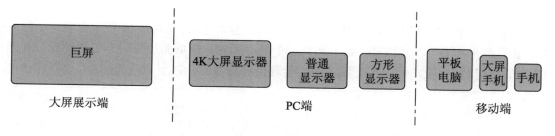

图 3.17　网页需要适配的多种设备

其次是兼容性。除了多种多样的显示设备以外，浏览器也是各式各样的，这些浏览器即使都支持 HTML 5，但有些 CSS 样式配置和一部分浏览器 API 也是不一样的，而前端页面对这些浏览器的适应性，就是兼容性。目前比较流行的浏览器有 Chrome、Firefox 和 Safari，当然还有很多其他浏览器，它们的内核大多数和 Chrome 是一样的，所以兼容了 Chrome、Firefox 和 Safari 就相当于兼容了所有现代浏览器。而兼容性最大的挑战莫过于 IE 了，IE 9 以下版本不支持 HTML 5，IE 9、IE 10、IE 11 虽然支持 HTML 5，但是都不太友好。当然了，也不是要让网页兼容所有浏览器，毕竟兼容浏览器带来的工作量和测试量也是不小的。

因此，前端架构也应该考虑浏览器的兼容性。网页需要适配的多种浏览器如图 3.18 所示，这里忽略了一些用户量不大或者没有独立浏览器内核的浏览器，如 360 浏览器、搜狗浏览器、百度浏览器、小米浏览器、华为浏览器等。市场上浏览器很多，每个浏览器的不同版本之间也有区别，但一般情况下，网页不需要兼容所有的浏览器，现在很多网站都放弃 IE 6～IE 10 了。对于大型网站而言，由于用户使用的浏览器不集中，所以还是要尽量兼容足够多的浏览器。

图 3.18　网页需要适配的多种浏览器

🔔 说明：市场上的显示屏尺寸、浏览器软件很多，测试的工作量是巨大的。但并不代表开发的工作量是巨大的，后续在 3.4 节中会详细讲述前端架构应如何应对适配性和兼容性。

3.2.3　模块化概述

在前端的开发过程中，很多时候我们是在做重复的事情。例如，A 页面需要一个播放器，B 页面也需要一个播放器；C 页面有一个视频列表，D 页面也有一个视频列表，如图 3.19 所示。诸如此类，页面与页面之间，会有很多类似的，甚至相同的部分。

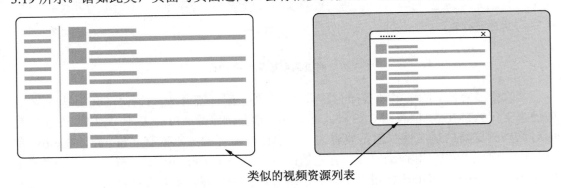

类似的视频资源列表

图 3.19　网页与网页间相似的部分

面对这些类似的部分，比较原始的方法是直接复制代码。这种方法很直接，但是复制的代码需要重新调整和重新调试。如果复制的是其他人编写的代码，调整时间会更长。如果需要调整所有这些复制代码的话，这个过程将会是相当无趣的。

现在，前端部分流行组件化，出现了如 Bootstrap 等前端组件工具箱，可以很简单地画出列表和导航栏，以及一系列通用的页面组件。这些组件工具箱确实能帮助我们在 UI

描画时省点力气，但是，组件工具箱一般只是对 HTML 默认标签进行了美化或者扩充，其无法提供现成的业务模块（例如图 3.19 中的视频资源列表）。

其实，我们希望的是把这些通用的业务模块做成独立的部分，各个网页通过简单地调用即可把这些业务模块拼接进来，就像搭建积木一样，如图 3.20 所示。这个就是模块化，相同部分只有一份代码。

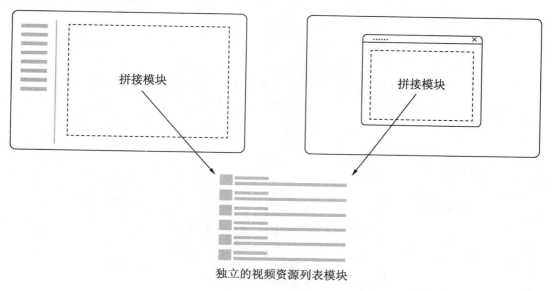

独立的视频资源列表模块

图 3.20　网页与网页间相似的部分

3.2.4　单页应用概述

传统的网站会不断地跳转页面，例如单击搜索后会跳转页面，单击翻页后也会跳转页面。一旦出现跳转页面，用户就需要等待重新加载页面后才能继续操作，如果在网络不好的情况下，这种等待的体验是糟糕的。为了改进这种糟糕的体验，单页应用（Single Page Web Application，SPA）的概念开始流行。单页应用是指在浏览器中运行的应用，其在使用期间不会重新加载页面。简单地说，单页应用是把多个页面合并成一个页面。传统网站与单页应用的对比如图 3.21 所示。

更简单地说，单页应用是只有一个前端页面的网站，浏览器一开始会加载必要的 HTML、CSS 和 JavaScript 文件，之后所有的操作都会在这个页面上完成。以翻页操作为例，JavaScript 脚本会向服务器请求翻页所需要的数据，数据返回后，JavaScript 脚本会进行 DOM 操作，修改页面显示的内容，如图 3.22 所示。因此单页应用只是刷新列表而不是重新跳转页面。

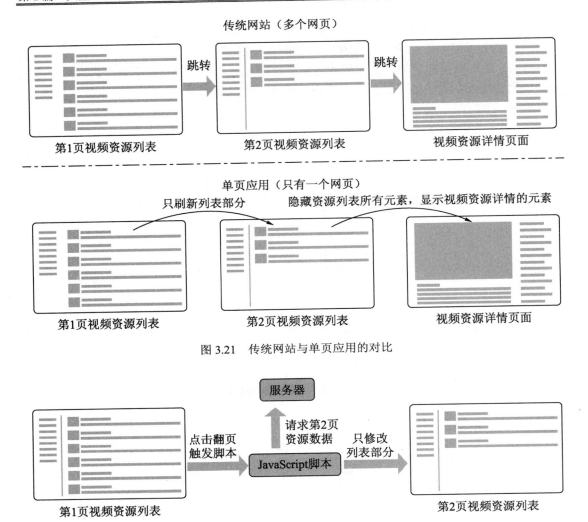

图 3.21　传统网站与单页应用的对比

图 3.22　单页应用的翻页操作

　　单页应用能避免页面跳转的发生，提高用户体验，但是单页应用也有不好的地方。由于单页应用是把多个网页合并成单个网页，所以这个网页的内容是相对庞大的，JavaScript脚本的内容也是复杂的，导致了单页应用加载网页资源的时间会比较长。如果把整个具有一定规模的网站做成一个单页应用（想达到 App 或者桌面软件的效果）的话，那将会是一个很不理智的行为，因为每次打开页面都可能要花上五六分钟，配置差一点的机器甚至会造成浏览器崩溃。

　　因此，前端架构不要极端地把一个网站做成单页应用，而是需要适当地使用单页应用，权衡哪些网页需要合并成一个单页应用，哪些网页则必须要分离，如图 3.23 所示。

图 3.23　单页应用和多页跳转结合

🔔注意：门户网页不要和其他网页做成一个单页应用，这样能防止发生搜索引擎（如百度等）获取不到内容等情况。这是因为搜索引擎一般是只对 HTML 元素进行爬虫的（不运行 JavaScript 脚本），而单页应用需要通过 JavaScript 脚本才能显现出 HTML 元素。

3.3　规　整　化

3.2.1 小节中已经说明了规整化前端的必要性。规整化的目的，不是让代码像精细雕刻的工艺品一样，而是通过限制开发过程，让混乱限制在一定范围之内，从而保证软件质量和后续维护升级的成本。而前端规整化的手段，主要包括编码规范、JavaScript 库、组件工具箱和框架这 4 个方面。本节将介绍这 4 个方面的细节。在项目前期，一般也是通过这 4 个方面来初始化前端工程的。

🔔注意：规整化需要把握一个度，标准太高会拖慢项目进度，标准太低又达不到规整的目的，所以前端架构需要根据实际的团队水平和项目周期制定规整化的标准。

需要特别强调的是，很多人一提到前端架构，总会陷入"原生开发还是使用脚手架""Vue、React、Angular 应该选择哪一个"的苦恼之中。其实，没有任何的基础技术能保证最终的软件质量。而架构设计的目的，是想要保证最终的软件质量。相对于选择什么基础技术，制定规范化的标准才是架构设计更应该考虑的事情。

3.3.1　编码规范

制定编码规范是最简单且最有效的整顿办法，只需要开发团队遵守一些规则就能很大程度上避免混乱。这里先不考虑使用框架的情况，只是单纯地从网页开发方面介绍一下编码规范化的几个参考点：

- 规范化目录结构；
- 规范化前端资源文件使用，限制和分离 HTML、CSS 和 JavaScript 文件；
- 抽离通用部分，建立共用的 JavaScript 脚本和 CSS 主题文件；
- 规范化第三方插件的使用；
- 其他方面。

🔔**注意**：虽然这里以原生网页开发作为基础，但是规整化需要注意的点是相似的。另外，以下的具体规则不是唯一，读者需要根据实际情况斟酌参考。

1．规范化目录结构

一般的前端目录结构都是按 JavaScript 文件、CSS 文件、HTML 文件及资源文件分离的，如图 3.24 所示。

图 3.24　一般的前端目录

但是这样的前端目录结构不适合大型网站，因为大型网站有很多网页，也有很多网页资源，如果还是按这种目录结构组织网页资源的话，那么前端的目录结构其实还是混乱的。试想一下，在图 3.24 中，HTML 文件有几十甚至上百个，伴随的网页资源也有几百个，这种"几十甚至上百个文件的罗列"无论在开发上还是网页发布上，都极有可能造成不必要的人为失误。因此，在图 3.24 所示的结构上层，最好再增加一层结构。增加一层结构后，能大大降低每个子目录的文件数，可以把每个目录的文件数控制在十几二十个左右，从而规整前端结构。如图 3.25 所示，根据用户角色，增加了 user（普通用户）和 admin（管理员）的网页划分。需要注意的是，网页的划分更多是以业务架构的子模块为基础的，需要根据实际情况而定。

增加结构后，在浏览器中输入网址或 IP 地址后无法显示默认网页，这时需要设置一下默认网页。设置默认网页的方法有两种，第一种是新增一个 index.html 文件，做强制跳转；第二种是更改 Web 服务器的配置。下面以 3.1.2 小节中的网页为例，介绍设置默认网页的方法。

第一种方法是重定向，强制跳转。由于 Web 服务器的默认配置是打开根目录下的 index.html 文件，所以我们在根目录下新建 index.html 文件，通过 index.html 文件自动跳转到指定的新网页。index.html 文件的内容如代码 3.12 所示，其中/sample/abc.html 为要设定的默认网页。

代码 3.12　重定向使用的 index.html 文件代码

```
<head>
    <meta http-equiv="refresh" content="0;url=/sample/abc.html">
</head>
```

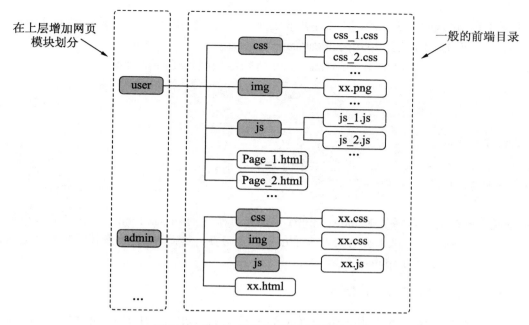

图 3.25　增加一层目录结构后的前端目录

第二种方法是更改 Web 服务器的配置。以 Nginx 为例，修改 conf/nginx.conf 中的配置即可，修改后的配置如代码 3.13 所示，其中/sample/abc.html 为要设定的默认网页。

代码 3.13　Nginx 默认网页的配置

```
…
location / {
    …
    index  /sample/abc.html;                #网站默认网页。
    …
}
…
```

对于默认网页的设置，一般倾向于使用第二种设置方法，这是因为第一种配置方式会增加一次不必要的 HTTP 请求，而且由于发生了跳转，默认网页的地址显得不够简洁，如图 3.26 所示。

图 3.26　第一种方法和第二种方法的默认网页地址栏对比

不过，虽然第二种方法的配置能让默认网页的地址保持简洁，但是 HTML 文件引用其他网页资源时，需要把相对地址改成绝对地址，如代码 3.14 所示。这是因为浏览器都是以完整的 URL 请求网页资源的，所以在修改之前，浏览器会请求 http://localhost/css_1.css，而 css_2.css 的正确 URL 是 http://localhost/sample/css_1.css。

代码 3.14　把 HTML 文件中的资源引用地址改成绝对地址

```
…
<link rel="stylesheet" href="css_1.css">
<link rel="stylesheet" href="css_2.css">
…
改成
…
<link rel="stylesheet" href="/sample/css_1.css">
<link rel="stylesheet" href="/sample/css_2.css">
…
```

☐ **说明**：一般的默认网页为/index.html（网站根目录下的 index.html），在只输入网址或 IP 地址的情况下会自动打开 index.html 网页，这是 Web 服务器的配置决定的，详见 3.1.1 小节中的介绍。

2．规范化前端资源文件使用

为了方便上传，网上许多例子通常会把代码只写在一个 HTML 文件中（即网页、JavaScript 和 CSS 内容写在一个文件），而开发人员可能会为了方便，直接复制、粘贴代码；有时候开发人员也会为了方便，直接在 HTML 标签上使用 style 属性来配置样式；有时候开发人员为了使用别人写好的样式和函数，会引用别人写好的 CSS 和 JavaScript 文件。

以上这些做法都会使工程代码变得混乱。为了规整这样的混乱，我们需要对 HTML、CSS、JavaScript 等网页资源文件作限制和分离。对于一般的网页而言，除去一些共用的 CSS 文件和 JavaScript 文件外，限定每个网页只有一个 HTML 文件、一个 CSS 文件和一个 JavaScript 文件，不能引用其他网页的 CSS 和 JavaScript 文件，如图 3.27 所示。HTML 文件内只能写网页结构；全部样式设置都写在 CSS 文件中，禁止在 HTML 标签中使用 style 属性；所有 JavaScript 代码都写在 JavaScript 文件中。这种限制的好处是保证了每个网页的独立性，可以避免一些命名冲突等小问题，也明确了 HTML 文件、CSS 文件和 JavaScript 文件的分工。

☐ **注意**：这种限定是对于一般的网页而言的。如果网页过于复杂，那么也可以建立多个 CSS 文件和 JavaScript 文件。

3．抽离通用部分

不可避免的，有一些 JavaScript 代码是多个网页都需要用到的，一个网站的主题也是统一的（如字体大小、网页配色等 CSS 样式）。因此，我们需要进一步抽离出这些共用的 JavaScript 代码和 CSS 文件，在工程结构中添加独立的 common 和 theme 文件夹，如图 3.28 所示。

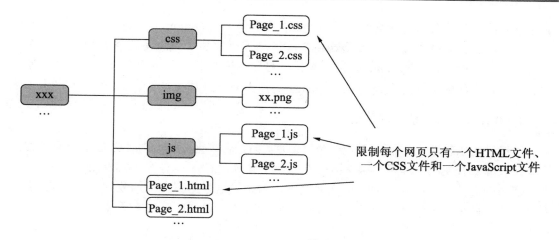

图 3.27　限制每个网页的网页资源

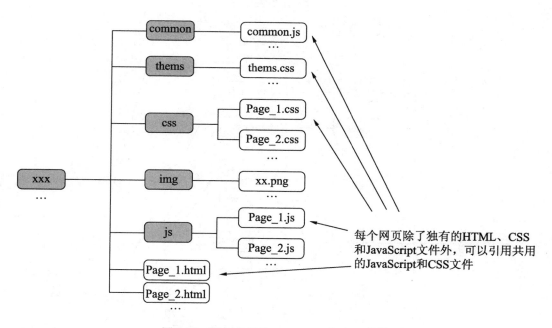

图 3.28　添加共用的 JavaScript 和 CSS 文件

common 文件夹中保存网页共用的 JavaScript 文件，在文件中添加一些共用的函数，每个网页都可以调用。函数名尽量以统一前缀命名（如 Common_），这样可以在翻看代码时一眼就能认出是共用的函数。

theme 文件夹中保存一些网页共同的 CSS 主题文件，在文件中添加一些如配色、字体、字号等配置，其中主题样式的命名尽量以统一前缀命名（如 Theme_），这样可以在各个网页代码看出是主题的样式。

🔔**注意：** 最好每个前端子模块都有一个 theme 文件夹和 common 文件夹，虽然这么做一定
　　程度上会造成冗余，但是这样可以保证每个前端子模块是完整且独立的。除了
　　theme 文件夹和 common 文件夹，一些网站还有字体和多语言的要求，那么可以
　　另外再建立 font 文件夹和 language 文件夹来存放相关文件。

4．规范化第三方插件的使用

虽然过度依赖第三方插件不是一个好习惯，但是合理地使用一些比较稳定的第三方插
件能大大降低开发的工作量。这些第三方插件一般包含 CSS 文件和 JavaScript 文件，我们
不能把这些文件直接放到 js 和 css 文件夹中，需要把这些第三方插件放到另外的 lib 文件
夹中。这么做是为了独立出第三方插件，从而可以统一对这些第三方插件进行管理。

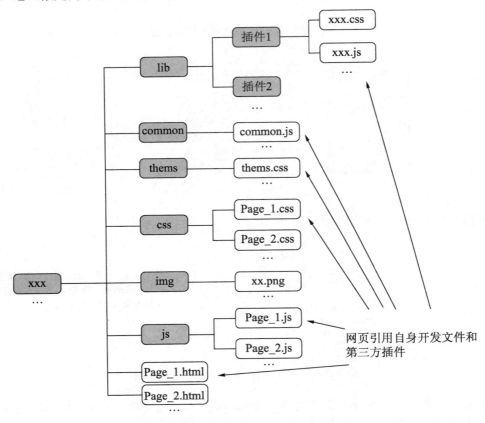

图 3.29　第三方插件引用

🔔**注意：** 一些比较流行的第三方插件可能会提供一个 URL 方便开发者引用，如<script src
　　="https://cdn.staticfile.org/angular.js/1.4.6/angular.min.js"></script>。这样确实很方
　　便，但是为了网站自身的稳定，最好还是把文件下载下来，放到服务器上。

5．其他

除了上面提到的几个点，还有很多细节需要考虑，如命名规则、JavaScript 编码规范、禁止以同步方式使用 Ajax、cookie 使用规范等。具体细节的编码规范需要根据团队水平和团队偏好来制定。

以上这些编码规范虽然都是琐碎的事情，但是对于大型网站而言，这些琐碎的规则确实能避免很多问题，也能以最低的代价规整前端工程结构，使网站后续的升级和维护也不至于举步维艰。

3.3.2 JavaScript 库

库，一般来说是一个开发语言经过浓缩和优化后的超集或者工具包。JavaScript 库的作用就是简化 JavaScript 代码，一个 JavaScript 库无疑会规整化整个前端工程。JavaScript 库使用前后如代码 3.15 所示。

代码 3.15　JavaScript 库使用前后

```
//使用 JavaScript 原生函数修改 HTML 内容
document.getElementById("id_text").innerText = "xxxxx";

//使用 jQuery（JavaScript 库）的函数修改 HTML 内容
$("#id_text").html("xxxxx");
```

流行的 JavaScript 库有很多种，在我们开始介绍这些 JavaScript 库之前，首先要明确一点，除去某些项目的特殊要求外，选择 JavaScript 库的关键不是这些库的优劣，而是需要尊重开发团队中大多数人的习惯，选择更偏向于大多数人都使用过的 JavaScript 库。这样可以降低团队的学习成本，让项目开发过程更顺畅一些。

🔔 **注意**：库和框架是不一样的，框架是解决一类问题的基本软件框架，而库直白地讲只是一堆函数、工具或者一些语法改进。

下面介绍一些比较流行的 JavaScript 库。

1．jQuery

相信 jQuery 的大名很多人应该都知道，jQuery 凭借其优秀的设计思想和实用的语法，让它在 2006 年一经推出，就得到了各界的好评和世界各大项目的深度应用。

jQuery 解决了早期浏览器的兼容性问题（早期的浏览器是一个厂商一个样）。jQuery 拥有强大的 DOM 元素选择器，简化了 JavaScript 语法。jQuery 也拥有 Ajax 这个利器，大大简化了前后端的通信代码。除此之外，jQuery 还拥有丰富的动画支持和强大的插件群。

以上都是它的好处，但目前，jQuery 的作用越来越小了。例如，原生的 JavaScript 也新增了 querySelector 和 querySelectorAll 函数，可以直接通过 CSS 选择器获取元素；CSS3

也提供了丰富的动画效果；浏览器的兼容性问题随着互联网的发展变得越来越小；Ajax 也有其他替代方案。因此，目前使用 jQuery 的必要性越来越低，甚至网上都有了 jQuery 已经过时的说法。

不过，jQuery 远远没有到被淘汰的地步。因为浏览器还没完全到大一统的地步；经过了这么多年的发展，jQuery 已经相当稳定；jQuery 的任何使用问题都能在网上找到；大多数前端工程师还习惯于使用 jQuery。也就是说，浏览器兼容性、稳定性、社区完备性及使用习惯，这 4 点便使得 jQuery 还是 JavaScript 库的首选。

2．Zepto

Zepto 是 jQuery 的精简版，是一个针对现代高级浏览器的轻量级 JavaScript 库，它与 jQuery 有类似的 API。

由于移动端的浏览器绝大部分都是现代浏览器，而且 Zepto 比 jQuery 轻量，加上 jQuery 的底层是通过 DOM 来实现的，Zepto 更多的是操作 CSS3，所以如果是只针对移动端的项目，Zepto 确实是很好的选择。

3．自建JavaScript库

对于 JavaScript 库，目前没有太多的选择余地，毕竟 jQuery 还处于统治的地位。因此，这里说的自建 JavaScript 库并不是说要做一个替代 jQuery 的库。

自建 JavaScript 库的意义是，针对某一项目的业务特性增加的通用函数库。自建的 JavaScript 库与第三方的 JavaScript 库，应该是相互补充和并列使用的关系。这里的自建 JavaScript 库其实是 3.3.1 小节中提到的共用的 JavaScript 文件。

例如，一个音视频相关的网站，前端工程将会有很多音视频相关的处理函数（如视频属性判断、文件大小单位转换等）；又或者前端和后端做了某些约定，需要前端处理完数据后才递交给后端处理（如加密处理）。还有很多情况，项目中有很多共用的函数，这时候就需要自建一个 JavaScript 库。自建 JavaScript 库能避免代码重复编写、代码更新不完全等不良情况。

这里选择 jQuery 作为 JavaScript 库。jQuery 其实就是一个 JavaScript 文件，HTML 网页简单地引用即可，jQuery 文件可以放到前端目录结构中的第三方插件目录（lib）下。但是，由于 jQuery 是我们选定的基础库，原则上每个网页都需要使用，所以更好的方法应该是另外新建一个目录存放这些基础依赖。如图 3.30 所示，其中 basicdepend 便是存放基础依赖的文件夹。

🔔说明：JavaScript 本身也在不断地优化，时至今日，仅仅使用 JavaScript（不引用其他 JavaScript 库）开发的体验也是不错的，所以引用 JavaScript 库并不是必要的。目前，越来越多的项目开始抛弃各式各样的 JavaScript 库，有点返璞归真的感觉。

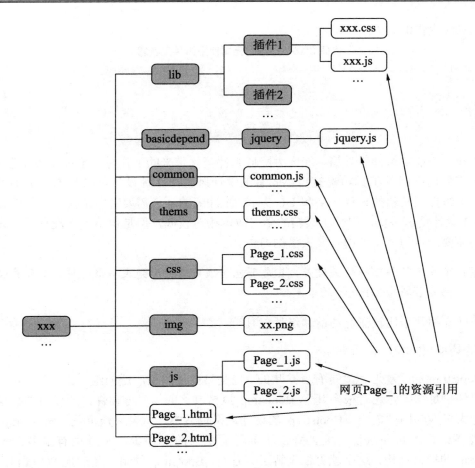

图 3.30　增加基础依赖目录

3.3.3　组件工具箱

前端组件工具箱是对 HTML 默认组件（如输入框、按钮）的美化和扩充，如图 3.31 所示。

图 3.31　默认标签样式与使用组件工具箱美化后的样式对比

组件工具箱其实就是预先写好一些 CSS 样式配置和 JavaScript 脚本，在我们需要用到它们时，引用就可以了，如代码 3.16 所示，其中 form-control、btn 和 btn-primary 样式是组件工具箱提供的。

代码 3.16　HTML 元素使用组件工具箱

```html
<html>
…
    <input class="form-control" >
    <button class="btn btn-primary">按钮</button>

…
</html>
```

选择一个前端组件工具箱，能大大降低组件美化带来的工作量。不过需要注意一点，每个第三方前端组件工具箱都有自己固有的设计风格，这种设计风格基本上是不可调控的。如果组件工具箱的设计风格和 UI 设计产生冲突的话，需要考虑是换一个组件工具箱还是 UI 设计稍做妥协。组件工具箱的学习成本相对较低，但是也不等于没有学习成本，所以还需要一定程度上考虑开发人员的习惯。

🔔注意：组件工具箱选择的关键是，其是否包含项目需要的绝大多数组件，以及其设计风格是否符合 UI 设计的审美。

下面介绍几个比较流行的前端组件工具箱。

1．Bootstrap

Bootstrap 的受欢迎程度是有目共睹的，也是目前使用最广泛的组件工具箱。Bootstrap 本身组件量足够多，还有很多基于 Bootstrap 风格制作的第三方插件，所以组件数量上能应对绝大多数的网站需求。Bootstrap 的设计风格也适中，符合大众审美。Bootstrap 还提供了栅格结构的布局系统，大大降低了屏幕适配性的工作量，不过也有很多人不喜欢 Bootstrap 的栅格结构，这个就见仁见智了。另外，Bootstrap 的组件是适配 PC 端和手机端的，如果项目需要适配 PC 端和手机端，一个 Bootstrap 组件工具箱就足够了。

笔者也很喜欢 Bootstrap 组件工具箱，如果前端风格没有太过于严格的要求，选用 Bootstrap 将会是一个不错的选择。

2．jQuery UI

jQuery UI 从严格来讲不算组件工具箱，大多数开发者都是通过 jQuery 制作一些动画效果，这些效果在老旧浏览器上的表现是优秀的。不过，现在很多使用 jQuery UI 制作的效果使用几行 CSS3 属性便可以替代，而且 jQuery UI 的审美也有些过时了。

既然 jQuery UI 有了过时的感觉，这里为什么还要提及 jQuery UI 呢？这是因为网上还是有很多使用 jQuery UI 做的例子，还有一些使用 jQuery UI 的老项目。另外最关键的一点，如果网站需要适配老旧浏览器，那么很多时候就不得不使用 jQuery UI 了。

3．Three.js

Three.js 是使用 JavaScript 编写的 WebGL（Web Graphics Library，是一种 3D 绘图协议）

第三方库。Three.js 不算是组件工具箱，顶多算是一个工具箱。Three.js 是一款运行在浏览器中的 3D 引擎，其包括摄影机、光影、材质等各种对象，用户可以用它创建各种三维场景。一些门户网站或者一些宣传性质的网站如果想要追求酷炫效果的话，那么选择 Three.js 是不错的决定。

虽然 Three.js 目前还处于比较不成熟的阶段，不够丰富的 API 和匮乏的文档都增加了学习的难度，但是一般的网站需要用到 Three.js 特效的地方只会有一两个，而且网上用 Three.js 做的特效例子还是比较多的。

4．其他组件工具箱

随着人们对前端审美的重视，越来越多的组件工具箱随之出现，如 Muse UI、Element UI 等。这些组件设计风格各异，看上去都挺不错的。不过，在选择这些组件工具箱前需要好好斟酌，除了判断设计风格、组件量是否足够以外，还需要判断其是否需要依赖其他框架、稳定性、文档的完备性及网上能否轻易搜索到资料等因素。因为在使用这些相对不那么流行的工具箱或者技术时，先不说学习成本怎么样，更需要考虑的是风险。如果一旦出现资料查不到、工具箱本身存在某些不可知 Bug 等情况，那么项目进度和成本就会开始偏离。毕竟做项目是一种经济行为，前端架构在选择工具箱或其他技术的时候，都应该充分考虑风险。如果不是对这些工具箱特别了解或者项目上有限制，那么还是选择流行的工具箱比较好。

注意：做项目是一种经济行为，架构设计在选择一些工具和框架时，风险把控更为重要。盲目地跟随大公司的设计或者不权衡风险就选用新技术，都是极其不负责任的行为。

5．自建组件工具箱

自建组件工具箱更多的是项目需要。例如一些特大型的网站，或者一些艺术行业相关的网站，都想看上去特别一些，那么就很可能需要自建组件工具箱了。

说明：虽然这种情况不经常发生，但也说明了一点，一切技术都是问题驱动的，有需要才会选择某个技术，而不是因为掌握了某个技术，任何情况下都选择这种技术。

这里我们选择比较流行的 Bootstrap 作为基本的组件工具箱，Boostrap 的相关文件在 https://www.bootcss.com/官网下载即可。由于组件工具箱属于基础依赖，每个网页都需要用到，所以我们将其放到 basicdepend 文件夹中。需要注意的是，Boostrap 4 依赖 jQuery.js 和 popper.js（可以在 Bootstrap 官网找到下载地址），不引用这两个 JavaScript 文件会出现问题。引用 Boostrap 后的工程结构如图 3.32 所示。

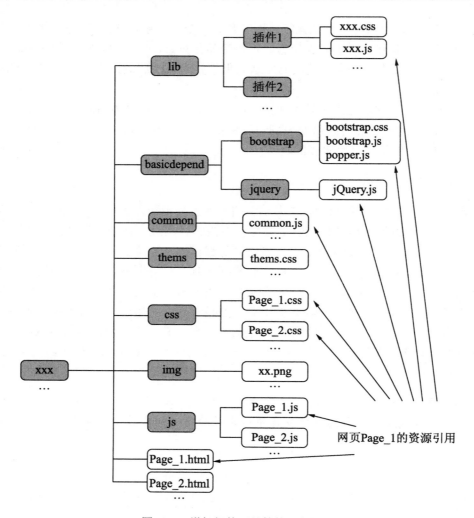

图 3.32　增加组件工具箱的工程目录

3.3.4　框架

　　框架是在一定的设计原则上，规划和安排各个组件的关系，以按照一定规则解决一类问题的软件。简单地说，软件框架是解决一类问题的基本软件工具。在顺从框架基本思路的前提下，熟练地使用框架，可以大大提升开发效率。

　　注意，是在顺从框架基本思路和熟练使用框架工具的情况下，才能大大提升开发效率。因为要深入了解框架的基本思路和熟悉框架的使用，所以每个框架都有很高的学习成本。框架想解决的问题越多，学习成本也会越大。前端框架的学习成本也是很高的，所以前端框架的选择除了要对比各大流行框架的优劣以外，更重要的是要评估前端团队的学习能力和使用习惯。

当然，前端框架也不是必须选择的。一些项目也偏向不选用前端框架，因为使用前端框架会让原本简单的前端开发增加学习难度，更何况前端框架用得不好的话，反而会增加前端工程的混乱度和工作量，弄巧成拙。

⌂**注意**：不选择前端框架不等于前端开发人员可以随意选择自己顺手的框架，而是不使用任何前端框架。

1. 前端框架要解决的问题

在介绍具体的前端框架之前，先来介绍一下前端框架想解决的一些问题，主要包括数据双向绑定、指令、虚拟 DOM 和模块化。值得一提的是，要解决这些问题，并非一定要用到某个框架，自己编写 JavaScript 代码也是可以解决的，框架只是帮我们写好了这部分 JavaScript 代码。

（1）数据双向绑定。

一般情况下，JavaScript 想要改变或获取 HTML 元素的值时，需要通过如代码 3.17 所示的方式才能实现。

代码 3.17　使用 JavaScript 获取或改变 HTML 元素的值

```
//获取 HTML 元素显示的值
var text = document.getElementById("id_text").innerText;
//设置 HTML 元素显示的值
document.getElementById("id_text").innerText = "xxx";
```

在以上代码中，每次操作都需要获取一遍 HTML 元素，那么是否有一种方法，可以直接把 JavaScript 变量和 HTML 元素绑定起来呢？这样的话，我们仅需要操作这个 JavaScript 变量就可以影响到 HTML 元素了，不需要写这么多代码。例如一个 JavaScript 变量和输入框绑定后，当变量改变时，输入框的显示值也会改变，反之亦然。

这就是数据双向绑定，通过一次性绑定 JavaScript 变量和 HTML 元素后，操作这个 JavaScript 变量即可影响到 HTML 元素。数据双向绑定其实用到了 JavaScript 提供的 Object.defineProperty()函数，该函数可以让数据对象变得"可观测"。目前比较流行的前端框架基本上都支持双向绑定，以 Vue.js 框架为例，HTML 代码如代码 3.18 所示，双向绑定的 JavaScript 代码如代码 3.19 所示。

代码 3.18　HTML 代码

```
<div id="id_inputBody">
…
    <input v-model=" Vue_Input">
…
</div>
```

代码 3.19　JavaScript 代码

```
//初始化，绑定 JavaScript 变量和代码 3.18 中的 HTML 元素
var VueObject = new Vue({
    el:"#id_inputBody",
```

```
    data:{
        Vue_Input: "123"
    }
});

//当 input 元素中的值被修改时，此变量也会变更，当此变量被修改时，input 元素显示的值也
  会变化
VueObject.Vue_Input;
```

说明：数据双向绑定确实能减少一定的代码量，但"是不是必须要这样做"就见仁见智了，
　　　毕竟数据双向绑定减少的代码量有限，而传统的方法在代码理解上可能更直观一些。

（2）指令。

我们看到的网页其实就是 HTML 文件的一堆字符串，一般认为，HTML 本身是静态
的，HTML 的变化只能通过 JavaScript 对其进行修改。但是在一些场景中，单纯地使用
JavaScript 对 HTML 进行操作是比较烦琐的。以把一个列表数据显示到网页上为例，HTML
代码如代码 3.20 所示，JavaScript 代码如代码 3.21 所示，效果如图 3.33 所示。

代码 3.20　HTML 代码

```html
<html>
…
<div id="id_listBody"></div>
…
</html>
```

代码 3.21　JavaScript 代码

```javascript
//列表数据
var data = [
    {"id":1, "name":"张三"},
    {"id":2, "name":"李四"},
    {"id":3, "name":"王五"}
]

var content = "";
for(var index in data){//拼接 HTML 元素
   content += "<p>"+
           "id:"+data[index]["id"]+", "+
           "姓名:"+data[index]["name"]+
           "</p>";
}
//修改 HTML 内容
document.getElementById("id_listBody").innerHTML = content;
```

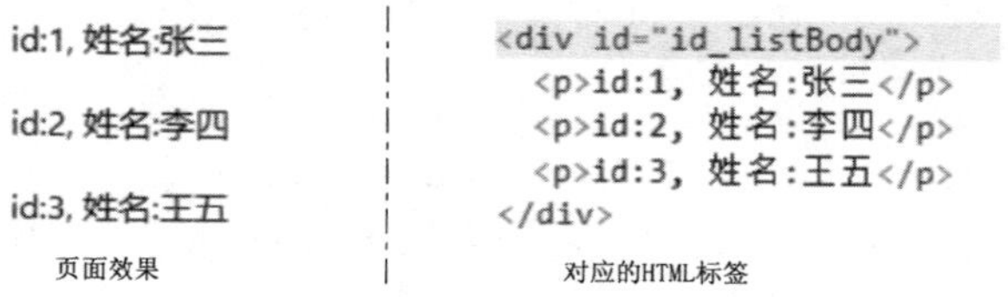

```
id:1, 姓名:张三              <div id="id_listBody">
                              <p>id:1, 姓名:张三</p>
id:2, 姓名:李四              <p>id:2, 姓名:李四</p>
                              <p>id:3, 姓名:王五</p>
id:3, 姓名:王五            </div>

   页面效果                    对应的HTML标签
```

图 3.33　页面效果

　　根据数据来改变页面内容，最常用的做法就是拼接 HTML 字符串并将其替换到页面上。这样的做法有几个不好的地方，第一，比较烦琐，每次都需要写一遍循环体；第二，不够直观，往往需要把一些作为模板的 HTML 字符串混在拼接的逻辑里。

　　为了改变上面这种不好的体验，指令被提出。指令的作用是，开发者可以直接在 HTML 里添加一些框架定义的指令（如 for、if 等），即可在 HTML 代码上添加逻辑，省略掉一大堆 JavaScript 代码的同时，能更直观地让 HTML 变化起来。以使用 Vue.js 框架为例，HTML 代码如代码 3.22 所示，JavaScript 代码如代码 3.23 所示，页面效果与之前的效果一样（如图 3.33 所示）。

代码 3.22　HTML 代码

```html
<html>
...
<div id="id_listBody">
    <p v-for="list in Vue_List">id:{{list.id}}, 姓名:{{list.name}}</p>
</div>
...
</html>
```

代码 3.23　JavaScript 代码

```javascript
//初始化，绑定 JavaScript 变量和代码 3.22 中的 HTML 元素
var VueObject_List = new Vue({
    el:"#id_listBody",
    data:{
        Vue_List:[]
    }
});

//列表数据
var data = [
    {"id":1, "name":"张三"},
    {"id":2, "name":"李四"},
    {"id":3, "name":"王五"}
]

//操作 vue 对象的变量后，HTML 的内容会自动被修改
VueObject_List.Vue_List = data;
```

　　在上面的做法中，在 HTML 代码里添加了指令（v-for），让静态的 HTML 看起来有了逻辑，JavaScript 代码中也不需要再写拼接 HTML 字符串的代码。加入指令后，整个代码结构清晰了很多。

　　指令的基本原理，是利用了 HTML 元素可以自定义属性的这个特点，把一部分看起来像是代码的字符串（如 list in Vue_List）记录在这些标签上。然后，框架的 JavaScript 脚本在提取这些自定义的属性后，会根据这些字符串转换成逻辑代码，最后拼接 HTML 字符串并替换页面上的内容。

🔔**注意**：指令是一个非常有意思的东西，它让静态的 HTML 看起来有了逻辑。它也从一

个新奇的角度打破了我们把"让 HTML 动起来"这件事只交给 JavaScript 完成的习惯，打破了 HTML 是完全静态的这个认知。正如飞机让人类"学会飞行"一样，这确实是想象力带给技术的一些惊喜。但我们回顾这些让人惊讶的想象力时，其实不过是发现问题后用间接的手段解决问题而已。因此，保持思考十分重要，很多问题都是可以解决的。

（3）虚拟 DOM。

前端页面是依赖 DOM 树来构建的，这在 3.1.3 小节前端网页的工作原理中提到过。JavaScript 脚本修改页面元素时，实际上是修改 DOM 树的节点，当 DOM 树的某个节点发生变化时，浏览器会立刻重新渲染。在极端情况下，如果在一段 JavaScript 代码中修改多个页面元素，浏览器可能会频繁地重新渲染，这无疑增加了浏览器的性能损耗。

虚拟 DOM 就是为了解决浏览器性能问题而设计出来的。虚拟 DOM 实际上是一个 JavaScript 对象，页面元素的更新先全部反映在虚拟 DOM 上（更新 JavaScript 对象），等修改页面元素操作全部完成后，再一次性地更新到 DOM 树上，交由浏览器去渲染。

这么做的好处是，如果一次 JavaScript 操作中有 10 次更新页面元素的操作，虚拟 DOM 只会让浏览器渲染一次，如果没有虚拟 DOM 的话，浏览器很可能会渲染 10 次。由于浏览器多次渲染页面是损耗性能的，而虚拟 DOM 的作用就是为了节省这些性能。

最后需要说清楚的是，第一，虚拟 DOM 是一些框架的内部行为，只对框架自身有用，如果直接通过 JavaScript 修改页面元素，虚拟 DOM 是不起作用的。第二，对于现在的浏览器来说，虚拟 DOM 的作用其实没有想象中作用大。因为浏览器内部对网页渲染是有一定优化的，当一段 JavaScript 代码连续进行了 10 次修改页面元素操作时，浏览器也可能只会渲染一次网页。

（4）模块化。

前端模块化可以剥离出通用的前端模块，代码复用性会大大提高，模块化的必要性在 3.2.3 小节中有详细的说明。不过，个人认为目前的前端框架对模块化的实现方式都不太好。模块化的一些具体方式会在后续 3.5 节中详细说明。

2．流行的前端框架

以上是前端框架想要解决的一些共同问题，同时也是前端网页技术提升的一个方向。下面介绍几个比较流行的前端框架，包括 Vue.js、React.js、AngularJS 和 Angular2 及后续版本。

（1）Vue.js。

Vue.js 是一套轻量级的前端框架，它其实是一个 JavaScript 文件，只需要简单引用即可使用。Vue.js 具有简单的语法和完备的文档，学习起来也比较容易。

Vue.js 支持双向数据绑定、指令和支持虚拟 DOM，虽然也支持模块化，但实现的形式不太好，需要把模块代码都塞进 JavaScript 文件里。

（2）React.js。

React.js 起源于 Facebook 的内部项目，是一个拥有高性能的前端框架，它也是一个 JavaScript 文件，只需要简单引用即可使用。React.js 的语法和功能相对于 Vue.js 要复杂一些，所以学习起来会比 Vue.js 要麻烦一些。

React.js 支持双向数据绑定和虚拟 DOM（它也是第一个提出虚拟 DOM 概念的），不支持指令（有别的方式替代指令）。React.js 的模块化和 Vue.js 类似，都需要把模块代码塞进 JavaScript 文件里。

（3）AngularJS。

AngularJS 是一款来自谷歌的开源 Web 前端框架。它也是一个 JavaScript 文件，只需要简单引用即可使用。AngularJS 的流行度还是不错的，学习起来也不算困难。不过 AngularJS 发布了 Angular 2 等断崖式的更新，因此 AngularJS 的后续支持度怎么样值得斟酌。

AngularJS 支持双向数据绑定和指令，不支持虚拟 DOM。AngularJS 的模块化和 Vue.js 类似，都需要把模块代码塞进 JavaScript 文件里。

（4）Angular 2 及后续版本。

Angular 2 及后续版本，一般统称为 Angular，不过都跟 AngularJS 没有关系，是全新的框架。Angular 2 及后续版本都依赖 TypeScript 和 node.js，它不再是引用一个 JavaScript 文件即可使用的框架，所以 Angular 2 及后续版本的学习曲线是非常陡峭的，学习成本是很高的。

Angular 2 及后续版本支持双向数据绑定、指令和虚拟 DOM。Angular 2 及后续版本是真正模块化的框架，可以把模块代码完全独立出来。

与 Angular 2 及后续版本相似的框架，还有 Vue-CLI 和 React-CLI。这类框架改变了前端工程结构，让前端工程更趋向于"软件应该有的样子"（前端工程变成一个整体，而非以一个页面为一个独立单元）。此类框架改变了前端开发的过程，打破了原生网页开发"一个页面只有一个 HTML 文件"的限制，使得前端代码复用性提升（模块代码可以完成独立）。再者，得益于 node.js 的 npm，此类框架引用插件是十分容易的。

由于以上好处，加上各种培训课程的营销推广，此类框架越来越流行。甚至很多前端工程师只会使用此类框架进行开发。但是，此类框架在运行或打包时，终归是要编译成 JavaScript 脚本的，而这个过程基本上是一个黑盒。这样就会产生两个问题，一是工作原理不可预见，性能调优很难进行；二是学习成本很高，熟悉周期很长。

综上，此类框架比较好地解决了前端模块化的问题，但并非非用不可。当然，选取与否，更多的是取决于开发团队的习惯。如果大部分开发人员都熟悉此类框架，这确实是不错的选择。但如果大部分开发人员只熟悉原生网页开发的话，选择此类框架往往会弄巧成拙。

🔊说明：判断是否选取一个技术，首先应该判断其是否能解决关键问题；其次取决于团队的使用成本及使用风险；最后，才是考虑其流行性。很多时候，流行性是一种"一犬吠影，百犬吠声"的错觉。

（5）自研框架。

很多时候，在不认同现成框架思想的时候，可以选择自研框架。不过，自研框架是一个漫长且成本很高的行为，也是风险最高的一条路。这看似和"做项目是一种经济行为"的观点相互矛盾，但是自研技术是一种长远的经济收益，也是一个技术团队的核心竞争力。

注意：现有的技术不一定能解决我们新发现的问题，现有的技术在解决某个问题时也不一定是最优的。如果有新的想法，可以大胆地尝试。对于这样的尝试，笔者不太同意"重复造轮子"的说法，毕竟，汽车的轮子用在火车上是没有用的。

这里我们选用比较轻量且流行的 Vue.js 框架。加上基本架构的选择后，便完成了整个前端目录结构的构造，如图 3.34 所示。

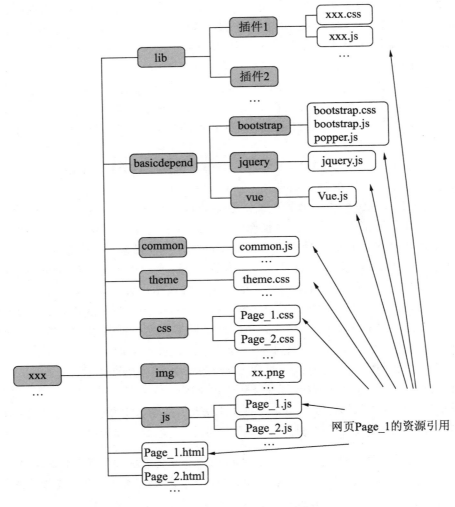

图 3.34　完整的前端目录结构

3.4　适配性和兼容性

在 3.3 节中介绍了整体前端工程的一些规范化原则及做法，这样基本上可以保证前端工程的内部不会过度混乱。本节我们将深入每个网页本身，处理适配性和兼容性问题。适配性指的是页面对浏览器大小的适配，兼容性指的是网页对于不同浏览器的兼容。在 3.2.2 小节中介绍了网页适配性和兼容性的必要性，下面介绍具体的解决方法。

🔔 注意：在项目前期需要规划好网页运行的浏览器（包括 PC 端和手机端），这样可以在开发阶段和单元测试时尽早发现适配性和兼容性问题，在项目开发过程中消化这些琐碎的工作。

3.4.1　响应式布局

适配性指的是网页对浏览器大小的适配，虽然很多时候大型网站都会独立出 PC 网页和手机网页两部分（也有可能根据不同展示端独立出更多的部分），但是不可避免的是，同类型设备的分辨率会有差别，PC 浏览器窗口大小也可以随意调整，这些因素都会影响网页的显示。一个适配性不好的网页，会经常出现网页元素错位等不良现象，极度影响用户体验。

为了解决适配性问题，响应式布局的概念被提出。响应式布局就是一个网页能够兼容多个终端，如图 3.35 所示。

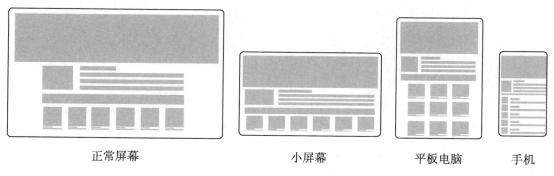

| 正常屏幕 | 小屏幕 | 平板电脑 | 手机 |

图 3.35　响应式布局的网页

响应式布局有很多具体的实现方法，如 Flex 弹性布局、Grid 网格布局、Bootstrap 的栅格系统等。但是，很多时候这些响应式布局方法并不能很好地解决网页适配性的问题。问题的关键并不是这些响应式布局的方法不够好，而是使用者本身对网页的布局没有一个正确的认知，如图 3.36 所示。

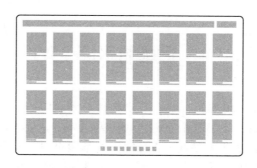

图 3.36　错误的网页布局认知

　　在图 3.36 中确实是一个完整的骨架图，也表现出了所有网页元素的布局，但是这样的布局认知却是无法做好网页布局的。因为这种布局认知太过于具体，所以在实现响应式布局的时候就需要顾及太多的细节，导致无法很好地实现响应式布局。就好像"把大象放进冰箱一共需要几步"这个问题一样，我们不应该一开始就着眼于全部细节（思考怎么锯开大象），而是应该从宏观上审视这个问题，把大象抽象成一个物品，那么我们就很容易得出"打开冰箱—把大象装进去—关冰箱门"这样的答案，至于怎么把大象塞进去，那是"把大象装进去"这个步骤中的细节。同理，正确的网页布局认知应该是有层次的，这里把网页布局分成两层，即整体层和模块层，如图 3.37 所示。

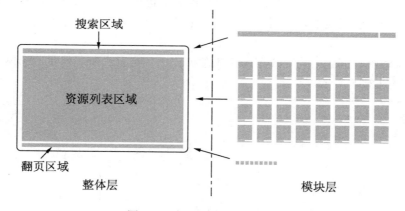

图 3.37　把网页布局分成两层

　　整体层是忽略页面的细节，在整体上把网页分成合理的几个模块（区域）；模块层是各模块分区的具体细节。3.4.2 小节和 3.4.3 小节将分别讲解整体层和模块层的具体处理方法。

　💬说明：对布局分层只是对布局的思考方式，在画网页骨架图时，还是类似于图 3.36 那样比较好一些。

3.4.2　整体布局

3.4.1 小节中提到整体层是忽略页面的细节，在整体上考虑页面各分区的布局。这里一个网页需要适配不同的终端，包括 PC 浏览器和手机浏览器。

虽然设备分辨率是各式各样的，但是可以按照浏览器横向分辨率将其划分为小屏手机（<576px）、手机（≥576px）、平板（≥768px）、桌面显示器（≥992px）和大桌面显示器（≥1200px）。很多时候，对于整体布局而言，小屏手机和手机的整体布局是一致的，平板、桌面显示器和大桌面显示器的整体布局是一致的，所以我们大部分时候只需要关注 768px 这个分水岭就可以了。

💬 **注意**：这里说的浏览器分辨率和设备分辨率是有区别的。比如 iPhone 4 的手机分辨率是 960×640px，而 iPhone 4 上 Safari 浏览器的分辨率是 320×480px。浏览器分辨率可以通过$(document).width()和$(document).height()获取。

综上，本节需要实现的整体布局如图 3.38 所示，其中翻页区域在手机浏览器中需要隐藏。

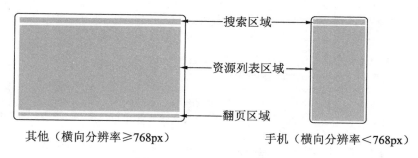

搜索区域　资源列表区域　翻页区域

其他（横向分辨率≥768px）　　　手机（横向分辨率<768px）

图 3.38　需要实现的整体布局

1. 原生HTML开发

使用原生 HTML 开发当然是可以实现响应式布局的，CSS 文件中可以设置样式生效的浏览器的横向分辨率，但是比较推荐的方法是根据浏览器的横向分辨率设置两个独立的 CSS 文件，网页会自动根据分辨率引用不同的 CSS 文件。HTML 文件引用 CSS 文件的方式如代码 3.24 所示，其中当浏览器的横向分辨率小于 768px 时，styleA.css 的样式会生效；当浏览器的横向分辨率大于等于 768px 时，styleB.css 的样式生效。

代码 3.24　HTML 文件根据浏览器横向分辨率引用 CSS 文件的方式

```
<link rel="stylesheet" href="styleA.css" media="screen and (max-width:
767px)">
<link rel="stylesheet" href="styleB.css" media="screen and (min-width:
768px)">
```

2．Bootstrap栅格系统

使用原生 HTML 开发能很好地应对网页适配性，但是整个网站都通过这种方式实现适配性的话将会是一件麻烦的事情。因为一般手机页面的整体布局就是竖排的，而且 768px 这个分水岭是基本固定的，所以每个网页都定制这样的样式会显得特别烦琐。

在 3.3.3 小节中提到的 Bootstrap，其提供的栅格系统便是目前比较流行的响应式布局解决方案。

⚠ **注意**：在使用栅格系统之前，不要使用 table 元素作为布局的工具。这是因为基本上现有的响应式布局方法都不支持对 table 元素的调整。

下面对 Bootstrap 的栅格系统进行说明。在引用 Boostrap 必要的 JavaScript 文件和 CSS 文件后即可使用栅格系统，用栅格系统实现整体布局的例子如代码 3.25 所示，其中，这里只设置了 div 的宽度，因为栅格系统本身不提供高度的设置，高度的设置在之后会讲解。

代码 3.25　HTML 文件根据浏览器的横向分辨率引用 CSS 文件的方式

```
…
<head>
    <!--设置此网页信息后,网页才会随设备大小变化,否则,网页的默认最小宽度为 980px-->
    <meta name="viewport" content="width=device-width, initial-scale=1">
</head>
<body>
    <!--栅格系统的容器 div,会铺满父区域的宽度-->
    <div class="container-fluid">
        <div class="row">                              <!--栅格系统的行 div -->
            <div class="col-sm-12">搜索区域</div>        <!--搜索区域 div -->
            <div class="col-sm-12">资源列表区域</div>    <!--资源列表区域 div -->
            <!--翻页区域 div -->
            <div class="col-sm-12 d-none d-sm-block">翻页区域</div>
        </div>
    </div>
</body>
…
```

代码 3.25 中，<div class="container-fluid"></div>和<div class="row"></div>是使用栅格系统前必须引入的，这两个 div 中的内容才是图 3.38 显示的内容。

Bootstrap 的栅格系统把屏幕的宽度分成 12 等份，我们只需要选择几个等份的宽度即可。例子中 col-sm-12 指的是浏览器分辨率的宽度大于等于 768px 的情况下，铺满 12 份（100%宽度）。这里由于没有设置浏览器的横向分辨率小于 768px 的情况，所以在此情况下会默认铺满 12 份。"d-none d-sm-block"指的是浏览器的横向分辨率小于 768px 的情况下，隐藏起来。需要注意的是，d-none d-sm-block 是 Bootstrap 4 的做法，在 Bootstrap 3 版本下有其他设置方式。Bootstrap 栅格系统更详细的说明见官方文档 https://v4.bootcss. com/docs/layout/overview/。

这里出现了一个问题，栅格系统的 12 等分看起来很难精确地还原 UI 设计，除非 UI 设计中的整体布局也是恰巧按照 12 等分设计的。其实网页无论怎么实现，都很难百分百还原 UI 设计。这是因为 UI 设计是基于固定分辨率制作的图片，而网页是不可能只在一个分辨率下显示的，所以 UI 设计中很多经过精心计算的尺寸都很难在网页中百分百实现。对于网页美观性而言，更多的是着重于细节（如字体大小、组件美化等），而整体布局，只需要大概趋近比例即可。如果整体布局的比例需要很严格地按照 UI 设计的比例实现，那么 Bootstrap 的栅格系统不太合适，需要使用其他布局方式进行实现，如 Grid 网格布局等。

3. 整体布局的模块高度

在很多响应式布局方法中，尤其是 Bootstrap 的栅格系统，高度的描述是经常被忽略的，这是因为响应式布局要求一个网页适配多个终端，高度默认是作为宽度变化的补偿。也就是说，如果某块网页内容在一些分辨率中是一行显示，而宽度变窄了之后只能两行显示的话，高度需要自动变化，只有这样才能把内容显示完全。因此，响应式布局一般不需要设置固定的高度，让高度自动变化即可。

但是，一些网页的设计（尤其是 PC 网页）是一屏设计（没有滚动），本小节需要实现的整体布局也是一屏设计，这样的话，高度的描述就不能被忽视。那么整体布局需要如何应对这种一屏设计呢？一般的做法是固定一些模块的高度，其他模块再铺满这个页面。具体代码如下所示，其中 CSS 设置如代码 3.26 所示，HTML 如代码 3.27 所示。

代码 3.26　CSS 设置

```
/* 设置网页的大小铺满整个窗口 */
.Page_body{
    position: absolute;
    height:100%;
    width: 100%;
}
/* 设置栅格系统的 container 和 row 的高度为父区域的 100% */
.Body_Container{
    height:100%;
    margin:0px;
}

/* 设置搜索区域的高度为 50px */
.Body_Search {
    height:50px;
    background:gray;
}

/* 设置资源列表区域的高度铺满网页剩下的高度 */
.Body_Resource {
    height:calc(100% - 50px - 50px - 20px);
    margin-bottom: 10px;
    margin-top: 10px;
```

```
        background:gray;
    }
@media (max-width: 767px) { /* 设置当翻页区隐藏时,资源列表区域的高度 */
    .Body_Resource {
        height:calc(100% - 50px - 10px);
        margin-bottom: 0px;
    }
}

/* 设置翻页区域的高度为 50px */
.Body_Page {
    height:50px;
    background:gray;
}
```

代码 3.27　HTML 部分

```html
<head>
    <!--设置此网页信息后,网页才会随设备大小变化,否则,网页的默认最小宽度为 980px-->
    <meta name="viewport" content="width=device-width, initial-scale=1">
</head>
<body>
    <div class="Page_body">        <!-- 增加网页根 div,设置网页铺满整个窗口 -->
        <!-- 增加高度的样式设置 -->
        <div class="container-fluid Body_Container">
            <div class="row Body_Container">        <!-- 增加高度的样式设置 -->
                <div class="col-sm-12 Body_Search">搜索区域</div>
                <div class="col-sm-12 Body_Resource">资源列表区域</div>
                <div class="col-sm-12 d-none d-sm-block Body_Page">翻页区域</div>
            </div>
        </div>
    </div>
</body>
```

在代码 3.26 中,固定了搜索区域和翻页区域的高度,由资源区域铺满整个页面。设置资源列表区域的高度时用到了 CSS 的 calc()函数,这个函数可以动态计算长度值,使用这个函数后,即使随意缩放浏览器窗口,资源区域也会铺满页面。以上代码的显示效果如图 3.39 所示。

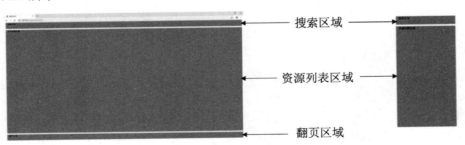

其他(分辨率宽度≥768px)　　　　　　　　手机(分辨率宽度<768px)

图 3.39　整体布局效果

提醒：例子中设置高度时使用的单位为 px，而响应式布局一般提倡使用 rem 这个单位。rem 是相对单位，是相对浏览器默认字号的比例，而浏览器默认字号会随着设备不同而有所区别，所以 rem 这个单位就可以间接地实现适应屏幕的效果。不过，在实际开发中，由于设置了 <meta name="viewport" content="width=device-width, initial-scale=1"> 这个属性，使用 px 或 rem 单位的效果都差不多，而 UI 设计提供的单位一般都是 px，使用 rem 单位的话还需要换算，所以个人还是喜欢用 px 作为单位。

3.4.3　模块布局

模块层是各模块分区的具体细节，模块层布局一般是组织页面控件等元素。对于这些控件，需要根据模块的 div 进行相对布局，不能全部以左上角为参考点。

模块布局由于是比较精细的布局，场景也是多种多样的，而且相对于整体布局，模块区域的布局一般不受屏幕大小的影响，除非手机网页和普通网页有不同的布局设计，所以不太推荐使用 Bootstrap 的栅格系统这些比较固定的布局模式，推荐的方法是根据不同的场景做不同的定制。使用 HTML 原生开发比较好一些，以搜索区域的模块布局为例，布局的思路和整体布局中设置高度的思路类似，固定一部分元素的尺寸，其他元素填充剩余的空白，其中 CSS 代码如代码 3.28 所示，HTML 代码如代码 3.29 所示，效果如图 3.40 所示。

代码 3.28　CSS 设置

```css
/* 设置搜索区域样式 */
.Body_Search {
    height:50px;
    background:gray;
    padding:6px 10px;
    padding-right:10px;
}
/* 设置搜索区域的输入框样式 */
.Body_Search_Input{
    width: calc(100% - 100px - 10px);
    margin-right: 10px;
    float: left;
}
/* 设置搜索区域的搜索按钮输入框 */
.Body_Search_Button{
    width: 100px;
}
```

代码 3.29　HTML 代码

```html
<div class="col-sm-12 Body_Search">
    <input class="form-control Body_Search_Input">
    <button class="btn btn-primary Body_Search_Button">搜索</button>
</div>
```

其他（分辨率宽度≥768px）

搜索

手机（分辨率宽度＜768px）

图 3.40　搜索区域的布局效果

当然，对于比较复杂的结构（例如图 3.37 中的资源列表区域），可以把它再细化分层，使用一些响应式布局工具可能会方便一些，但是这些布局工具一定是项目初期已经确定好的 JavaScript 库、组件工具箱或框架中的内容。

3.4.4　适配性测试

无论前端开发经验多么丰富，我们都不可能在写前端代码的时候就能预见所有适配性的问题。所以需要在开发过程中，经常性地做适配性测试。

这里的适配性测试当然不是拿着几个显示器和手机来回尝试，而是使用浏览器自带的模拟器来做测试。以 Chrome 浏览器为例，打开调试工具（按 F12 键）后，单击 toggle device toolbar 按钮开启调试模式，如图 3.41 所示。开启调试模式后效果如图 3.42 所示。

图 3.41　Chrome 浏览器的调试工具

🖱注意：在软件测试阶段还是推荐用真机测试为主，这里提供的模拟测试方法只作为补充使用，这样能很大程度上避免模拟器与真机的差异。

可调整模拟的
窗口分辨率

图 3.42　开启调试模式的效果

3.4.5　浏览器兼容

兼容性指的是网页对不同浏览器的兼容。在 3.2.2 小节中已经提到了一般需要兼容的
浏览器，本节介绍一些具体的解决思路。

由于浏览器内核（渲染引擎）和浏览器 API 有所区别，所以相同的网页运行在不同的
浏览器上是有差别的。这些浏览器的差异，大部分已经被 JavaScript 库、组件工具箱及前
端框架解决掉了。因此选用这些工具后，也意味着解决了大部分的浏览器兼容性问题，但
是仍有一部分需要我们去解决。

造成浏览器发生兼容性问题主要有三部分原因，第一部分是浏览器内核（渲染引擎）
的差异，其会让网页的显示效果有所差异。第二部分是 JavaScript 解析器的差异，虽然绝
大部分浏览器的 JavaScript 解析器对 JavaScript 的语法支持没有区别（都支持 ECMAScript5
标准），但是在一些浏览器 API 的调用上是有区别的。第三部分是一些浏览器特有的限定，
如微信中内嵌的浏览器，它劫持了播放器，不允许以一般的方式修改播放器样式，只能通
过特定的方式修改。下面将对这三个部分展开介绍。

说明：最初的浏览器内核指的是渲染引擎和 JavaScript 解析器，后来 JavaScript 解析器
被独立，因此现在都比较习惯直接称渲染引擎为浏览器内核。

1．浏览器内核（渲染引擎）

首先介绍比较流行的浏览器及其浏览器内核，如表 3.1 所示。其中国内的浏览器都倾

向使用双内核，这大概是历史遗留问题，一些国内的交易网站的运行环境还必须是 IE 内核（如使用网银盾等产品的网站）。

表 3.1 比较流行的浏览器及其内核

浏 览 器	内 核
IE浏览器	Trident内核（IE内核）
Chrome浏览器	Blink内核（WebKit内核的一个分支）
Firefox浏览器	Gecko内核（Firefox内核）
Safari浏览器	WebKit内核
Opera浏览器	Blink内核，以前是自研的Presto内核
360浏览器	Trident+Blink双内核
猎豹浏览器	Trident+Blink双内核
QQ浏览器	Trident+Blink双内核

由于浏览器内核（渲染引擎）影响的是网页显示的效果，所以解决不同浏览器内核造成的影响一般在 HTML 和 CSS 这两部分上。HTML 部分的问题相对少一些，除了 IE 6～IE 10 对一些 HTML5 的标签不识别外，基本上没有兼容性的问题。

CSS 部分需要解决的问题多一些，虽然现在绝大多数浏览器都支持 CSS3 标准（除了IE），大部分的 CSS 属性设置上都是相同的，但是某些内核的私有属性是需要区分浏览器内核的。以设置圆角属性为例，如代码 3.30 所示。

🔔注意：现在在 CSS 中设置圆角属性基本上不需要区分内核，使用 border-radius 即可。这里只是为了讲解方便，以一个比较常用且过去需要适配不同内核的属性为例。

代码 3.30 CSS 设置圆角属性

```
.class{
    -webkit-border-radius: 8px;        /*Blink、WebKit 内核设置圆角*/
    -moz-border-radius: 8px;           /*Gecko 内核设置圆角*/
    border-radius: 8px;                /*其他内核设置圆角*/
}
```

由于浏览器内核造成的显示效果差异，可以在开发过程中根据具体问题寻找对应的方法，这里不展开介绍。

2. JavaScript解析器

不同的 JavaScript 解析器带来的差异一般体现在浏览器 API 调用上，如代码 3.31 所示，其中调用浏览器全屏 API 需要根据浏览器进行区别。

代码 3.31 JavaScript 调用浏览器全屏接口

```
if(elem.webkitRequestFullScreen){
    elem.webkitRequestFullScreen();        //设置 Chrome、Safari 等浏览器全屏
```

```
    }else if(elem.mozRequestFullScreen){
        elem.mozRequestFullScreen();           //设置 Firefox 等浏览器全屏
    }else if(elem.requestFullScreen){
        elem.requestFullscreen();              //设置其他浏览器全屏
    }else{
    //IE9 以下等浏览器不支持全屏功能
    }
```

　　JavaScript 解析器相对于浏览器内核带来的兼容性问题相对较少，如果使用 jQuery 等 JavaScript 库的话，基本上不会遇到需要兼容 JavaScript 解析器的问题，以上的例子也是笔者到目前为止发现的少数几个需要解决的 JavaScript 解析器兼容性问题之一。

　　另外，由于 JavaScript 本身也在发展，新的语法只能在部分浏览器上被解析。例如，ECMAScript6 标准的语法只有部分浏览器支持。不过，这类语法上的适配可以通过一些工具软件进行转换，例如，一些工具可以将 ECMAScript6 标准编写的 JavaScript 代码转换成低版本的 ECMAScript5 代码。

3．浏览器特有的限定

　　总有一些浏览器在某项功能上做了极其特别的处理，如在手机微信中嵌入的浏览器，它做了播放器劫持，浏览器会强行把播放器换成浏览器自己的播放器，开发者以普通的方式修改样式是不会生效的，只能通过特定的方式修改。当然，手机浏览器劫持播放器是普遍存在的现象，但是解决的方式却不尽相同，有些甚至是不允许修改的。因此，对于浏览器特有的限定，只能根据不同的浏览器做不同的处理。对于这些特定的浏览器，可以通过 JavaScript 的 navigator.userAgent 变量获取浏览器信息来判断浏览器。

　　综上，浏览器的兼容性问题很难预见，只能在测试中发现。浏览器的兼容性的测试没有适配性测试方便，只能使用不同的浏览器做测试。不过，一般不需要将所有浏览器都测试一遍，以 PC 为例，使用 Chrome、Safari 和 Firefox 浏览器进行测试即可。其中 Windows 版的 Safari 浏览器是旧版，可能会造成一些测试上的困扰，不过 Chrome 浏览器的内核和 Safari 浏览器的内核比较相似，一般 Chrome 浏览器支持的内核在 Safari 浏览器里也会支持。

注意：解决浏览器兼容性问题除了顾及不同浏览器外，还要顾及相同浏览器的不同版本，如较新的 Chrome 浏览器提供了画中画功能，而旧版本的 Chrome 却没有这个功能。

3.5　模　块　化

　　按照 3.3 节和 3.4 节介绍的内容，前端网页部分基本上可以比较好地完成开发了。但是，如 3.2.3 小节中介绍的，网页与网页间有很多相似或相同的模块，我们希望能将其抽离出来并单独管理。这样的话，网页通过简单的引用即可使用这些模块，在修改这些模块的时候也只需要改一个地方就可以了。本节就来聊一聊模块化。

3.5.1　模块化的方法

网页和网页之间有很多相似或者相同的模块，模块化就是把这些模块抽离并独立管理。而模块化的方法，就是把模块的 HTML、CSS 和 JavaScript 文件独立出来，然后通过某种方法关联到使用这些模块的网页上。

在介绍模块化的具体方法之前，需要清楚一个点，"可以模块化"和"值得模块化"是两个完全不同的概念。如果把所有可以模块化的模块都独立出来，那么会有很多零碎的模块，这样很大程度上又会回到混乱的局面。因此，下面先说明什么样的模块值得被模块化。

首先，模块的颗粒度需要有一个清晰的界定。模块的界定最好是 3.4.1 小节中提到的模块层中的某个模块区域，而不是模块区域内的一些零碎控件组合，这样能避免模块过于零碎。

一些比较复杂、相对独立，而且需要被多个网页使用的模块值得被模块化。如播放器就是一个很好的例子，播放器比较复杂，并且很多网页都会用到播放器。这些模块被模块化后，会减轻很多工作量。

一些大部分网页都需要的模块值得被模块化，如标头（Header）、底部（Footer）。这些部分被模块化后，可以很好地集中管理，当发生样式变更时，能避免修改遗漏等情况发生。

在明确了哪些模块需要被模块化之后，我们开始讨论具体的模块化方法。

1．iframe

iframe 是 HTML 原生支持的，iframe 的作用是将一个网页嵌入另外的网页中，被模块化的播放器一般以这种方式嵌入页面。使用 iframe 嵌入模块无疑是最理想的方式，被 iframe 嵌入的模块本身是一个完整的网页，拥有自己独立的 HTML、CSS 和 JavaScript 文件，模块的内部是直观的。另外，由于模块是一个完整的网页，单独调试模块会很方便。

但是，过度使用 iframe 往往是不被提倡的，这是由于 iframe 会对网页性能带来一定影响，也会提高 HTTP 的请求次数，所以一个网页嵌入 iframe 的个数最好不要超过 3 个。

HTML 使用 iframe 嵌入网页的方式如代码 3.32 所示，其中 frameborder="0"表示消除 iframe 边框，allowfullscreen="true"表示允许 iframe 全屏显示，这两个属性一般都要设置。

代码 3.32　HTML 使用 iframe 嵌入网页

```
<html>
    <iframe frameborder="0" allowfullscreen="true" src="/module/xxx.html?
param=xx"></iframe>
</html>
```

如果父网页和 iframe 中被嵌入的网页同源（网页地址的域名和端口都一致），则它们之间是可以互相通信的，如代码 3.33 所示。

代码 3.33　父网页和 iframe 中被嵌入的网页相互调用 JavaScript 函数

```
//网页调用 iframe 页面的 play()函数，其中 id_frame 为 iframe 的 id
document.getElementById("id_frame").contentWindow.play()

// iframe 页面调用父页面的 stop()函数
parent.window. stop();
```

2. 以插件的方式

在 3.3.1 小节中提到过第三方插件，这些插件一般是由 CSS 和 JavaScript 文件组成的。模块也可以以这种方式构造，只需要封装好 CSS 文件和 JavaScript 文件即可，而模块的 HTML 部分则需要变成 JavaScript 中的字符串塞到 JavaScript 文件里。

以 3.4.3 小节中的例子为例（搜索框加按钮这个模块区域），为了封装完整的模块，增加了初始化函数，初始化函数被调用后，模块内容才被添加到网页上。在调用初始化函数时，可以绑定回调函数，当按钮被单击后，调用该函数。搜索框加按钮模块化的例子如下，模块的 CSS 文件如代码 3.34 所示，模块的 JavaScript 文件如代码 3.35 所示，在引用模块的 CSS 和 JavaScript 文件后，页面使用模块的 JavaScript 代码如代码 3.36 所示。

代码 3.34　模块的 CSS 文件

```
/* 设置搜索区域的输入框样式 */
.Body_Search_Input{
    width: calc(100% - 100px - 10px);
    margin-right: 10px;
    float: left;
}
/* 设置搜索区域的"搜索"按钮样式 */
.Body_Search_Button{
    width: 100px;
}
```

代码 3.35　模块的 JavaScript 文件

```
function ControlSearchBar(data) {
    //插入的模板，模块的 HTML 部分
    var template = `<input class="form-control Body_Search_Input">
            <button class="btn btn-primary Body_Search_Button" >搜索
</button>`;

    //记录参数，包括目标 div 的 id 和回调函数
    var targetId = data["id"];
    var callBackFunction = data["callBackFunction"];

    //初始化函数
    this.initialize = function(){
        //向目标 div 插入模板代码
        document.getElementById(targetId).innerHTML = template;
```

```
        //绑定单击事件
        var button = document.getElementById(targetId).getElementsBy
TagName('button')[0];
        button.addEventListener("click", function(){
            if(callBackFunction){
                return;
            }

            //获取输入内容并返回
            var input = document.getElementById(targetId).getElementsByTag
Name('input')[0];
            callBackFunction(input.value);
        });
    }
}
```

代码 3.36　网页使用模块的 JavaScript 代码

```
// "搜索" 按钮被单击后回调
var DoSearch = function(data){
    …
}

var SearchbarInfo = {
    "id":"id_Search",                                    //目标 div 的 id
    "callBackFunction":DoSearch                          //回调函数的函数名
};
var Searchbar = new ControlSearchBar(SearchbarInfo);     //新建一个模块对象
Searchbar.initialize();                                  //初始化
```

　　以上是以插件形式做的模块化，这么做的好处是，网页可以像使用插件一样使用模块，非常方便。这样的做法有一个不好的地方，就是需要把 HTML 塞到 JavaScript 里，由于模块本身已经不是一个完整的网页，这样便使得模块不能以网页的形式打开，对模块本身的调试比较麻烦。另外，由于 HTML 需要转换成 JavaScript 的字符串，所以 HTML 部分如果内容太多的话，维护起来还是很麻烦的。

🔔说明：例子中的代码写法不是唯一的标准，这里只是让读者有一个以插件形式实现模块化的具体感受。

3．利用框架

　　一些框架是提供模块化功能的，但一般有两种方式，一种方式是类似于插件的方式，需要把 HTML 部分塞到 JavaScript 里，如 Vue.js、React.js 等，由于它跟上面 "以插件的方式" 中介绍的形式类似，所以在这里不展开介绍；另一种方式是提供独立的 HTML、CSS和 JavaScript 代码空间，开发者根据框架的规则开发和关联模块后，再通过一些额外的辅助工具来编译或构造前端工程，如 Angular 2 及后续版本，这里我们称它们为模块化框架。

　　这些模块化框架相对于插件形式的模块化，由于加入了额外的辅助工具生成一部分代码,所以这些模块化框架对于模块的构造形式相对简单。而且由于可以独立 HTML、CSS 和 JavaScript 代码,所以也相对直观一些。对于关联模块而言,也会有更直观的关联语法。以 Angular 2 及后续版本为例,搜索框加按钮模块化的例子如下,其中,CSS 文件的代码如代码 3.37 所示,HTML 文件的代码如代码 3.38 所示,TypeScript 文件的代码如代码 3.39 所示,其他 HTML 引用模块如代码 3.40 所示。

🔾说明:Angular 2 及后续版本只能用 TypeScript 作为脚本语言。TypeScript 其实是 JavaScript 的超集,最后 TypeScript 还是会被编译成 JavaScript。

代码 3.37　模块的 CSS 文件

```css
/* 设置搜索区域的输入框样式 */
.Body_Search_Input{
    width: calc(100% - 100px - 10px);
    margin-right: 10px;
    float: left;
}
/* 设置搜索区域的"搜索"按钮样式 */
.Body_Search_Button{
    width: 100px;
}
```

代码 3.38　模块的 HTML 文件

```html
<!--只需要模块自身的标签,不需要<body></body>等标签 -->
<input class="form-control Body_Search_Input" [(ngModel)]="searchText">
<button class="btn btn-primary Body_Search_Button" (click)="search()" >
搜索</button>
```

代码 3.39　模块的 TypeScript 文件

```typescript
import { Component, OnInit } from "@angular/core";

@Component({
  selector: "app-search",                //定义模块名称
  templateUrl: "./ app-search.html",     //引用代码 3.38 的 HTML 文件
  styleUrls: ["./app-search.css"]        //引用代码 3.37 的 CSS 文件
})
export class SearchComponent implements OnInit {
  public searchText: string = "";   //与代码 3.38 中的 input 双向绑定的变量
  constructor() {}
  ngOnInit() {}

  public search(): void {            //单击"搜索"按钮触发函数
    …
    this.searchText;                 //通过 searchText 变量即可获取输入框的值
    …
  }
}
```

代码 3.40　引用模块（其他 HTML 文件）

```
<!--只需要用模块名称作为标签即可引用到别的 HTML 文件中-->
<div>
    …
    <app-search ></app-search>
    …
</div>
```

以上例子的模块化形式确实很好，模块代码独立，引用时也只需要通过标签的形式引入即可。但是上面的例子忽略了很多细节，如果真的使用这些框架实现模块化的话，会发现它有点颠覆我们对网页开发的认知。这些框架会让网页开发变得复杂起来，需要开发者学习一套新的规则，开发出来的网站对框架也有强依赖。

笔者不推荐使用这些模块化框架，因为当使用这些框架的过程中出现问题时，网上能查到的资料十分有限，而官方文档的有些描述也是模棱两可，经常在一个问题上需要花很大的精力才能解决，所以在不知不觉中反而会浪费更多的时间。在笔者过去经历的一个失败的项目里，同事们真的是各出奇招，但是不可改变的是，项目进度完全失控，网站会有源源不断的问题出现。因此，使用这种模块化方式是有代价的，那就是过高的学习成本。

综上，虽然这些模块化的框架能提供更好的模块化方式，但是，如果没有过成功的项目经验，或者还没学会这些模块化框架之前，最好不要使用。对于大型网站而言更需要慎重，因为如果有相当一部分开发人员不会使用这个模块化框架的话，那么一定会造成很大的项目失控风险。

🖉 说明：这里不推荐使用的是一些改变普通网页开发模式，且需要很高学习成本的框架，如 Angular 2 及后续版本。像 Vue.js 这种轻量级且不需要过多学习成本的框架还是值得使用的。

3.5.2　现今前端模块化的困局

模块化必然是前端架构发展的方向，现在的前端工程，通过 3.5.1 小节中介绍的方法勉强能做到模块化，但是这样的模块化形式不够好。iframe 形式的网页嵌入会对性能带来问题，不能在一个网页中多处使用；插件的形式没有一个完整的网页结构，单独测试时会比较麻烦；使用一些模块化框架的话，学习曲线又过于陡峭，引用了很多工具，会把简单的网页开发变得复杂。

所以个人认为，好的前端模块化应该具备以下几个优点：

- 模块的嵌入是简单的，尽量少的给网站带来性能问题。
- 模块本身是完整的网页结构，可以单独调试。
- 虽然不可避免地引用一些其他工具，但应该尽量保持普通网页开发的模式及简单性。

3.5.3　自研框架 Trick

未来模块化的发展方向应该会解决 3.5.2 小节中提到的几个问题。而解决这些问题的关键，其实是解决一个网页怎么拥有多个 HTML 文件的问题。网页本身是只允许拥有一个 HTML 文件的（除去 iframe 和一些框架外），让一个网页拥有多个 HTML 文件似乎是不可能的，除非某一天浏览器支持这样的做法。

但是在计算机的世界里，有一个万能法则，如果 A 不能到达 B 的话，那么可以在 A 和 B 之间增加一个 C 作为跳板。也就是说，虽然我们不能直接让浏览器支持多个 HTML 文件，但可以通过一些手段，把多个 HTML 文件自动合并成一个。

基于上述考虑，笔者做了一个框架，这个框架将页面分成网页布局层和模块层。网页布局层中的网页只负责网页布局和引用模块；模块层里的每个模块都拥有独立的 HTML、JavaScript 和 CSS 文件，可单独调试。于是网页变成了一个沙盘，网页负责拼接和关联这些模块，如图 3.43 所示。

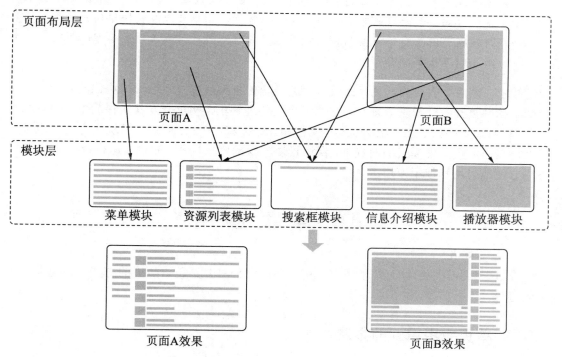

图 3.43　自制的框架

页面布局层引用模块时，只需要如代码 3.41 所示即可引用 Searchbar 模块，框架会自动加载模块的 CSS 和 JavaScript 文件，HTML 部分会自动替换到<!--@@Searchbar@@-->的位置，自动把多个 HTML 文件合并成一个。

代码 3.41　页面引用模块

```
<div>
    …
    <!--@@Searchbar@@-->
    …
</div>
```

由于自动加载是 JavaScript 脚本完成的，性能上不允许作为生产环境的产物，所以额外加了一个编译器，当需要生成生产环境代码时，编译器可以自动拼接这些代码，将页面代码和模块代码拼接到一起。

这个框架是一个顶层框架，只是做了拼接的工作，所以不影响使用其他 JavaScript 库、组件工具箱和框架。除此之外，模块代码是可以单独抽离并放到下一个前端工程里的，因为一个好的框架，除了有强大的功能以外，还需要有成长性，能让使用者把当前项目的积累作用在下一个项目当中。

🔔说明：这个框架叫作 Trick（戏法），有兴趣的朋友可以在 https://github.com/YiiGaa/Trick 上下载。这里没有凸显这个框架的意思，也不是说这个框架就是未来前端框架的发展方向。笔者只是觉得，作为软件工程师，并非只能做软件供用户使用，很多时候也可以为自己做些软件，提升生产效率。另外，关于顶层框架的说明，可参考 10.1.2 小节的介绍。

综上，笔者个人认为，现今比较流行的模块化框架，都过于追求模块化的完备性，而让简单的网页开发变得十分复杂。在笔者个人的理解里，网页开发其实很简单，网页就是一个 HTML 文件加上几个 JavaScript 文件和几个 CSS 文件，而好的模块化方式，应该是在保持普通网页开发模式的前提下，保留模块本身的网页性质（能独立运行调试）的同时，可以方便地引用和使用模块。

3.6　单页应用

在 3.2.4 小节中简单介绍了单页应用，下面我们将介绍单页应用的方法，论述单页应用的趋势。

3.6.1　单页应用用到的方法

首先明确一点，单页本身只是一个概念，其实就是把多个网页合并成一个网页。但是很多人会把单页应用和一些框架或工具（如 Vue-CLI、Angular 2 及后续版本）混为一谈，认为只能通过这些框架才能创建单页应用。其实单页应用还是一个网页，基础技术还是 HTML+CSS+JavaScript，只是单页应用往往具备更复杂的交互、更多的网页元素，所以导致网页内部非常复杂，模块化的问题更加突出。而一些框架或工具（如 Vue-CLI、Angular 2 及后续版本）提供了完备的模块化解决方案，所以使用这些框架开发单页应用是相对容易的。实际上，单页应用还是一个网页，只是比较复杂的网页，下面介绍单页应用用到的一些方法。

1. 通过交互事件控制网页元素

单页应用只是将多个网页合并成一个网页，所以我们还是可以通过一些交互事件来控制网页元素的。如单击某个按钮后显示某些页面元素等。

2. 通过路由

路由就是通过监听 URL 的变化，来控制网页元素。路由的方式有两种，hash 和 history。下面首先介绍 hash 方式。

hash 是 URL 中 hash（#）及后面的部分，如 http://localhost/abc/#/home 中的#/home 便为 hash，浏览器的地址栏只更新这部分是不会引起页面刷新重载的。我们可以通过 hashchange 事件监听 URL 的变化，然后再根据变化的值操作网页元素。例如，HTML 代码如代码 3.42 所示，其中单击<a></a>标签后改变了 URL 中的 hash 部分，JavaScript 代码如代码 3.43 所示，URL 中 hash 部分改变，触发 ChangePage()函数，在函数内可操作网页元素。

代码 3.42　HTML 代码

```
<div>
    …
    <a href="#/home">home</a>
    …
</div>
```

代码 3.43　JavaScript 代码

```
//单击<a></a>标签后改变 URL 的 hash 部分，触发 ChangePage 函数
window.addEventListener('hashchange', ChangePage);

function ChangePage(){
    …
    location.hash;    //通过此变量获取 URL 中 hash 部分，根据此部分的值再操作网页元素
    …
}
```

而 history 方式则利用了 history.pushState()、history. replaceState ()等 API 去修改 URL 的路径部分，而使用这些 API 修改 URL 的路径部分是不发生跳转的。如将 http://localhost/abc 改成 http://localhost/bcd，正常情况下，在浏览器地址栏中手动修改是会发生跳转的，但是通过这些 API 修改却不会发生跳转。但是，这些 API 不会触发事件通知，只会修改 URL。所以我们需要自己触发事件。例子如下所示，HTML 代码如代码 3.44 所示，JavaScript 代码如代码 3.45 所示，当单击<a></a>标签后，会被 JavaScript 拦截，JavaScript 拦截后会

执行 history.pushState()函数并调用 ChangePage()函数修改页面元素

代码 3.44 HTML 代码

```
<div>
    …
    <a href="/home">home</a>
    …
</div>
```

代码 3.45 JavaScript 代码

```
//监听路由变化,当单击浏览器中的"前进"或"后退"按钮时会触发
window.addEventListener('hashchange', ChangePage);

…
    //拦截<a></a>标签单击事件,调用history.pushState()修改函数URL并调用ChangePage()
    函数
    var linkList = document.querySelectorAll('a[href]')
    linkList.forEach(el => el.addEventListener('click', function (e) {
        e.preventDefault();
        history.pushState(null, '', el.getAttribute('href'));    //改变
        ChangePage();
    }))
…

function ChangePage(){
    …
    //通过此变量获取URL中的路径部分,根据此部分的值再操作网页元素
    location. pathname;
    …
}
```

对比"通过交互事件来改变网页元素"和"通过路由改变网页元素"这两种方式,其实原理上都是监听事件来改变网页元素,只是后者在单击浏览器中的"前进"或"后退"按钮时能做出响应,而前者却可能会跳转到别的网页。

📖注意:目前 Vue.js、Angular、React.js 都提供了路由的封装,使用上会比上述原生方法简单一些,而且这些框架会让路由与自身的模块化方法产生关联,所以使用框架会让单页应用的开发更省力一些。

3.6.2 单页应用的发展趋势

对于单页应用的讨论,网上有很多人都鼓吹把网站做成单页应用,仿佛不是单页应用的网站很快就会被淘汰一样。但是在实际开发时,把整个网站做成一个单页应用是十分危险的行为,在 3.2.4 小节中也强调了要适当地使用单页应用。具体问题有下面几点:

- 市面上的模块化方案目前不够好,网页开发是简单的,引用了模块化框架后开发反而变困难了。
- 缺少好的网页本地缓存机制,每次用户打开网站都需要下载一次网页。

虽然现在针对上面的问题有不同的解决方案，模块化方面，可以通过学习掌握模块化框架的使用；缓存方面，浏览器可以缓存 JavaScript、CSS 等资源文件。但是，在你幻想着并实际把整个网站做成一个单页网站的时候，会发现网站内部代码凌乱不堪，代码层次无法辨认的同时，网站加载奇慢无比。这样的项目笔者曾经历过（把一个大型网站做成一个单页应用），当时这个网站打开的时候需要几分钟，操作起来也是不流畅的，更糟糕的是，一般的计算机再想打开其他网页的话会造成浏览器崩溃。

因此，不要盲目地响应单页应用的潮流，我们更应该着眼当下，毕竟网站是做给现在的人用的。现今的浏览器毕竟不是操作系统，没有完备的本地储存机制，也没有健全的内存管理和进程线程调度机制。现今浏览器对于网页的要求是，网页必须是轻量的。

综上，前端架构需要适当地使用单页应用，权衡哪些网页需要合并成一个单页应用，哪些网页必须要分离。

⚠注意：按目前的技术发展趋势来讲，以后很可能会出现像桌面软件和 App 那样的 Web 应用，但是目前还是不建议把整个网站做成一个单页应用。

3.7　小　结

对于大型网站的前端网页部分，很多人都误认为只要选好一个前端框架就能把前端网页部分做得很好。但实际情况是，即使采用了最好的前端框架，也不一定能让前端网页的质量"过硬"。很多时候我们过于依赖某项现成的技术而忽略了项目的过程其实是量体裁衣的过程，每个项目都会有很多细节需要我们关注和解决。因此，前端架构开发人员应该对项目本身有足够的认识，清楚前端工程存在哪些问题。而采用现成技术的根本，仅仅是因为它可以解决我们需要解决的一些问题。

本章介绍了前端架构需要关注的细节与对应的解决方法，包括规整化、适配性和兼容性、模块化及单页应用。另外，本章尽量还原了问题产生的原因，然后介绍具体的解决方法，希望读者在了解了这些问题和解决办法后，对前端架构能有一个清晰且全面的认知。

第4章 后 端 架 构

第3章介绍了前端架构需要关注的问题及其解决方法。本章将介绍后端架构需要关注的问题及其解决方法。需要注意的是，这里的后端指的是 B/S 架构网站中的后端应用软件。

🔔**注意**：本章的具体例子都以 Java 作为开发语言，以 Spring Boot 作为基础框架。虽然在一些细节上与其他语言或框架有一些区别，但是大体原理是相通的。

4.1　后端的工作原理

在讨论后端架构之前，我们先对比一下后端开发语言，然后搭建一个后端应用程序的服务器，接着构造一个简单的应用程序，之后再讲解后端应用软件的工作原理。了解了后端应用软件的工作原理之后，我们才能更好地理解后端架构需要关注的细节。

🔔**注意**：本节的例子将以 Java 作为开发语言，如果你使用的开发语言不是 Java，可以适当跳过一些内容。

4.1.1　后端开发语言及框架

与基础技术相对固定（HTML+CSS+JavaScript）的前端网页不同，后端应用程序的开发语言和对应框架都是多种多样的。下面介绍比较流行的后端程序开发语言及其框架。

1. PHP

PHP（PHP: Hypertext Preprocessor，超文本预处理器）是一种脚本语言，主要应用于 Web 开发领域，发展得比较成熟。PHP 是弱类型的开发语言，语法上混合了 C、Java、Perl 及 PHP 自创的语法，因此上手比较容易。PHP 可以跨平台使用，可以运行在 Windows 及 Linux 等平台。

PHP 的框架有 ThinkPHP、Laravel 和 Yii 等，这些框架都有一定的难度，部分框架需要编译、打包等操作。

PHP 拥有足够的 Web 开发扩展，在 Web 开发上效率较高。PHP 是一门脚本语言，运行效率有限。虽然 PHP 也可以实现 B/S 架构中的后端应用程序，但是在大多数情况下用其制作的网站还是动态网站。因此，PHP 一般适用于中小型网站的开发。

2．Python

Python 是一种脚本语言，应用的领域比较多，如 Web 开发、科学计算和统计、人工智能、网络爬虫等。Python 是弱类型的开发语言，其语法十分简洁，因此极易上手，而且开发效率相当高。Python 可以跨平台运行，可以运行在 Windows 和 Linux 等平台上。

Python 的 Web 开发框架有 Django、Tornado 和 Flask 等，这些框架有一定的学习成本，但是相对来说还是比较容易上手的。

Python 除了 Web 开发的扩展外，还包含其他领域的扩展（如网络爬虫等），这使得使用 Python 编写的后端应用程序在功能上可以丰富一些。由于 Python 语法十分简洁，开发效率比较高，因此适合开发一些需要快速上线的网站功能。但是 Python 是一门脚本语言，运行效率有限，应对高并发的场景时有些乏力。

3．Java

Java 是需要编译的一种语言，应用的领域也比较多，在 Web 应用程序开发领域是比较流行的。Java 是强类型的开发语言，语法上类似于 C++，不过不需要像 C++ 一样关注地址，但是 Java 上手还是比较困难的。Java 可以跨平台使用，可以运行在 Windows 及 Linux 等平台上。

Java 的 Web 开发框架有 Spring MVC、Spring Boot 和 Spring Cloud 等，并且这 3 个框架的基本原理类似，不过 Spring Cloud 是微服务框架。

Java 的 Web 开发效率没有 PHP 或 Python 高，但是 Java 的运行效率相对较高，应对高并发的场景时表现比较好，所以适用于大型网站开发。

4．其他语言

除了 PHP、Python 和 Java 外，可以用作后端应用程序的开发语言还有很多，如 C++、Ruby 和 C# 等。但这些语言由于开发成本或平台限制等因素，在 Web 开发领域并不流行，因此这里不展开介绍。

> 注意：虽然 C++ 比 Java 的运行效率更高，理论上来讲，C++ 在应对高并发的场景时表现得更好一些，但是 C++ 的开发成本比 Java 高，而且在 Web 开发领域没有充足的扩展，因此 C++ 不作为 Web 开发的推荐语言。

对于大型网站而言，由于开发成本和功能上线时间限制等因素，大型网站的应用程序部分可能是用多种语言开发的。但是，由于大型网站需要应对大量用户，即需要应对高并发的场景比较多，所以一般采用 Java 作为主要开发语言。

Java 的 Web 开发框架一般采用 Spring Boot。这是因为相比 Spring MVC，Spring Boot 具有更好的包管理和配置方式，而 Spring Cloud 是微服务框架，我们在 1.2.8 小节中提到过，微服务是有一定争议的技术架构。

综上所述，本章的具体例子将会以 Java 作为开发语言，以 Spring Boot 作为基础框架。值得一提的是，不同的开发语言和框架在处理一些问题时是有区别的，但是需要处理的问题都是雷同的。

4.1.2　搭建 Web 应用服务器

后端应用程序的服务器称为 Web 应用服务器，Web 应用服务器根据不同的开发语言是有所区别的。这里以 Java 开发的后端应用程序为例，对应的 Web 应用服务器软件有 Tomcat、Jetty 和 Weblogic。

🔲注意：Web 应用服务器和第 3 章提到的 Web 服务器是有所区别的。Web 服务器一般处理的是静态网页资源，如网页相关文件和图片等资源文件，而 Web 应用服务器除了能处理静态文件之外，还可以执行应用程序。

Tomcat：在架构方面其采用了整体架构，不易扩展并且配置复杂，但是功能全面；在文档方面其功能比较全面，网上能查到很多在使用过程中遇到的问题；在应用场景方面，其适用于频繁且生命周期较短的请求。

Jetty：在架构方面基于一个可扩展的架构，扩展更容易且配置简单，可根据需要增减组件，内存开销相对更少；在文档方面，其文档比较零散，网上能查到的在使用过程中遇到问题较少一些；在应用场景方面，其适用于大量连接且长时间的请求，如 Web 聊天应用。

Weblogic 是一款不开源且不免费的商业软件，功能完善而且版本稳定。Web 应用服务器软件的选择可根据具体的业务场景而选用。当然，一个大型网站系统里可能会有多种 Web 应用服务器软件，因为不同的后端应用程序会有不同的业务场景和性能要求，所以 Web 应用服务器软件需要根据实际情况来选用。但一般情况下，大多数的业务请求都是频繁的而且生命周期较短，在流行性方面 Tomcat 也是比较占优的，因此这里选用 Tomcat 作为本书的 Web 应用服务器软件。

由于 Tomcat 本身是用 Java 语言编写的，其运行的后端应用程序也是用 Java 编写的，而运行 Java 编写的程序需要 JDK 环境，所以 Tomcat 的安装步骤大体上分成两部分，即 JDK 安装和 Tomcat 安装。这里需要注意的是，不同的 Tomcat 版本对 JDK 版本是有要求的，如表 4.1 所示，详情见 Tomcat 官方文档（http://tomcat.apache.org/whichversion.html）。

表 4.1　不同的 Tomcat 版本对 JDK 版本的要求

Tomcat版本	要求的 JDK 版本
10.0.x	JDK 8 及后续版本
9.0.x	JDK 8 及后续版本
8.5.x	JDK 8 及后续版本

（续）

Tomcat版本	要求的JDK版本
8.0.x	JDK 7及后续版本
7.0.x	JDK 6及后续版本（使用WebSocket的话需要JDK 7及后续版本）
6.0.x	JDK 5及后续版本
5.5.x	JDK 1.4及后续版本
4.1.x	JDK 1.3及后续版本
3.3.x	JDK 1.1及后续版本

　　下面分别在 Windows 系统和 CentOS 系统中安装 Tomcat。选择这两个系统是因为 Windows 一般是开发人员在开发时使用的操作系统，而 CentOS 一般是网站服务器的操作系统。

🔔说明：JDK（Java Development Kit）是 Java 软件开发工具包，其包含 Java 的运行环境
　　　　和工具。JDK 的原理会在 4.1.4 小节"后端应用程序的工作原理"中具体介绍，
　　　　这里只需要关注安装步骤即可。

1．在Windows系统中安装Tomcat

　　在 Windows 系统中安装 Tomcat 的操作步骤如下：

　　（1）从 Oracle JDK 官网（https://www.oracle.com/java/technologies/javase-downloads.html）上下载 JDK，一般选择最新的 LTS（Long Time Support，长期支持）版本。官网上的版本划分如图 4.1 所示，这里选择 JDK 11（图 4.1 中的 Java SE 11）作为安装版本，打开下载链接后选择 Windows 版本的 JDK 安装包下载即可。

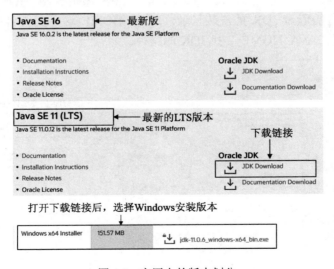

图 4.1　官网上的版本划分

🔔**注意：** 一些项目出于 JDK 升级成本或稳定性的考虑，会选用旧版本的 JDK，如 JDK 8。如果项目的 JDK 版本已经选定了，那么即使是开发环境，也应该选用对应的版本。另外，JDK 一般指的是 Oracle 的 JDK。除此之外还有其他的 JDK，如 Open JDK 等。2019 年后发布的 Oracle JDK 版本开始收费（商业用途），而 Open JDK 是完全免费的。

（2）双击下载的 JDK 安装文件安装 JDK。安装完毕后需要配置环境变量才能让 JDK 生效。打开"系统属性"对话框，单击"环境变量"按钮弹出"环境变量"对话框，如图 4.2 所示。

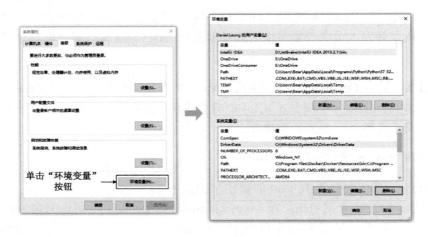

图 4.2　"环境变量"对话框

打开"环境变量"对话框后，在"系统变量"栏中添加 JAVA_HOME 变量，如图 4.3 所示。其中，变量的值为 JDK 的安装目录，JAVA_HOME 这个变量名是固定的，很多第三方软件都会根据 JAVA_HOME 寻找 JDK 的路径。

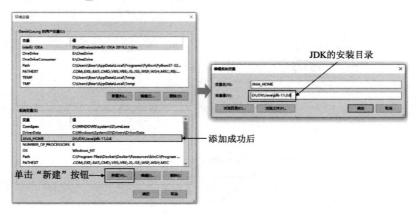

图 4.3　设置 JAVA_HOME 环境变量

添加完 JAVA_HOME 变量后编辑 Path 变量，把%JAVA_HOME%\bin 添加进去，如图 4.4 所示。值得一提的是，Path 变量的设置是为了让 Windows 系统找到 JDK 的位置，设置 Path 环境变量后，就可以在任何目录下执行 javac/java 等命令了。而 JAVA_HOME 的设置不仅是为了在 Path 变量设置时显得简洁，更重要的是让一些软件找到 JDK 的位置，如 Tomcat 便是通过 JAVA_HOME 环境变量找到 JDK 位置的（默认情况）。

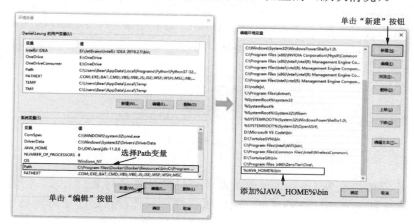

图 4.4　在 Path 变量中添加 JAVA_HOME

配置完环境变量之后，就可以检验 JDK 是否安装完成了。打开一个新的 CMD 窗口（旧的 CMD 窗口不识别新设置的环境变量），执行 java -version 命令，如果命令执行后显示当前的 JDK 版本的话，即说明 JDK 安装成功，如图 4.5 所示。

图 4.5　检验 JDK 是否安装成功

注意：如果之前安装了其他版本的 JDK，需要先卸载原有的 JDK 再安装新的 JDK，卸载 JDK 需要在"应用和功能"中卸载，这样才能把原有的 JDK 卸载干净。另外，这里的环境变量配置是以 JDK 11 为例的，其他版本的 JDK 在环境变量配置时可能会有所区别。

（3）从 Tomcat 官网（https://tomcat.apache.org/）上下载 Tomcat，这里选择最新的稳定版本。官网上的版本划分如图 4.6 所示，这里下载适用于 Windows 系统的 Tomcat 9。

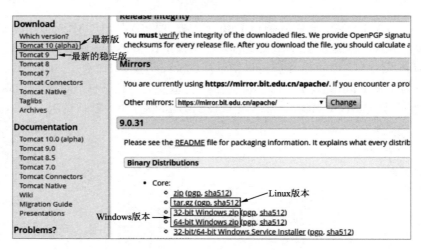

图 4.6　官网上的版本划分

注意：很多项目都选用 Tomcat 的旧版本（如稳定性较好的 8.5），这是因为 Web 应用服务器最重要的就是稳定性，旧版本的稳定性已经经过了长时间的验证，而新版本虽然带来很多新的功能，但是新功能也可能会给 Tomcat 带来不稳定的情况，况且这些新功能很多情况下都是不必要的。

（4）下载完 Tomcat 压缩包后，将其解压，目录结构如图 4.7 所示。其中，webapps/ROOT 文件夹默认存放后端应用程序，conf 文件夹存放的是 Tomcat 相关的配置文件，logs 文件夹存放的是 Tomcat 运行日志。

名称	修改日期	类型
此电脑 > 本地磁盘 (D:) > apache-tomcat-9.0.31		
bin	2020/2/5 19:34	文件夹
conf ← Tomcat相关配置	2020/2/5 19:33	文件夹
lib	2020/2/5 19:33	文件夹
logs ← Tomcat运行日志	2020/2/5 19:32	文件夹
temp	2020/2/5 19:34	文件夹
webapps ← 默认存放后端应用程序	2020/2/5 19:34	文件夹
work	2020/2/5 19:32	文件夹
BUILDING.txt	2020/2/5 19:33	文本文档
CONTRIBUTING.md	2020/2/5 19:33	Markdown File
LICENSE	2020/2/5 19:33	文件
NOTICE	2020/2/5 19:33	文件
README.md	2020/2/5 19:33	Markdown File
RELEASE-NOTES	2020/2/5 19:33	文件
RUNNING.txt	2020/2/5 19:33	文本文档

图 4.7　解压后的 Tomcat 目录结构

（5）修改 Tomcat 配置。Tomcat 的配置文件是 conf/server.xml，默认的配置文件如代码 4.1 所示。

代码 4.1　默认的 Tomcat 配置

```
…
<Connector port="8080" protocol="HTTP/1.1" <!-- 8080 为 HTTP 请求端口 -->
            connectionTimeout="20000"        <!-- 连接超时时间 -->
            redirectPort="8443" />           <!-- 8443 为 HTTPS 重定向端口 -->
…
<Host
    name="localhost"
    appBase="webapps"
    unpackWARs="true"
    autoDeploy="true">
    …
</Host>
…
```

（6）添加 Tomcat 环境变量。打开"环境变量"对话框，在"系统变量"栏中添加 CATALINA_
HOME 变量，如图 4.8 所示，其中，变量的值为 Tomcat 的安装目录，CATALINA_HOME
这个变量名是固定的。

🔔说明：Tomcat 实际上是 Apache 的扩展，其主要由 3 个部分组成，即 Web 容器、Catalina
　　　　和 JSP 容器。Web 容器用于处理一些静态网页资源；Catalina 用于运行 Java 程序；
　　　　JSP 容器用于处理 JSP 动态网页。值得一提的是，Tomcat 虽然能处理静态网页资
　　　　源，但是其处理能力没有 Web 服务器软件（如 Apache 和 Nginx）高效，所以 Tomcat
　　　　一般只作为 Java 后端应用程序或 JSP 的运行环境。

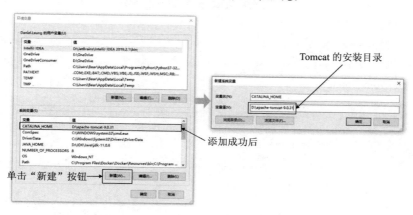

图 4.8　设置 Tomcat 环境变量

（7）启动 Tomcat。进入图 4.7 所示的 bin 文件夹，双击 startup.bat 文件，正常情况下
会出现如图 4.9 所示的窗口，此窗口无须关闭，关闭窗口即为关闭 Tomcat。如果窗口一闪
而过，则表示 Tomcat 启动失败，可以查看图 4.7 所示的 logs 文件夹中的 catalina.log 日志。
如果保持默认 Tomcat 配置的话，在浏览器的地址栏中输入 http://localhost:8080 会打开
Tomcat 的默认网页，如图 4.10 所示。

注意：Tomcat 除了上述启动方式以外，还可以通过"Windows 服务"的形式启动，即
　　　Tomcat 的启动无须人工执行，计算机会自动在后台进程中执行 Tomcat 程序，并
　　　且没有如图 4.9 所示的窗口。这种启动方式一般是在 Windows 作为服务器系统
　　　的情况下，而在作为开发时使用的 Windows 系统中，不建议以 Windows 服务的
　　　形式启动 Tomcat，这样会与 IDE（IDE 指的是开发工具，如 Eclipse、VS Code
　　　等）调试后端应用程序时产生冲突。

图 4.9　Tomcat 启动窗口

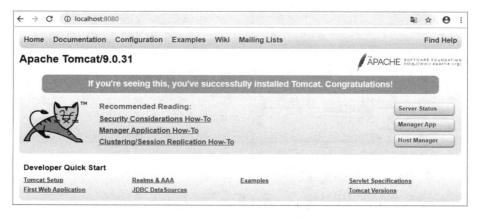

图 4.10　Tomcat 默认网页

　　（8）如果非本机的浏览器想要访问 Tomcat 服务，则需要设置防火墙开启端口权限。
对于大型网站而言，服务器系统一般为 Linux 系统，Windows 的 Tomcat 一般只是为了本
地开发使用，非本机浏览器访问的场景比较少，因此防火墙的设置不是必要的操作。如果
开发时有非本机访问的情况，可以暂时关闭 Windows 防火墙。

2. 在CentOS系统中安装Tomcat

在 CentOS 系统中安装 Tomcat 时，推荐通过下载指定版本的方式进行安装。需要注意的是，开发环境和生产环境的 Tomcat 版本最好保持一致，这样能避免一些由于 Tomcat 版本差异而引发的问题。

注意：这里有别于 3.1.1 小节中推荐的 yum 安装，这是因为 Web 服务器（Apache、Nginx 等）只是负责静态资源处理，版本差异对稳定性不会产生太大的影响，而 Web 应用服务器软件（Tomcat 等）是作为后端应用程序的容器，版本差异对后端应用程序的稳定性影响较大，因此 Web 应用服务器软件需要指定版本进行安装。

下面是 CentOS 系统中安装 Tomcat 的具体操作步骤。

（1）从 Oracle JDK 官网（https://www.oracle.com/java/technologies/javase-downloads.html）上下载 JDK，一般选择最新的 LTS（Long Time Support，长期支持）版本。官网上的版本划分如图 4.1 所示，这里选择 JDK 11（图 4.1 中的 Java SE 11）作为安装版本。单击下载链接后会进入详细的下载页面，如图 4.11 所示。选择对应系统的安装包安装起来会方便一些，但是为了安装步骤的通用性，我们选择通用的 Linux 压缩包作为下载对象。

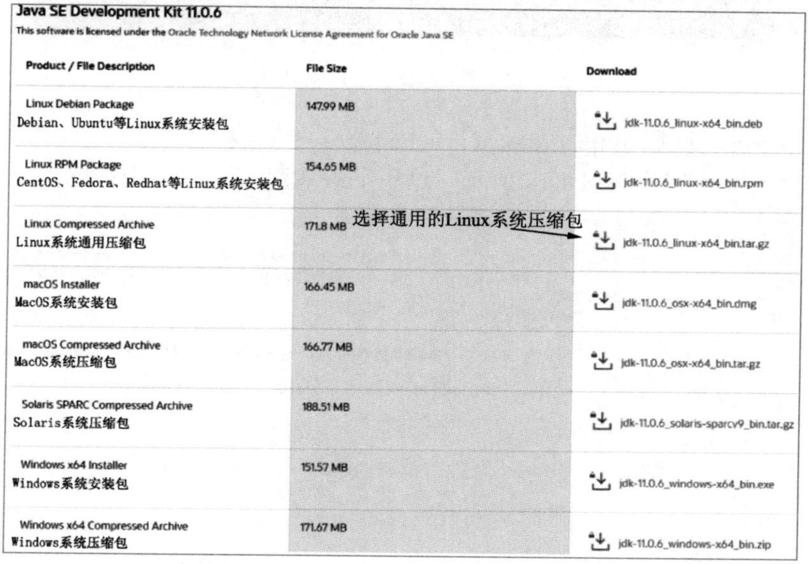

Java SE Development Kit 11.0.6

This software is licensed under the Oracle Technology Network License Agreement for Oracle Java SE

Product / File Description	File Size	Download
Linux Debian Package Debian、Ubuntu等Linux系统安装包	147.99 MB	jdk-11.0.6_linux-x64_bin.deb
Linux RPM Package CentOS、Fedora、Redhat等Linux系统安装包	154.65 MB	jdk-11.0.6_linux-x64_bin.rpm
Linux Compressed Archive Linux系统通用压缩包	171.8 MB	jdk-11.0.6_linux-x64_bin.tar.gz
macOS Installer MacOS系统安装包	166.45 MB	jdk-11.0.6_osx-x64_bin.dmg
macOS Compressed Archive MacOS系统压缩包	166.77 MB	jdk-11.0.6_osx-x64_bin.tar.gz
Solaris SPARC Compressed Archive Solaris系统压缩包	188.51 MB	jdk-11.0.6_solaris-sparcv9_bin.tar.gz
Windows x64 Installer Windows系统安装包	151.57 MB	jdk-11.0.6_windows-x64_bin.exe
Windows x64 Compressed Archive Windows系统压缩包	171.67 MB	jdk-11.0.6_windows-x64_bin.zip

图 4.11　详细的下载页面

（2）安装 JDK。下载完通用的 Linux 系统压缩包后，把 JDK 压缩包解压到任意目录下（这里推荐/usr/local 目录），解压命令如代码 4.2 所示，其中，jdk-11.0.6_linux-x64_bin.tar.gz 是压缩包名，/usr/local/是解压的目标路径。解压后的目录结构如图 4.12 所示。

代码 4.2　解压缩 JDK 压缩包

```
sudo tar -xvf jdk-11.0.6_linux-x64_bin.tar.gz -C /usr/local/
```

```
[root@da17e67b1776 jdk-11.0.6]# pwd
/usr/local/jdk-11.0.6
[root@da17e67b1776 jdk-11.0.6]# ls
bin  conf  include  jmods  legal  lib  README.html  release
```

图 4.12　JDK 解压后的目录结构

解压完毕后，需要配置环境变量才能让 JDK 生效，配置命令如代码 4.3 所示。其中，/usr/local/jdk-11.0.6 为 JDK 的路径。

代码 4.3　配置 JDK 环境变量

```
sudo echo 'export JAVA_HOME=/usr/local/jdk-11.0.6' >> /etc/profile
sudo echo 'export PATH=$PATH:$JAVA_HOME/bin' >> /etc/profile
sudo source /etc/profile
```

配置完 JDK 的环境变量后，输入 java-version 检验 JDK 是否安装成功，正常情况下会显示当前的 JDK 版本，如图 4.13 所示。

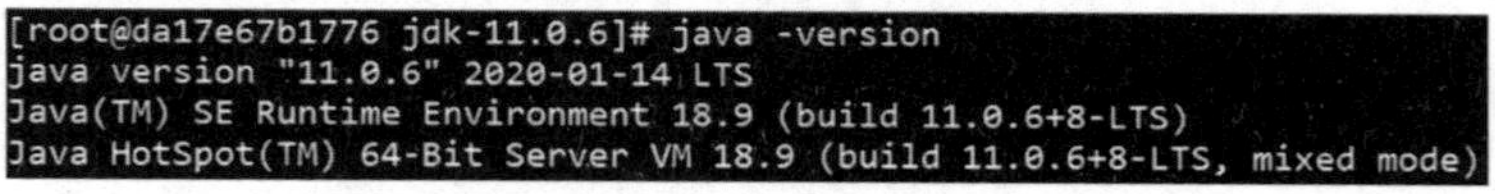

```
[root@da17e67b1776 jdk-11.0.6]# java -version
java version "11.0.6" 2020-01-14 LTS
Java(TM) SE Runtime Environment 18.9 (build 11.0.6+8-LTS)
Java HotSpot(TM) 64-Bit Server VM 18.9 (build 11.0.6+8-LTS, mixed mode)
```

图 4.13　检验 JDK 是否安装成功

（3）从 Tomcat 官网（https://tomcat.apache.org/）上下载 Tomcat，这里选择最新的稳定版本。官网上的版本划分如图 4.14 所示，这里下载适用于 Linux 系统的 Tomcat 9。

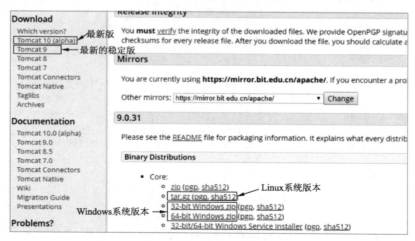

图 4.14　官网上的版本划分

🔲注意：前面在 Windows 系统中安装 Tomcat 时提到，Tomcat 的版本不一定要选用最新
的稳定版本，因为 Web 应用服务器软件最重要的是稳定性，而旧版本由于具有
更长的稳定性检验时间，所以现在很多公司都在继续使用稳定的 Tomcat 8.5 或
Tomcat 7，而放弃使用新的 Tomcat 9 或 Tomcat 10。

（4）下载完 Tomcat 压缩包后，把 Tomcat 压缩包解压到任意目录下（这里推荐/usr/local
目录），解压命令如代码 4.4 所示。其中，apache-tomcat-9.0.33.tar.gz 是压缩包名，/usr/local/
是解压的目标路径。解压后的目录结构如图 4.15 所示，其中，webapps 文件夹默认用来存
放后端应用程序，conf 文件夹存放的是 Tomcat 相关配置文件，logs 文件夹存放的是 Tomcat
运行日志。

代码 4.4　解压缩 Tomcat 压缩包

```
sudo tar -xvf apache-tomcat-9.0.33.tar.gz -C /usr/local/
```

```
[root@da17e67b1776 apache-tomcat-9.0.33]# pwd
/usr/local/apache-tomcat-9.0.33
[root@da17e67b1776 apache-tomcat-9.0.33]# ls
bin           conf          lib      logs    README.md       RUNNING.txt  webapps
BUILDING.txt  CONTRIBUTING.md LICENSE NOTICE RELEASE-NOTES   temp         work
```

图 4.15　解压后的 Tomcat 目录结构

（5）修改 Tomcat 配置。Tomcat 的配置文件是 conf/server.xml，默认的配置文件代码如
代码 4.5 所示。

代码 4.5　默认的 Tomcat 配置

```
…
<Connector port="8080" protocol="HTTP/1.1"  <!-- 8080 为 HTTP 请求端口 -->
           connectionTimeout="20000"         <!-- 连接超时时间 -->
           redirectPort="8443" />            <!-- 8443 为 HTTPS 重定向端口 -->
…
<Host
    name="localhost"
    appBase="webapps"
    unpackWARs="true"
    autoDeploy="true">
    …
</Host>
…
```

（6）添加 Tomcat 环境变量，配置命令如代码 4.6 所示，其中，CATALINA_HOME 变
量名是固定的，/usr/local/apache-tomcat-9.0.33 是 Tomcat 的路径。

代码 4.6　配置 Tomcat 环境变量

```
sudo echo 'export CATALINA_HOME=/usr/local/apache-tomcat-9.0.33' >> /etc/
profile
sudo echo 'export PATH=$PATH:$CATALINA_HOME/bin' >> /etc/profile
sudo source /etc/profile
```

（7）配置自动启动 Tomcat 服务。新建/usr/lib/systemd/system/tomcat.service 文件，在

文件内写入如代码 4.7 所示的内容，其中，/usr/local/apache-tomcat-9.0.33/bin/startup.sh 和 /usr/local/ apache-tomcat-9.0.33/bin/shutdown.sh 需要根据实际的目录路径而定。

代码 4.7　配置自动启动 Tomcat 服务

```
[Unit]
Description=Tomcat
After=syslog.target network.target remote-fs.target nss-lookup.target

[Service]
Type=oneshot
ExecStart=/usr/local/apache-tomcat-9.0.33/bin/startup.sh
ExecStop=/usr/local/apache-tomcat-9.0.33/bin/shutdown.sh
ExecReload=/bin/kill -s HUP $MAINPID
RemainAfterExit=yes

[Install]
WantedBy=multi-user.target
```

创建完文件后，设置开机启动命令、启动服务命令和停止服务命令，如代码 4.8 所示。其中，tomcat.service 为刚创建的文件名。

代码 4.8　配置开机启动命令等

```
sudo systemctl enable tomcat.service            #设置开机启动命令
sudo systemctl start tomcat.service             #启动服务命令
sudo systemctl stop tomcat.service              #停止服务命令
```

（8）配置防火墙。一般完成步骤（4）就能启动 Tomcat 了，如果防火墙是开启状态的话，则非本机的浏览器是不能访问 Tomcat 的，因此这里需要配置防火墙。配置防火墙的命令如代码 4.9 所示，并且命令需要顺序执行。

代码 4.9　配置防火墙的命令

```
#打开端口，8080 为 Tomcat 端口
sudo firewall-cmd --add-port=8080/tcp -permanent
sudo firewall-cmd --reload                      #重启防火墙
```

防火墙配置成功后，非本机浏览器便可以访问 Tomcat 默认网页了，如图 4.16 所示。其中，192.168.3.54 为服务器的 IP 地址，8080 为 Tomcat 的端口。

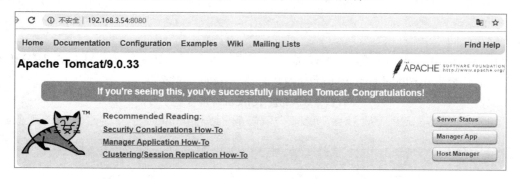

图 4.16　非本机浏览器访问 Tomcat 默认网页

4.1.3　构造一个简单的后端应用程序

后端应用程序可以看作一堆接口的结合体，用于应对网站系统的各种业务处理。在本小节将要构造的后端应用程序中也会有几个简单的接口。

💡注意：本小节的例子将以 Java 作为开发语言，以 Spring Boot 作为基础框架，以 IntelliJ IDEA 作为开发工具。本小节的例子不使用数据库，数据库的使用会在本章的后续内容中介绍。

1．新建一个后端应用程序工程

新建一个后端应用程序工程一般需要借助开发工具，这里选用 IntelliJ IDEA 作为开发工具。选择 File | New Project 命令打开 New Project（新建工程）对话框，如图 4.17 所示，其中，JDK 需要选择在 4.1.2 小节中搭建 Web 应用服务器安装的 JDK。

💡注意：开发工具可以按照个人偏好选择，在 Java 后端开发工具里，除了 IntelliJ IDEA 以外，还有 Eclipse、MyEclipse、NetBeans 等。其中，IntelliJ IDEA 和 MyEclipse 是收费的。

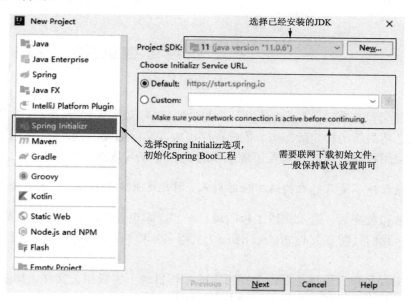

图 4.17　新建后端应用程序工程

单击 Next（下一步）按钮后，在弹出的对话框中设置工程属性，如图 4.18 所示。其中，Type、Packaging 和 Java Version 选项的设置需要注意，Type 用于选择构建工具，

Packaging 用于设置打包方式，Java Version 为 JDK 版本。其他属性根据实际情况设置即可。

🔔说明：构建工具是将"源码生成可执行程序的过程"自动化的程序，简单地说，构建工具能简化我们的开发过程，使用构建工具后，我们不需要再关心依赖程序下载、依赖程序引入、编译打包等过程。而比较流行的 Java 构造工具为 Ant、Maven 和 Gradle，其中 Gradle 以其优秀的语法特性越来越占主要位置，本书也以 Gradle 作为后端应用程序的构造工具。

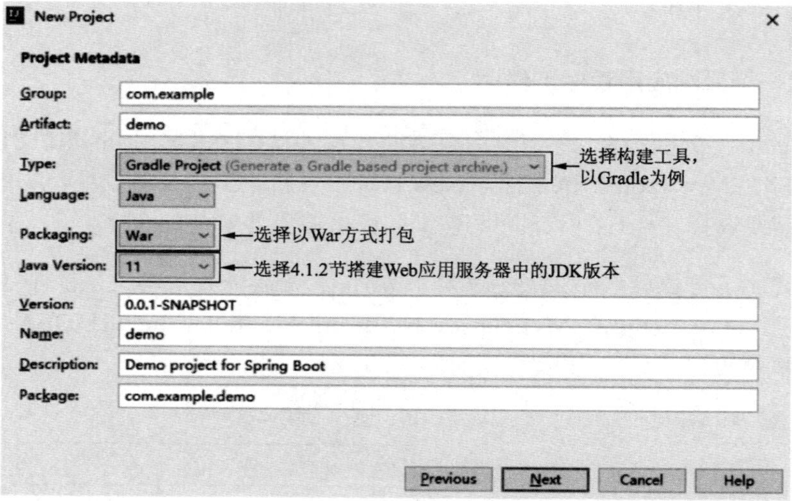

图 4.18　工程属性配置

工程属性配置完之后，可以选择引入一些依赖程序，如图 4.19 所示。其中，Spring Boot 的版本一般选用最新的稳定版即可，依赖程序可根据实际需要引入，这里由于是想要构造简单的后端应用程序，所以只引入了最基本的 Spring Web 依赖。

🔔注意：依赖程序不是只能在构造工程时引入，因此这里不必担心"引入不全面"等问题。

选择完依赖程序后，进入构造工程的最后一步，即设置工程名和工程目录，如图 4.20 所示。其中，我们只需要关心 Project name（工程名）和 Project location（工程目录）选项即可。

配置完工程名和工程目录后，会在指定的工程目录下生成相关文件，如图 4.21 所示。一般情况下，我们只需要关心图中标识的文件即可。

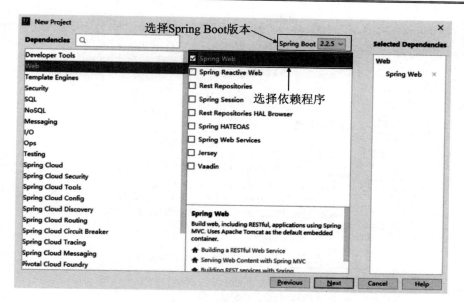

图 4.19　选择依赖程序

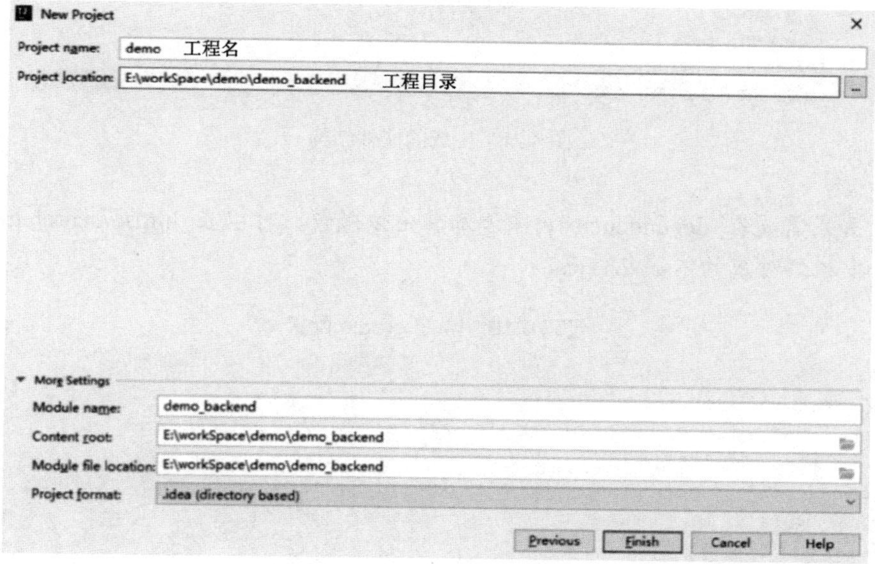

图 4.20　设置工程名和工程目录

2．修改build.gradle文件

新建一个后端应用程序工程后，需要修改 build.gradle 文件。完整的 build.gradle 配置如代码 4.10 所示，其中，version 中的版本信息需要去掉，否则打包文件的命名中会出现版

本信息（如 demo.1.0-SNAPSHOT.war），另外，需要在 dependencies{}中添加 implementation
'com.alibaba:fastjson:1.2.67'，因为在程序中需要用到 JSONObject 类。

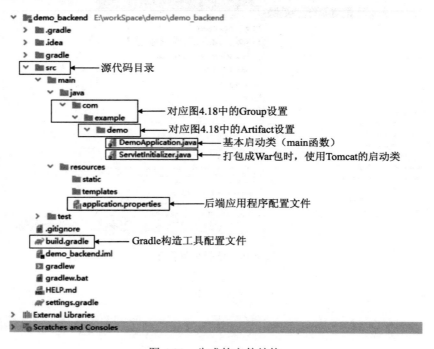

图 4.21　生成的文件结构

💬说明：如果需要在 dependencies{}中添加其他依赖包，可以在 https://search.maven.org/
中找到对应的依赖包信息。

代码 4.10　build.gradle 配置

```
plugins {
    //Spring Boot 版本
    id 'org.springframework.boot' version '2.2.5.RELEASE'
    //依赖程序管理器版本
    id 'io.spring.dependency-management' version '1.0.9.RELEASE'
    id 'java'                              //编程语言
    id 'war'                              //打包方式
}

group = 'com.example'                     //与工程 group 对应
version = ''                              //打包版本，这里需要清空
sourceCompatibility = '11'               //JDK 版本

repositories {                           //指定依赖程序仓库，可配置国内镜像库
    mavenCentral()
```

```
}

dependencies {                                            //后端工程的依赖程序
    implementation 'com.alibaba:fastjson:1.2.67'         //新引入 fastjson 依赖包
    implementation 'org.springframework.boot:spring-boot-starter-web'
    providedRuntime 'org.springframework.boot:spring-boot-starter-tomcat'
    testImplementation('org.springframework.boot:spring-boot-starter-
test') {
        exclude group: 'org.junit.vintage', module: 'junit-vintage-engine'
    }
}

test {
    useJUnitPlatform()
}
```

修改完 build.gradle 文件后，需要同步一下，这样依赖包才会被下载到本地。IntelliJ IDEA 的同步按钮如图 4.22 所示。当依赖包下载不正确时会有错误提示。

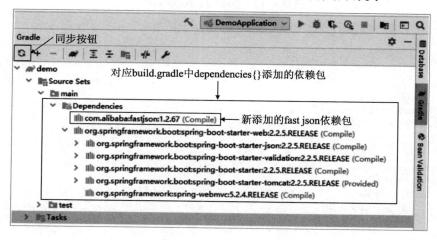

图 4.22　在 IntelliJ IDEA 中同步 build.gradle 配置

3. 编写接口代码

前期工作准备完毕后，就可以开始写代码了。由于 Spring 架构提倡把后端应用程序分成 Controller、Service 和 Dao 三层，所以先创建 3 个对应的 Java 文件，即 TestController.java、TestDao.java 和 TestService.java，如图 4.23 所示。

TestController.java 是 Controller 层的代码，Controller 层负责接收请求、调用 Service 层的方法和返回结果。这里添加两个接口，一个用于添加数据，一个用于获取数据，如代码 4.11 所示。

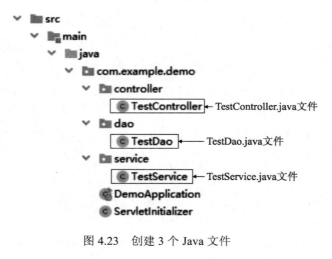

图 4.23　创建 3 个 Java 文件

代码 4.11　TestController.java

```
package com.example.demo.controller;
import …                                              //省略引用的类

@Controller                                            //Controller 的注解
@RequestMapping("/test")                               //Controller 路由
public class TestController {
    @Resource(name = "TestService")
    private TestService _TestService;

    //接口一：添加数据
    @RequestMapping(value="/test", method = RequestMethod.POST) //接口路由
    @ResponseBody
    public JSONObject create(@RequestBody String requestParam) {
        JSONObject returnJson = new JSONObject();
        JSONObject requestJson = JSONObject.parseObject(requestParam);

        return _TestService.create(requestJson, returnJson);
    }

    //接口二：获取数据
    @RequestMapping(value="/test", method = RequestMethod.GET)
    @ResponseBody
    public JSONObject get(HttpServletRequest request) {
        JSONObject returnJson = new JSONObject();
        JSONObject requestJson = new JSONObject();
        requestJson.put("language", request.getParameter("language"));

        return _TestService.get(requestJson, returnJson);
    }
}
```

　　TestService.java 是 Service 层的代码，Service 层负责业务处理和 Dao 层的方法调用。这里对应 TestController.java 文件中的两个调用函数，如代码 4.12 所示。

代码 4.12 TestService.java

```
package com.example.demo.service;
import …                                              //省略引用的类

@Service("TestService")
public class TestService {
    @Resource(name = "TestDao")
    private TestDao _TestDao;

    //接口一调用函数
    public JSONObject create(JSONObject requestParam, JSONObject
returnParam){
        //调用 TestDao.java 中的 create 方法
        String message = _TestDao.create(requestParam.get("language").
toString(),
                                          requestParam.get("text").toString());
        returnParam.put("message", message);
        return returnParam;
    }

    //接口二调用函数
    public JSONObject get(JSONObject requestParam, JSONObject returnParam){
    //调用 TestDao.java 中的 get 方法
        String message = _TestDao.get(requestParam.get("language").
toString());
        returnParam.put("message", message);
        return returnParam;
    }
}
```

TestDao.java 是 Dao 层的代码，Dao 层负责数据处理，这里对应 TestService.java 文件中的两个函数，如代码 4.13 所示。

代码 4.13 TestDao.java

```
package com.example.demo. dao;
import …                                              //省略引用的类

@Repository("TestDao")
public class TestDao {
    public static HashMap<String, String> dataMap = new HashMap<String,
String>();

    public String create(String key, String value){
        try{
            dataMap.put(key, value);
            return "success";
        }catch(Exception e){
            return "fail";
        }
    }

    public String get(String key){
        try{
```

```
            return dataMap.get(key);
        }catch(Exception e){
            return "fail";
        }
    }
}
```

编写完代码后，可以在开发工具内运行程序。在 IntelliJ IDEA 中运行程序的方法如图 4.24 所示。其他开发工具按实际情况操作即可。

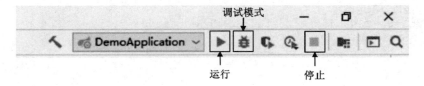

图 4.24　在 IntelliJ IDEA 中运行程序

4．发布后端应用程序

发布后端应用程序就是将应用程序放到 Tomcat 上，在复制文件之前，我们需要把后端应用程序打包成 War 文件。IntelliJ IDEA 的打包方式如图 4.25 所示。其他开发工具按实际情况操作即可。

图 4.25　在 IntelliJ IDEA 中打包后端应用程序

在不修改输出路径的情况下，编译打包后的 War 文件在"工程目录/build/libs"下。找到可执行程序后把它复制到 Tomcat 的 webapps 目录下即可。在 Tomcat 正在运行的情况下，可执行程序会自动解压并自动运行程序。以 Windows 系统中的 Tomcat 为例，发布后端应用程序的方法如图 4.26 所示。

🔔注意：在默认设置下，当替换 War 文件或者删除 War 文件时，Tomcat 自动解压的文件夹会自动删除，不需要用户手动操作。

图 4.26　发布后端应用程序

5．测试

接口测试可以借助一些工具，这里推荐使用 Postman，从官网（https://www.postman.com/）上下载即可。下面以 Postman 作为测试工具进行测试。

首先测试接口一，向后端应用程序添加文字"你好，世界"，这段文字的标识是chinese，如图 4.27 所示。其中，请求的 URL 为 http://127.0.0.1:8080/demo/test/test，请求方式为 POST。

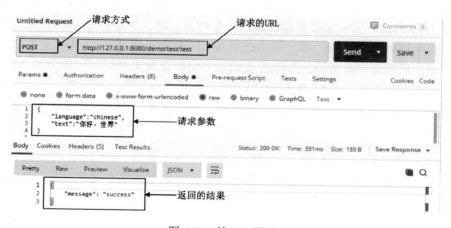

图 4.27　接口一测试

接着测试接口二，通过标识 chinese 获取刚通过接口一添加的文字，如图 4.28 所示。其中，请求的 URL 为 http://127.0.0.1:8080/demo/test/test?language=chinese，请求方式为GET。

图 4.28　接口二测试

4.1.4　后端应用程序的工作原理

成功运行一个简单的后端应用程序后，接下来介绍后端应用程序的工作原理。经历了 4.1.2 小节搭建 Web 应用服务器和 4.1.3 小节构造一个简单的后端应用程序的学习后我们知道，一个 Java 后端应用程序要想运行起来需要两步，第一步是搭建 Web 应用服务器，为后端应用程序提供运行环境，第二步是把后端应用程序放到 Web 应用服务器上。

相应地，后端应用软件的工作原理我们也分为两部分来介绍。一部分是 Web 应用服务器运行后端应用程序，介绍 Web 应用服务器与后端应用程序的关系；另一部分是后端应用程序处理接口请求，介绍后端应用程序与接口请求端（如网页、App 等）的关系。在介绍这两部分内容之前，我们先介绍一下 Java 程序的运行原理。

🔔注意：本小节默认以 Tomcat 作为 Web 应用服务器软件，以 Java 作为编程语言，以 Spring Boot 作为基础框架。在介绍原理时会省略很多内部细节，我们只需要大体了解即可。

1．Java程序运行原理

编译型语言通过专门的编译器，一次性地将源代码编译成可执行文件（机器码），可执行文件可直接运行在特定的平台上。由于可执行文件（机器码）是根据特定平台编译而成的，所以运行效率较高，但是不能跨平台使用。比较流行的编译型语言有 C 和 C++等。

解析型语言不需要编译，但是在每次运行的时候都需要解析器把源码翻译成机器码，即每个运行程序的机器都需要安装一个解析器，解析器会根据自身平台把源码翻译成对应的机器码。解析型语言具有跨平台性，但是运行效率不高（每次运行都需要翻译成机器码）。比较流行的解析型语言有 Python、Ruby 和 JavaScript 等。

编译型语言和解析型语言的对比如图 4.29 所示。

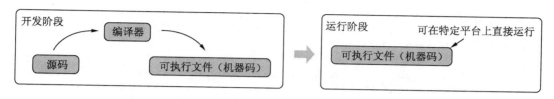

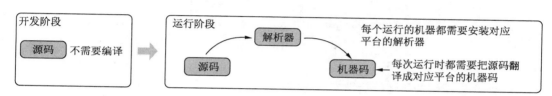

图 4.29　编译型语言与解析型语言

而 Java 比较特别一些，Java 既是编译型语言，又是解析型语言，因为 Java 既需要编译器又需要解析器。Java 具备跨平台特性的同时，也比传统的解析型语言运行效率要高。Java 编写的源码经过编译器编译之后，转换成.class 文件（字节码，一种 Java 独有的源码与机器码之间的格式）。这些.class 文件中的字节码在运行时需要解析器把字节码翻译成机器码才能运行。Java 的编译运行过程如图 4.30 所示。

🔔注意：一般情况下，Java 源码编译输出的是.jar 文件，而.class 文件是.jar 文件的主要部分。这里为了讲解方便，省去了对.jar 文件的描述。

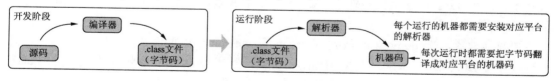

图 4.30　Java 编译运行过程

Java 的编译器和解析器就是在 4.1.2 小节搭建 Web 应用服务器中提到的 JDK，想要编译或者运行 Java 程序都需要安装 JDK。JDK 的内部结构如图 4.31 所示，它包含一些开发工具和 JRE（Java Runtime Environment，运行环境），其中开发工具里有编译器，而 JRE 是运行 Java 程序的环境。JRE 包含 JVM（Java Virtual Machine，Java 虚拟机）和一些基础类库，其中 JVM 包含解析器，负责翻译字节码等工作，而基础库类是 Java 调用操作系统功能的桥梁。

💧注意：如果只需要运行 Java 程序，那么可以单独安装 JRE。JDK 9 版本发布以后，不再
提供单独的 JRE 安装包。由于引入了新技术，JDK 9 及后续版本的内部也没有了
JRE（可以手动生成），而 JVM 是仍然存在的。这是因为 JRE 在运行 Java 程序
时会加载所有的基础类库，这样比较损耗资源，而 JDK 9 及后续版本在运行程序
时是按需要加载基础类库的。

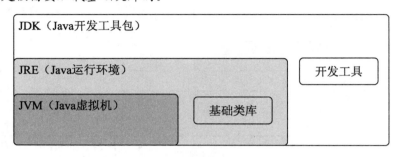

图 4.31　JDK 内部结构

2．Web应用服务器运行后端应用程序

本小节以 Tomcat 作为 Web 应用服务器软件进行说明。Tomcat 本身是一个 Java 程序，
启动 Tomcat 服务相当于启动一个 Java 程序。那么，Tomcat 是怎么运行后端应用程序的？
一个 Java 程序怎么运行另外一个 Java 程序呢？

首先，在 Tomcat 中运行的后端应用程序是.war 文件而不是.jar 文件。.war 文件与.jar
文件不同，.war 文件是 Web 模块，其内部除了编译好的.class 文件、依赖包和配置文件以
外，还可以包含网页资源（HTML、CSS 文件等）和 JSP 动态网页等。.war 文件一般需要
依赖 Tomcat 等 Web 应用服务器软件才能运行。

以 4.1.3 小节构造一个简单的后端应用程序中的 demo.war 为例，Tomcat 运行 demo.war
其实不是一个 Java 程序运行另外一个 Java 程序的关系，而是一个 Java 程序使用编译好
的.class 文件的关系。

更具体地说，当 demo.war 放到 Tomcat 的 webapps 文件夹中后，Tomcat 会自动把
demo.war 解压成 demo 目录。解压完成后，Tomcat 会对 demo 进行解析并加载相关的.class
文件。当接收到请求时，Tomcat 会调用对应的接口函数（TestController.java 文件中的方法，
见代码 4.11），经由这些代码处理后再将结果返回。Tomcat 运行后端应用程序的工作原理
如图 4.32 所示。

💧说明：Tomcat 加载并引用.class 文件利用了 Java 的反射机制。一般情况下，Java 程序
引用类文件只能在编写代码时通过 import 引用其他类文件，而 Java 反射机制是
允许在运行状态中通过给定类的名字加载指定类文件的。Tomcat 是通过图 4.21
中 ServletInitializer 这个固定类名加载相关文件的。

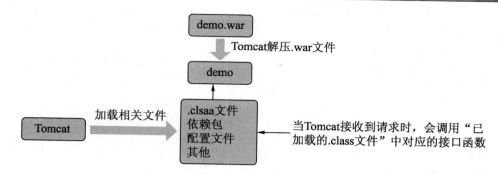

图 4.32　Tomcat 运行后端应用程序的工作原理

最后值得一提的是，Tomcat 运行后端应用程序的工作原理其实是非常复杂的，特别是对相关文件加载的机制，本小节只对其做了最简单的陈述，有兴趣的读者可以通过官方文档和开源代码进行更深入的研究。

3. 后端应用程序处理接口请求

发送一个请求至少需要明确 4 个部分：请求的 URL、请求方式、请求数据的格式和请求数据。以 4.1.3 小节构造一个简单的后端应用程序中的接口一为例，以 Postman 为测试工具，发送请求的设置如图 4.33 所示。

🔔**注意：** 当请求方式为 GET 时，则请求数据一般只能写在 URL 里，如 4.1.3 小节构造一个简单的后端应用程序中的接口二。

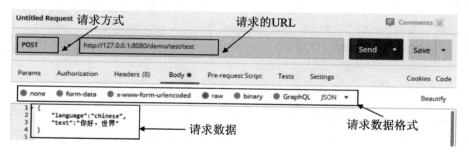

图 4.33　接口一请求的设置

由图 4.33 中请求的 URL 可知，请求是基于 HTTP 发送的。HTTP 的通信过程如图 4.34 所示，其中，不是每次请求都会做一次连接的建立与断开，存在多次请求会共用一个连接通道的情况，这与 HTTP 版本和相关设置有关。

🔔**注意：** 接口请求一般是使用 HTTP 或 HTTPS。HTTP 是 TCP/IP 的应用层协议，也就是说，HTTP 其实只是在 TCP/IP 之上做了规则限定和封装，其底层技术还是 TCP/IP 的相关技术。而 HTTPS 只是在 HTTP 的基础上做了通信加密，暂且不对其进行介绍。

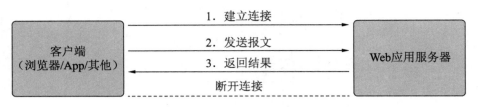

图 4.34　HTTP 通信过程

在图 4.33 所示的请求例子中，客户端会以 URL 的 IP 地址和端口（127.0.0.1:8080）与 Web 应用服务器建立连接。建立连接之后，客户端会把剩下的信息（URL 剩下的部分、请求方式、请求数据的格式、请求数据）按照规则放到报文里，再把报文发送到 Web 应用服务器上。发送的报文如代码 4.14 所示。其中，报文由三部分组成，分别是请求行、报文头信息和报文体。

- 请求行：是报文的第一行，其由三部分组成，分别是请求方法、请求 URL 剩余的部分（除协议、IP 地址、端口外）和 HTTP 版本。
- 报文头信息：其范围是报文的第二行到空行。报文头可以设置多个属性，其作用是记录相关的请求信息。其中，Conten-Type 属性对应的是请求数据的格式。
- 报文体：其范围是空行到最后，对应的是请求数据。需要注意的是，当请求方式为 GET 时，一般不使用报文体。因此 4.1.3 小节中的接口二的请求参数只能写在 URL 中。

代码 4.14　接口一的请求报文

```
POST /demo/test/test HTTP/1.1
Host: 127.0.0.1:8080
Content-Type: text/plain

{
    "language":"chinese",
    "text":"你好，世界"
}
```

当 Web 应用服务器接收到请求的报文后，会对报文进行解析并转换成对应的 Java 对象。Web 应用服务器会根据报文的请求行（POST /demo/test/test）找到对应的后端应用程序并调用相应的处理函数。

其中，请求行（POST /demo/test/test）会被分成两段（/demo 和 POST /test/test）处理，Web 应用服务器会根据第一段（/demo）内容找到对应的后端应用程序，demo 对应的是 demo.war 文件名。Web 应用服务器会根据第二段（POST /test/test）内容调用后端应用程序对应的处理函数，后端应用程序对应的标记如代码 4.15 所示，其中，@RequestMapping ("/test")标记了 Controller 的路径，@RequestMapping(value="/test",method = RequestMethod. POST)标记了对应方法的路径和请求方式，函数 create()的参数 String requestParam 会被自动注入请求的数据（报文体）中。

说明：Java 中以@开头的是 Java 注解，也称为 Java 标注，其相当于一个标签。@Request-
Mapping、@Controller 是 Java Servlet 标准中定义的注解。

代码 4.15　接口一的代码

```
…
@Controller
@RequestMapping("/test")
…
    @RequestMapping(value="/test",method = RequestMethod.POST)
    public JSONObject create(@RequestBody String requestParam) {
        …
    }
```

当代码 4.15 的处理函数被执行完毕之后，会把结果返回给 Web 应用服务器，Web 应
用服务器会把返回的 Java 对象转换成 HTTP 报文，再把报文发送给客户端。返回的报文
如代码 4.16 所示。其中，报文由三部分组成，分别是状态行、报文头信息和报文体。返
回的报文在 Postman 中如图 4.35 所示。

- 状态行：是报文的第一行，其由三部分组成，分别是 HTTP 版本、状态码和状态码
  描述。状态码及其信息一般是由 Web 应用服务器自动填充的，如状态码为 200，即
  为成功，状态码为 404，即为无法寻找对应资源等。当然，后端应用程序也可以对
  其进行修改。
- 报文头信息：其范围是报文的第二行到空行。报文头可以设置多个属性，作用是记
  录相关的请求信息。其中，Conten-Type 属性对应的是请求数据的格式。后端应用
  程序也可以添加一些自定义的属性。
- 报文体：其范围是空行到最后，对应的是后端应用程序的处理函数返回的结果。

代码 4.16　接口一返回的报文

```
HTTP/1.1 200 OK
Date: Tue, 31 Mar 2020 10:59:51 GMT
Content-Type: application/json

{"message":"你好，世界"}
```

图 4.35　接口一返回的结果

以上介绍了后端应用程序的工作原理,当然这只是一些表面的认识,还有很多内容没有铺开陈述。这是因为在实际项目开发过程中,无论是 HTTP 请求还是 Web 应用服务器软件,都是现成的工具,我们多是去使用它们而不是去改造它们,因此对原理的了解不需要完全透彻,具体的细节可以等问题出现时再去了解。

4.2　后端架构需要解决的问题

在谈及后端架构的时候,很多人的第一反应都是 Spring Boot 或 Spring MVC 这些框架。在这之上,可能会想到使用数据库、Redis、第三方应用调用等。也就是说,在很多人的认知里,后端应用程序就是在使用现成框架的基础上,用代码整合数据库、Redis 和第三方应用等的胶水程序。

在这样的认知上,编写后端程序就会变成一件"根据每个接口的功能黏合数据库等工具"的事情,也就是说,"使用工具"变成了目的,而不是解决问题的手段。再者,由于人的天然惰性和工具本身的复杂性,开发人员会把工具的使用方式不断简化,最后会出现很多性能上或功能上的问题。这些问题很琐碎,如果在开发阶段不避免这些问题,那么网站的优化工作量会变得十分巨大,并且优化进度将变得不可控。这大概就是开发团队每天都加班加点地工作,但是问题却源源不断出现的原因。

以使用数据库为例,使用方式不断简化后,最后可能只剩下对数据单纯地进行"增、删、改、查"操作。当某接口需要对某个数据进行加 1 操作时,往往会先把数据取出来,再把数据加 1 后的结果存回数据库,这样做不仅会浪费数据库性能,而且在并发请求时会发生问题。其实,数据库本身支持对某个数据的加减操作,而且可以避免并发操作产生的问题。这些操作方式一旦出现,一般会像传染病一样扩散,因为在大多数开发者的眼里,能使用工具完成某个功能就可以了,不需要关心可能会存在哪些问题。

事实上,后端架构并不是简单地选用 Spring Boot 等框架,也不是片面地决定使用哪些工具。"使用工具"只是解决具体问题的手段而不是目的。再者,后端应用程序不是数据库等工具的胶水程序,它并不是单纯的协调者,它是这些工具的使用者,是为了实现某项功能而使用这些工具。

因此,后端架构更应该关心后端应用程序需要解决的问题,而不是选择工具或者使用工具的方法。后端架构一般需要解决 4 个问题来提高后端应用程序的质量和性能,分别是规整化、数据库、非关系型数据库和整合其他应用程序。

🔊注意:本节论述的是后端架构需要解决的问题和这些问题出现的原因,对应的解决方法
　　　会在 4.3 节至 4.5 节中详细说明。

4.2.1 规整化概述

后端应用程序一般都会使用框架，使用框架能减少很大一部分工作量，如接口路由、请求参数注入及返回参数转换等。但是，框架本身是不能保证后端应用程序的质量的，这是因为框架解决的都是一些共通的问题，而决定软件质量的关键往往是一些具体细节。

但是，后端应用程序的很多细节一般都是不被关注的。这是因为后端应用程序可以看作一个个接口的集合，接口与接口之间一般被认为是天然解耦、互不影响的，而且每个接口需要处理的事情不会太多（大多都是对数据的"增、删、改、查"操作），每个接口的代码量自然也不会太多，因此后端应用程序的混乱会被控制在一定范围内。

事实上，接口与接口之间不是互不影响的，混乱也不会被控制在一定范围内。接口之间可能会调用一些公共函数，而函数的调用关系一般都是"九曲十八弯"的，如图 4.36 所示。

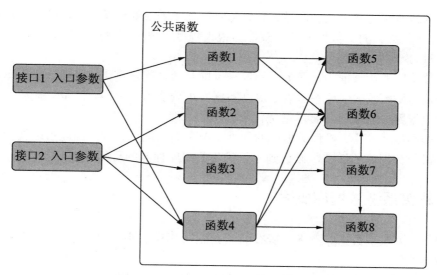

图 4.36 "九曲十八弯"的函数调用关系

如果大型网站系统的后端架构不关心这些编码细节的话，那么后端应用程序会变得非常混乱。这种混乱会直接造成成本浪费，因为开发人员需要花很多时间去梳理旧代码的同时，很难避免对旧功能产生影响。更可怕的是，这种混乱会随着网站的更新与迭代不断加剧，从而使网站系统的更新变得举步维艰。

综上所述，后端架构应该关注一些具体细节，制定一些规则来约束整个开发过程，从而避免由于代码过度混乱造成的成本浪费。

🔔注意：代码不仅是给机器看的，很多时候（尤其是大型项目）是给人看的，而且是给一群人看的。因为软件是需要不断被更新的。也就是说，软件代码是需要被不断修改的，而且修改的人不一定就是写代码的人。

4.2.2　数据库概述

数据库基本上是每个网站系统的"标配"，这是因为网站系统需要在服务器端集中处理数据，而数据库是专门进行数据存储和数据处理的软件。需要注意的是，数据库本身是一个独立的软件，后端应用程序和数据库是相互独立的两个部分。

🔔说明：这里的数据库指的是关系型数据库，指采用了关系模型来组织数据的数据库，以行和列的形式存储数据。比较流行的关系型数据库有 MySQL、Oracle 和 Microsoft SQL Server。

一个网站系统尤其是大型网站系统，每时每刻都需要处理海量的数据，因此数据库的"压力"往往是最大的。数据库的承载能力很大程度上决定了网站系统的并发能力（同时在线用户量）。

说到数据库的承载能力，很多人的第一反应是数据库选型、表设计、数据库服务器硬件性能及数据库配置等。这些当然会提高数据库承载能力的上限，但是只提高上限是不够的，操作数据库的时候还需要尽量优化数据库的性能。

在一个网站系统中，操作数据库的软件主要是后端应用程序，因此后端架构需要关心和约束其操作数据库的细节，以达到尽量优化数据库性能的目的。

4.2.3　非关系型数据库概述

理论上，关系型数据库能满足所有的业务需求，不过网站系统仅仅使用关系型数据库的话会有 3 个问题：

- 在关系型数据库操作中，最多的是查询操作。对于查询操作而言，相同请求在一段时间内查询的结果其实都是相同的，而数据库基本上每次都要重新检索一次，这无疑是需要优化的点。
- 在关系型数据库操作中，更新是非常损耗性能的，在某些业务场景（如点击量更新等）中需要频繁更新数据，对于这些业务场景，需要想办法减轻数据更新的频率。
- 关系型数据库由于其表格形式的限定，在某些业务场景中的表现是乏力的。例如，针对社交关系等关系复杂的数据。

使用非关系型数据库能有效缓解上述 3 个问题。需要注意的是，非关系型数据库不是指某一种数据库，而是一类数据库的总称。非关系型数据库一般包括 Redis 等键值存储非关系型数据库、HBase 等列存储非关系型数据库、MongoDB 等文档型非关系型数据库、

Neo4J 等图形非关系型数据库。

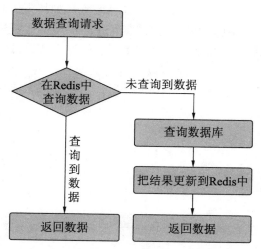

💬 说明：非关系型数据库一般也被称为
　　NoSQL。NoSQL 的说法是相对于使用
　　SQL 语言作为交互的关系型数据库而
　　言的。

　　针对问题一，虽然关系型数据库也有自己
的缓存机制以达到减少检索的目的，但是其起
到的效果有限。而引用 Redis 等键值存储非关
系型数据库可以对预期访问量大并且更新概
率较小的数据进行缓存，这样可以大大减小关
系型数据库的压力，如图 4.37 所示。

　　针对问题二，可以引用 Redis 等键值存储
非关系型数据库作为数据中转站，更新数据时
不直接更新数据库中的数据，只更新 Redis 等

图 4.37　使用 Redis 等键值存储非关系型数据库
减轻数据库查询的压力

键值存储非关系型数据库中的数据，一段时间后，再把数据更新到数据库中，如图 4.38
所示。这是因为 Redis 等键值存储非关系型数据库是内存级操作，其更新所损耗的性能是
相对较小的。

图 4.38　使用 Redis 等键值存储非关系型数据库减轻数据库更新的压力

　　针对问题三，应对海量数据时，采用 HBase 等列存储非关系型数据库比较省力；应对
大量不能限制结构的数据时，采用 MongoDB 等文档型非关系型数据库比较省力；应对社
交关系等关系复杂的数据时，采用 Neo4J 等图形非关系型数据库比较省力，需要注意的是，
这里的图形不是图片，是图形结构的意思。

　　综上所述，后端架构需要根据特定的数据检索压力、数据更新压力和特定的业务场景，
选用特定的非关系型数据库，以达到减轻数据库压力和合理使用数据库的目的。

4.2.4　整合其他应用程序

　　前面只解决了怎么较好地管理大量数据这一个问题，而大型网站系统往往需要提供一
些比较复杂的功能，如发送短信、视频转码、全文搜索等。因此后端架构需要考虑如何整
合其他应用这一问题。这些应用程序大概可以分成 3 种：

- 第三方平台提供的服务，如直播服务、短信服务等。
- 需要本地部署的应用软件，如 Solr 全文搜索软件等。其实数据库也算是这种类型。

- 自主开发的云计算服务，如特定的爬虫软件、支持在线编辑视频的引擎等。

在整个网站系统架构中，后端应用程序类似一个"中央调度"的角色。它的每个接口都是轻量的，不会有太复杂的逻辑或算法，但是它可以作为其他应用程序的"指挥中心"。后端应用程序可以通过对其他独立应用程序的调度，达到为网站系统提供复杂功能的目的，如图 4.39 所示。

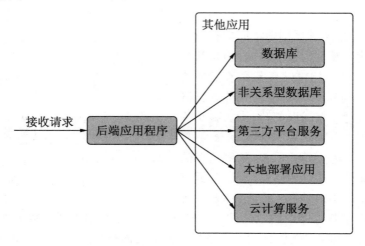

图 4.39　处于中央调度位置的后端应用程序

4.3　规　整　化

4.2.1 小节中已经说明了规整化后端的必要性。本节讲解具体规整的方法，主要从接口设计、编码规范、集中配置、Cookie 和 Session、应用拆分和应用协调、日志 6 个方面进行深入讲解。在项目前期，后端架构需要充分考虑这几个方面。

⚠注意：规整化是要把握一个度的，标准太高会拖慢项目进度，标准太低又达不到规整的目的，所以后端架构需要根据实际的团队水平和项目周期制定规整化的标准。

4.3.1　接口设计

后端应用程序可以看作一堆接口的集合体，因此，"规整化后端应用程序"应该先关注"接口设计"。由 4.1.4 小节后端应用程序的工作原理中介绍的"后端应用程序处理接口请求"可知，一个完整的接口请求包含 7 个部分，本小节将会对这 7 个部分进行详细的分析。

- 请求的 URL；

- 请求的方式；
- 请求的报文头信息，一般称为请求的 Header 信息；
- 请求的报文体，一般称为请求参数；
- 响应的状态码和状态码描述；
- 响应的报文头信息，一般称为响应的 Header 信息；
- 响应的报文体，一般称为响应数据。

🔔注意：后端应用程序的接口一般被称为 RESTful API，业内有很多关于 RESTful API 的设计规范。但是，不建议全盘照搬这些设计规范，因为现成的设计规范都过于完整，以至于开发者很难有耐心对其严格遵守。再者，设计规范的目的是统一规则、简化逻辑、便于团队合作，所以具体项目应该根据实际情况，制定尽量精简且有效的接口设计规范。

1．请求的URL

一个 URL 一般分为 4 部分，即协议、IP 地址（域名）和端口、路径、参数，如图 4.40 所示。

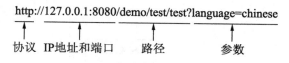

图 4.40　URL 的结构

（1）协议。一般为 HTTP 或 HTTPS。协议这部分在接口设计时可以先忽略，因为协议一般是整个网站系统统一的，单个接口无权决定使用的协议。而且一般情况下，无论使用 HTTP 还是 HTTPS，后端应用程序的代码都不会有所差别。

（2）IP 地址和端口。这里的 IP 地址一般为域名。IP 地址和端口这部分在接口设计时也可以先忽略，其也是由网站整体规划决定的。

🔔说明：一般情况下，接口的 URL 会与网页资源的 URL 有所区别，这个区别可以体现在域名上，如 api.xxx.com，或者体现在路径上，如 xxx.com/api/xxxx。

（3）路径。路径是接口设计中比较重要的部分。路径的作用是让 Web 应用服务器软件调用对应的后端应用程序的函数，所以从技术层面上讲，无论路径有多少层或者用什么单词，只要这个路径能与代码对应上，就是没问题的。但是，由于 URL 本身标记的是资源，所以 URL 上的单词最好都为名词，而且最好是名词的复数形式，如/zoo/animals。

而路径推荐分为三层，分别是模块、子模块和具体资源。模块指的是处理不同业务的后端应用程序；子模块指的是模块内部的分类；具体资源指的是对应具体资源的标识。具体资源内部还可以根据具体情况增加分层，不过最好不要超过 2 层。路径的分层对应关系如图 4.41 所示，其中，在实际编码中，路径分层会根据不同的框架有不同的映射关系，在 Spring Boot 框架中，模块一般指的是.war 文件，子模块一般指 XXcontroller.java 文件，具体资源标识的是函数（需要加上请求方式才能唯一标识具体函数）。

🔔 **注意：** 模块的划分可以按照业务架构的子系统划分，业务架构设计可以参考 2.1.1 小节业务架构面临的挑战和 2.2 节业务架构的基本思路。后端应用程序的模块划分除了根据业务架构划分外，还需要考虑权限分类（普通用户和管理员）及并发压力（高并发接口和普通接口）等因素。

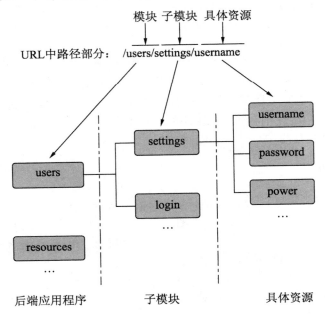

图 4.41　URL 中路径分层的对应关系

一些接口设计规范里强调版本管理，版本管理有利于对不同版本的后端应用程序进行管理，在不影响使用者使用旧版本接口的同时，提供新版本的接口。版本号可以体现在 URL 上，如/v1/zoo/animals，其中 v1 即为版本号，也可以体现在 Header 信息（报文头信息）中，不过体现在 URL 上比较直观和普遍一些。

但是，版本管理的实质是同时运行旧版本和新版本的后端应用程序，那么有了新版本还有必要保留旧版本吗？答案是不是任何时候都需要保留旧版本，也就是说，不是任何后端应用程序都需要做版本管理。在实际项目当中，只需要对一些开放性的接口（被自身网站系统以外的软件使用）进行版本管理就可以了，不需要对网站系统内部的接口进行版本管理。

这是因为自身网站系统以外的使用者会有很多个，且大多都不愿意随着接口更新而立刻改变自己的代码，如果功能稳定的话，他们会更愿意继续使用旧版本；对于自身网站系统内部而言，接口使用者只是网站系统本身，代码修改起来比较方便，而且维护几个版本是需要一定成本的。因此，版本管理需要根据具体情况而定，并非所有接口都需要做版本管理。

🔔 **注意：** 一般而言，"需要做版本管理的接口"和"不需要做版本管理的接口"需要区分出来，划分成不同模块（不同的.war 文件），这样有利于管理。

（4）参数。问号以后都为参数部分，这部分不建议使用，参数部分应该放在请求参数当中，这样可以让 URL 精简一些。但是，当请求方式为 GET 时，则不得不把参数部分放在 URL 中，因为此时一些请求端是不允许有报文体的（如浏览器）。

当请求方式为 DELETE 时，一些规范推荐在 URL 中使用{}作为参数的标识，如 http://hostname/user/user/{userid}，其中，userid 为需要删除的具体 id。这是因为某些 Web 应用服务器软件可能会丢弃伴随 DELETE 发送的报文体。不过，这种会丢弃报文体的服务器是不常见的，在默认配置下，Tomcat 不会丢弃伴随 DELETE 发送的报文体。因此，当请求方式是 DELETE 时，还是推荐把参数放到报文体中，这样能统一接口设计逻辑。

综上，除非请求方式为 GET，否则参数部分都应该放在请求参数当中。

2. 请求的方式

请求方式表示对资源的操作类型，一般来说，通过"URL"和"请求方式"这两项才能唯一定位后端应用程序对应的函数。具体的请求方式及其对应的含义如表 4.2 所示。

注意：目前比较常用的 HTTP 版本是 HTTP 1.1，而在旧版本 HTTP 1.0 当中，不支持 PATCH 请求方式。

表 4.2　请求方式及其对应含义

请 求 方 式	对 应 的 含 义
GET	获取资源，在浏览器中输入网址时，默认以 GET 方式向服务器发送请求
POST	新建一个资源
PUT	更新资源（更新完整资源），客户端提供全部属性
PATCH	更新资源（更改资源部分属性），客户端提供改变的属性
DELETE	删除资源
HEAD	获取资源的元数据（不常用）
OPTIONS	获取信息（不常用），资源的哪些属性是客户端可以改变的

在实际应用当中，一般使用的是 GET、POST、PUT、DELETE，对应四个基本操作：查询、增加、修改、删除。请求 URL 和请求方式结合起来，即可表示为对某个资源的具体操作，即使不看接口文档，也能大概猜出接口的功能。当然，以上的请求方式其实只有字面上的含义，用 DELETE 标识更新操作也不会有问题，不过，这些都是约定俗成的东西，最好不要特立独行。

说明：对于修改操作，无论更新的是全部属性还是部分属性，其实都可以选用 PUT 或者 PATCH，PUT 更常用一些。

3. 请求的Header信息

请求的 Header 信息（报文头信息）用于记录相关的请求属性，Web 应用服务器会处理这种 Header 信息。Header 信息的种类很多，但接口设计时一般考虑表 4.3 中的属性即可。其中，Accept 属性的值保持默认（*/*，全部类型）即可，一般不需要设置；Cookie 属性的值一般是服务器端通过 Set-Cookie 设置的，浏览器请求时会自动携带上，更详细的内容会在 4.3.4 小节中介绍；Content-Type 属性对应请求参数的数据类型，这个一般需要手动指定，不然 Web 应用服务器无法把请求参数转换成对应的数据对象。

表 4.3　接口设计时需要考虑的Header属性

属　　性	对应的含义	示　　例
Accept	指定客户端能接收的响应内容的MIME数据类型	Accept:*/*;
Cookie	此属性会自动把保存在该请求域名下的所有cookie值一起发送给Web应用服务器	Cookie: name=value;
Content-Type	对应请求参数的MIME数据类型	Content-Type: application/json;

Header 信息可以被后端应用程序获取和使用，后端应用程序可以对一些自定义的 Header 信息进行处理，从技术层面讲，可以通过自定义 Header 属性给后端应用程序传递参数。但是，一般情况下，Header 信息（除了 Cookie 外）都是 Web 应用服务器软件处理的，而 Cookie 在浏览器设置成"阻止 Cookie"时，也不会自动保存和发送，因此，接口设计时最好不要添加自定义属性。

综上，接口设计只需要指定 Content-Type 属性即可，一般设置为 application/json（对应 JSON 数据类型），但这需要与请求参数的数据类型匹配。其他 Header 属性保持默认即可，Cookie 属性会在 4.3.4 小节中讲述用法，但不建议个别接口使用。

🔊说明：请求时的 Header 信息记录了相关请求属性，其属性处理应该交由 Web 应用服务器处理，后端应用程序处理请求参数即可。对于"Web 应用服务器软件处理 Header 信息"和"后端应用程序处理请求参数"这个划分需要明确，否则接口使用者会觉得很麻烦。

4. 请求参数

请求参数（报文体）部分是根据每个接口的功能而定的，不过也应该遵守一定的规范，包括参数类型、参数结构、明确必填参数和可选参数等。

参数类型可以是 JSON、XML、字符串等。在项目没有特殊要求的情况下，推荐使用 JSON 类型。这是因为目前 JSON 类型比较流行，而且相对于其他类型（如 XML）更加易读和简洁，便于人工检查。JSON 数据结构如代码 4.17 所示，XML 数据结构如代码 4.18 所示。

🔊注意：无论选择哪种参数类型，请求参数部分的参数类型必须统一，不能一个接口选用一个类型。

代码 4.17　JSON 数据结构

```
{
    "id":"AA0302",
```

```
    "name":"张三",
    "class":"1-1",
    "born":"2011.11.20"
}
```

代码 4.18　XML 数据结构

```xml
<?xml version="1.0" encoding="utf-8" ?>
<student>
    <id>AA0302</id>
    <name>张三</name>
    <class>1-1</class>
    <born>2011.11.20</born>
</student>
```

参数结构应该尽量简洁，层级最好只有一层，一些特殊情况除外（如批量添加等情况）。结构层级超过一层会让整体结构看起来有点混乱，以 JSON 数据为例，一层结构的数据和多层结构的数据对比如代码 4.19 所示。

代码 4.19　一层结构的数据和多层结构的数据的对比

```
#一层结构的数据
{
    "id":"AA0302",
    "name":"张三",
    "class":"1-1",
    "born":"2011.11.20"
}

#多层结构的数据
{
    "id":"AA0302",
    "info":{
        "basic":{
                "name":"张三",
                "class":"1-1"
        },
        "born":"200.11.20"
    }
}
```

明确必填参数和可选参数，必填参数需要明确，可选参数需要明确其默认值。以添加学生信息接口为例，其参数说明如表 4.4 所示，其中学生 id 由服务器生成。

表 4.4　添加学生信息接口的参数说明

参　　数	是 否 必 要	类　　型	说　　明	默 认 参 数	备　　注
name	是	String	学生名字		
class	是	String	学生班级		
born	否	date	学生的出生日期	unknown	

5．响应的状态码和状态码描述

当接口请求处理完毕后，会返回响应报文，其中，状态码标识的是此次请求的结果状态，状态码描述是状态码对应的简短文字描述。状态码大致有 5 个种类，如表 4.5 所示，其中，XX 表示省略，如 2XX 的状态码包含 200、201、202 等状态码。

表 4.5　状态码种类

状 态 码	对应的含义	示 例
1XX	告知请求的处理进度和情况	不常使用
2XX	成功	200:成功，发送的请求被正常处理
3XX	重定向，需要进一步操作	303:请求重定向到另一个URL
4XX	客户端错误	404:服务器上无法找到请求的资源
5XX	服务器错误	500:服务器执行请求时发生异常

状态码和状态码描述一般交由 Web 应用服务器填写，后端应用程序不需要关心。虽然后端应用程序可以修改状态码，但是一般不推荐这样做。因为状态码标识的是此次请求本身的状态，与后端应用程序的功能无关。例如，当请求参数填写错误时，后端应用程序会返回一个"参数错误"的结果，但是请求过程本身是没有问题的，所以返回的状态码应该是 200（成功），而"参数错误"的结果应该放到响应数据（报文体）当中。

综上，接口设计其实不需要关心状态码和状态码描述。

6．响应的Header信息

响应的 Header 信息（报文头信息）用于记录相关的响应属性，大部分属性都是 Web 应用服务器根据"请求时的 Header 信息"和"后端应用程序返回的结果"自动填写的。响应的 Header 信息种类很多，但接口设计时一般考虑表 4.6 中的属性即可。其中，Content-Type 属性是自动填写的；Set-Cookie 属性一般由后端应用程序操作，一般情况下，该属性对应的值会被客户端保存，当客户端再次发送请求时，会被记录在请求 Header 信息的 Cookie 属性当中。更详细的内容会在 4.3.4 小节中讲述。

表 4.6　接口设计时需要考虑的响应Header参数

属 性	对 应 含 义	示 例
Content-Type	响应数据（报文体）对应的MIME数据类型	Content-Type: application/json;
Set-Cookie	设置HTTP Cookie，浏览器会自动保存，下次请求时会自动携带	Set-Cookie: name=value;

接口设计可以使用 Set-Cookie 属性，但是由于 Cookie 在浏览器设置"阻止 Cookie"时是不会自动生效的，所以 Set-Cookie 一般也是不推荐使用的。

因此，一般情况下，接口设计不需要关心响应 Header 参数。

7．响应数据

响应数据（报文体）部分是根据每个接口的处理结果而定的，不过也应该遵守一定的规范。

数据类型最好与请求参数的数据类型保持一致；数据结构，响应数据中最好包含"结果代码"和"结果代码对应的描述"，响应结果数据放到固定的字段里面。以获取学生信息的接口为例，响应数据如代码 4.20 所示，其中，数据类型为 JSON。

🔔 **说明**：这里没有强调数据层级限制，这是因为响应数据一般比较复杂，采用合理的数据结构能方便使用者使用。

代码4.20　获取学生信息接口的响应数据

```
{
    "errorCode":"200",                          //结果代码
    "message":"成功",                            //结果代码对应的描述
    "result":{                                   //结果数据的字段
        "count":20,                              //学生总个数
        "list":[                                 //筛选出的学生列表及其信息
            {"id":"AA0302", "name":"张三", "class":"1-1", "born":"2011.11.20"},
            {"id":"AA0303", "name":"李四", "class":"1-1", "born":"2011.10.20"},
            {"id":"AA0304", "name":"王五", "class":"1-1", "born":"2011.11.22"},
            {"id":"AA0305", "name":"赵六", "class":"1-1", "born":"unknown"}
        ]
    }
}
```

相对应的，响应数据也应该有说明表格，以代码 4.20 所示的响应数据为例，其参数说明如表 4.7 所示。

表 4.7　获取学生列表接口的响应数据说明

参　数	类　型	说　明	备　注
errorCode	String	后端应用程序处理结果代码	200为成功，其他代码均为失败
message	String	结果代码对应的描述	
result	JSON	具体结果	当errorCode为非200时，此字段可能为空
count	Int	学生总个数	
list	List	筛选出的学生列表及其信息	列表的个数与count字段的值不是对应的，count是全部学生的个数
id	String	学生学号	
name	String	学生名字	
class	String	学生班级	
born	String	学生的出生日期	存在未知情况，未知情况对应的值为unknown

8. 总结

综上 7 点的分析和描述,接口设计的逻辑如图 4.42 所示。URL 的路径部分负责划分资源模块,请求方式负责规划对资源的"增、删、改、查"操作,请求参数为处理参数,响应数据作为处理结果。一般而言,接口设计需要关注的只有 4 部分,即 URL 中的路径部分、请求方式、请求参数和响应数据。

🔔**注意**:当请求方式为 GET 时,请求参数需要放在 URL 上。

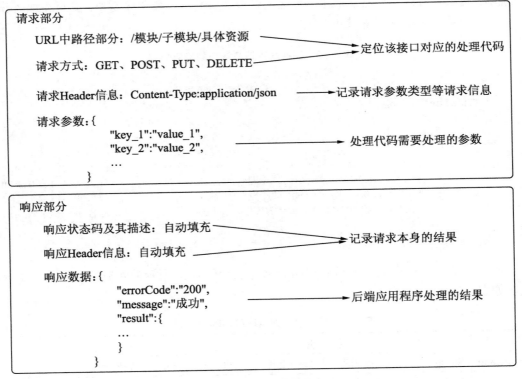

图 4.42　接口设计逻辑

4.3.2　编码规范

一般在完成接口设计之后,就可以开始编码了。而对于编码来说,制定编码规范是最简单且有效的整顿方法,只要开发团队遵守一些规则进行开发,就能很大程度上避免混乱。后端应用程序的编码规范一般考虑以下几个方面:

- 目录结构,需明确目录逻辑;
- 限制函数调用层级,以降低代码混乱度;

- 抽离公共模块，提升代码复用度；
- 错误机制。

😊**注意**：以下的具体命名或规则不是唯一，可以根据偏好和具体情况而定。本小节的例子
　　　都以 Java 作为开发语言，以 Spring Boot 作为基础框架。

1．目录结构

以 Spring Boot 为例，当初始化工程后，目录结构如图 4.43。其中，需要关心的只有
三部分，分别是构造工具配置文件、后端应用程序配置文件和代码。

😊**说明**：后端应用程序配置文件的位置可以按照喜好挪动，具体方法在 4.3.3 小节中说明。

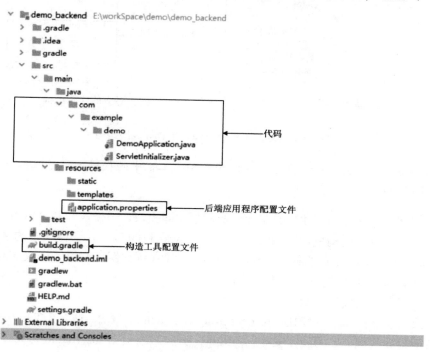

图 4.43　初始的 Spring Boot 工程

在初始的 Spring Boot 工程里，代码部分除了 Application.java 和 ServletInitializer.java
两个引导文件以外，没有其他代码。由此可知，后端应用程序的代码结构其实是开放的，
开发者可以按照个人偏好规划代码目录结构。不过，Spring 相关框架（Spring Boot、Spring
MVC 等）提供了一种分层思想，大多数使用 Spring 相关框架的开发者都是按照这个分层
思想进行开发的。因此，代码结构最好遵循 Spring 相关框架的分层思想。

Spring 相关框架建议将代码分成三层：Controller 层、Service 层和 Dao 层，如图 4.44
所示。Controller 层负责管理业务调度（调用 Service 层），也是接口函数的入口；Service 层

负责实现业务功能，一般会做一些算法逻辑和调用 Dao 层；Dao 层负责与数据库进行交互。

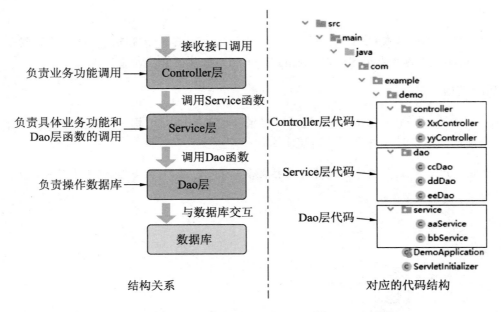

图 4.44 Controller、Service 和 Dao 三层结构

说明：Controller、Service 和 Dao 三层结构在实际工程中的代码例子可以参照 4.1.3 小节中的介绍。

在 4.3.1 小节中提倡把 URL 的路径分成三层，即模块、子模块和具体资源。在实际的 Spring Boot 工程目录结构里，模块指的是工程名（.war 包的名字）；子模块指的是 Controller 的标识，每个子模块应该有单独的 Controller.java 文件（例如图 4.44 中的 xxController.java、yyController.java）；具体资源指的是对应函数的标识（"具体资源标识"加"请求方式"才能唯一标识某个特定接口函数）。

以修改用户名的接口（URL：/users/settings/username，请求方式 PUT）为例，接口对应的入口函数如代码 4.21 所示，其中，/settings 为子模块标识，/username 为具体资源标识，PUT 标记的是请求方式。另外，例子中的 users 模块名指的是工程名，工程名设置请参照 4.1.3 节构造一个简单的后端应用程序中的图 4.20。

注意：Controller 中的文件名最好与该文件的子模块标识相对应，如代码 4.21 中子模块标识为/settings，则其文件名应为 SettingsController.java。

代码 4.21　修改用户名接口对应的入口函数

```
package com.example.users.controller;
import …

@Controller
```

```
@RequestMapping("/settings")                              //子模块标识
public class SettingsController {
…
//修改用户名接口的入口函数
 //具体资源和请求方式标识
 @RequestMapping(value="/username", method=RequestMethod.PUT)
@ResponseBody
 public JSONObject UpdateUserName(@RequestBody String requestParam) {
     …
 }

  //其他接口的入口函数,如修改密码(URL 为/users/settings/password,请求方式为 PUT)
@RequestMapping(value="/password", method=RequestMethod.PUT)
 @ResponseBody
 public JSONObject UpdatePassword(@RequestBody String requestParam) {
     …
 }
…
}
```

综上，基本的后端应用程序工程（以 Spring Boot 为基础框架）的目录结构及其目录逻辑如图 4.45 所示。

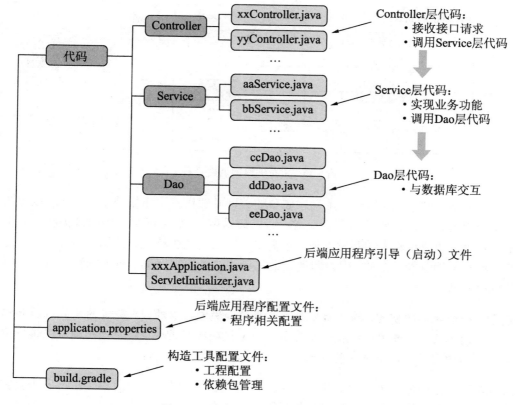

图 4.45　基本目录结构及其目录逻辑

2．限制函数调用层级

一般情况下，采用 Spring Boot 作为基础框架的后端应用程序都会把代码部分按 Controller、Service 和 Dao 分层（如图 4.45 所示）。大部分人都认为，只要代码按照这三层分层，就不会出现太大的混乱。但实际上，仅凭这三个分层，并不能规整化代码。虽然这三个分层能让代码在整体上有一个流水处理的感觉（如图 4.44 所示），但是在实际编码中，这三层的约束和分工都相当模糊，以至于程序内部的调用关系很大概率会出现十分混乱的局面，如图 4.46 所示。

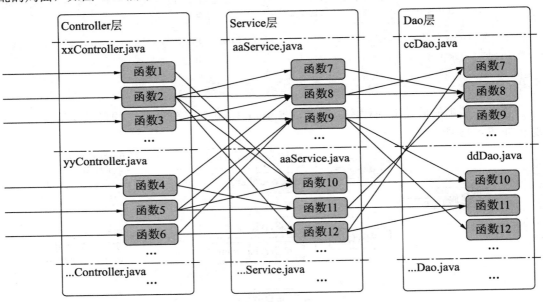

图 4.46　混乱的内部调用关系

一个大型网站系统，后端应用程序需要随着网站的运营不断做调整，当出现以上这种混乱的调用关系时，程序的内部会变成一张"蜘蛛网"，后端应用程序的维护和扩展都变得十分艰难，即使是原来的开发人员，也需要花很长时间去梳理。而这种混乱，并不是完备的注释和文档就能解决的，因为即使是最完备的注释和文档也不可能描述所有的代码细节和调用关系。

💬 说明：一个软件的质量，除了功能性、效率性和稳定性以外，更关键的是其维护和扩展的难度。而维护和扩展难度其实指的是代码编写逻辑，好的代码编写逻辑应该是结构明显、调用关系整洁的。

后端应用程序是多个接口的集合，也就是多个小程序的集合。而单个接口所需要实现的功能通常是简单的，对应的代码也是很简短的，不存在过于复杂的逻辑。也就是说，后端应用程序的复杂性不在于其功能，而在于其包含多个接口。因此，横向切分后端应用程序其实并不能很好地规整代码，而是应该先垂直切分每个接口代码（每个接口的代码完全独立），再横向切分每个接口的内部代码，如图 4.47 所示。这样的话，就不会出现"蜘蛛网"式的调用关系，无论是增加接口还是修改接口代码，都会变得很简单，也不会存在修改了一个接口的代码却影响了五六个接口的情况。

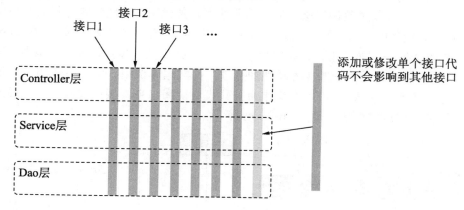

图 4.47　垂直切分后端应用程序

　　垂直切分其实就是限制函数调用层级，一个接口在 Controller 层和 Service 层各只有一个专属函数（Dao 层可以有多个函数，但是最好不要和其他接口产生关联），接口代码不允许调用其他接口的专属函数，即以一种垂直的方式完成接口功能，如图 4.48 所示。其中 Controller.java、Service.java 和 Dao.java 文件也应该尽量垂直对应。

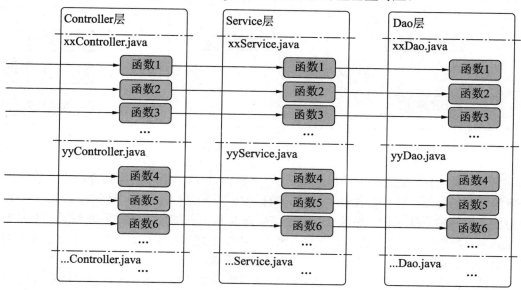

图 4.48　垂直的内部调用关系

🔔注意：一些时候，共用函数是不可避免的，特别是 Dao 层，这些时候可以适当地冲破一下垂直调用的规则，但不能因为这些特殊情况而放宽整个编写代码的规则。

3．公共模块

在限制函数调用层级后，在便于代码修改和代码理解的同时，自然也会增加代码的冗余程度。因此，在限制函数调用层级后，需要抽离公共模块，以达到降低代码冗余度的目的。而对于公共模块的抽取，需要对接口做的"重复事情"有一个清晰的认识。在 Controller 层，接口代码会做一些前期工作，如用户权限认证、必要参数检查、可选参数填充等；在 Service 层，接口代码会做一些业务功能的操作，如数据库调用、第三方应用调用等。那么，对于这些"重复事情"，可以将其作为公共模块抽离出来，接口代码中可以通过传入不同的参数来使用这些模块功能，如图 4.49 所示。

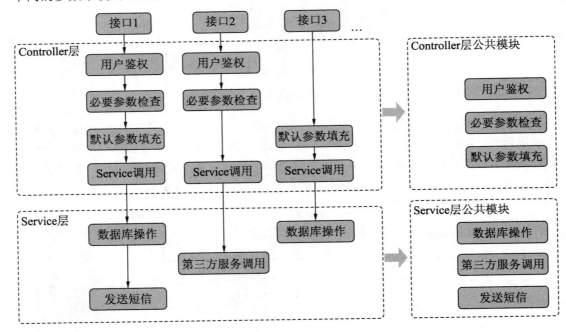

图 4.49   抽离公共模块

在图 4.49 中，把数据库操作抽离成了一个公共模块，而在前面的介绍里，数据库操作应该放到 Dao 层。在中小型网站当中，数据库一般都是网站的唯一核心，在这些以数据库为核心的网站系统当中，后端应用程序其实就是作为前端使用数据库的桥梁，绝大多数的 Service 层代码也是为了操作数据库。因此，在中小型网站当中，把数据库操作放在 Dao 层确实会让后端应用程序在整体上有一个清晰的逻辑。

但是，在大型网站中，数据库就不一定是网站的唯一核心了，大型网站的后端应用程序除了要操作数据库以外，还需要整合其他应用程序（如视频转码服务、非关系型数据库等）。

从 Service 层的代码来看，数据库的使用只是其功能的一部分，而不是 Service 层的唯一目标。因此，在大型网站当中，把数据库操作抽离成其中一个公共模块更合理一些。

不过，数据库操作还是放在 Dao 层比较好，因为大多数的开发者还是习惯把数据库操作放在 Dao 层里。

在抽离公共模块后，接口代码可以写成流水线的模式，从而可以让人一目了然：第一步做了什么，第二步做了什么。而且如果这些模块做得足够好的话，可以直接在多个项目中使用，让开发者更注重接口流程，而省去很多写冗余代码的时间。增加公共模块后，后端应用程序的目录结构如图 4.50 所示。

💬说明：抽离公共模块在实际编码中就是创建类或创建函数，具体方式和规则可根据团队偏好而定。

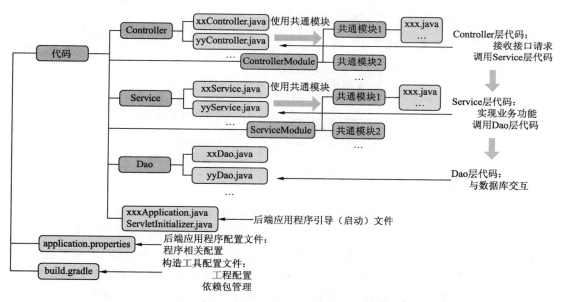

图 4.50 抽离公共模块后的目录结构及目录逻辑

4. 错误机制

错误机制是一个经常被忽略，但却特别重要的点。在 4.3.1 节接口设计中也强调，返回参数中需要带有处理结果代码及其描述。

在实现了公共模块抽离后，可以在调用模块后判断处理的结果，如果发生错误的话，就直接返回错误结果，不再进行后续步骤的处理，如图 4.51 所示。

错误机制在流水线式的流程中可以起到"保险丝"的作用，一旦上一个步骤发生错误，下一个步骤就不会被执行，这样能保证每个步骤的健康运行。错误提示也能初步定位问题发生的位置，可以省去很多排查的工作量。一般而言，错误提示不需要太具体，如"缺少必要参数"的错误提示,不需要精确到缺少了哪些参数。

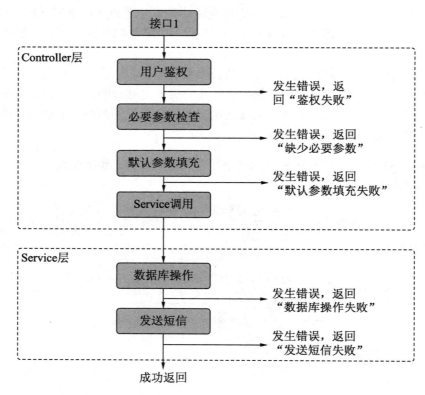

图 4.51　加入错误机制的接口流程

🔲说明:程序需要坚守"不信任原则",对于后端应用程序而言,请求参数是不可信任的。
在没有完备的错误机制前提下,错误的参数可能会产出一个看似正常的结果,如
一个普通用户通过某接口获取到了全部用户信息(用户信息泄露)。

4.3.3　集中配置

一个后端应用程序,一般只需要一个配置文件就足够了。但是,在一个大型网站的项
目里,一般有生产环境、测试环境和开发环境,而在这些环境当中,具体配置(如数据
库连接、文件目录等)都不尽相同,因此使用配置文件无疑会让后端应用程序的部署更
加灵活。

🔲说明:如果项目中使用了自动发布工具(如 Jenkins),也可以通过自动修改配置文件
以达到适配多个环境的效果。

　　但是，在默认情况下，配置文件是在后端应用程序（.war 文件）里的，要将后端应用程序发布到不同环境的话需要修改配置文件，而这种修改可能会出现不必要的人为错误。因此，配置文件和后端应用程序应该分离。配置文件记录具体环境的相关信息，保存在对应环境当中，后端应用程序可以不加修改地发布到不同环境，如图 4.52 所示。

　　说明：生产环境、测试环境和开发环境，指的都是完整的网站系统。生产环境指的是线上环境，正式运营的版本；测试环境指的是给内部测试人员使用的环境；开发环境指的是给开发人员使用的环境。除了这三个基本环境，根据具体项目的规模，还可能有回归环境、预发布环境等。

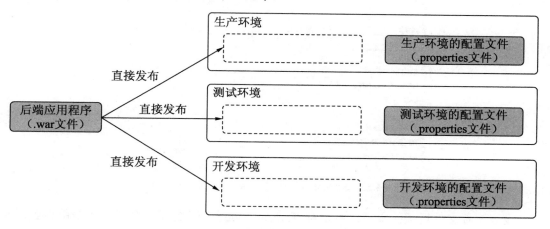

图 4.52　配置文件与后端应用程序分离

要实现配置文件与后端应用程序分离，需要解决两个问题：
- 设置配置文件所在目录；
- 设置配置文件名，每个后端应用程序引用专属的配置文件。

1. 设置配置文件所在目录

　　默认情况下，配置文件是在后端应用程序（.war 文件）里的。如果需要引用外部配置文件目录，则需要在 Web 应用服务器软件中设置。以 Tomcat 为例，需要在 Tomcat 目录下的/conf/catalina.properties 文件中（推荐在文件末尾）添加如代码 4.22 所示的设置，其中，spring.config.location 是设置配置文件目录的字段，${catalina.home}会自动获取 Tomcat 的根目录，${catalina.home}/appconfig/指的是 Tomcat 根目录下的 appconfig 文件夹（如图 4.53 所示）。

代码 4.22　设置外部配置文件目录

```
…
spring.config.location=${catalina.home}/appconfig/
…
```

说明：配置文件的目录也可以是其他路径，如/home/backendconfig 等。后端应用程序会优先引用设置目录中的配置文件，而.war 文件中的配置文件将不再生效。如果设置目录中没有配置文件，.war 文件中的配置文件会生效。

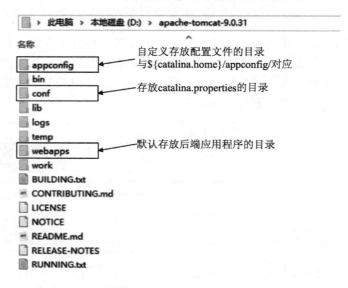

图 4.53　${catalina.home}/appconfig/对应的目录

设置配置文件目录的本质，不是对 Tomcat（Web 应用服务器软件）本身的设置，而是设置了 Java 程序的启动参数。如果后端应用程序被打包成.jar 文件的话，带有配置文件目录设置的启动命令如代码 4.23 所示，其中，-D 后面的设置等同于代码 4.22 的设置。

代码 4.23　带有配置文件目录设置的.jar 文件启动命令

```
java -jar xxx.jar -D spring.config.location=/home/backendconfig
```

另外，在 Spring Boot 工程中，如果配置文件不生效，或者要想挪动工程内的配置文件目录的话，可以在 build. gradle 中添加如代码 4.24 所示的设置，其中，/config 为自定义的配置文件目录。其对应的配置文件目录如图 4.54 所示。

注意：build. gradle 中对配置文件目录的设置只对所在工程生效，不能替代 Tomcat（Web 应用服务器软件）的配置。

代码 4.24　build. gradle 中对配置文件目录的设置

```
…
//设置配置文件目录
sourceSets {
    main {
        resources {
            srcDir = '/config'
        }
```

```
        }
    }
...
```

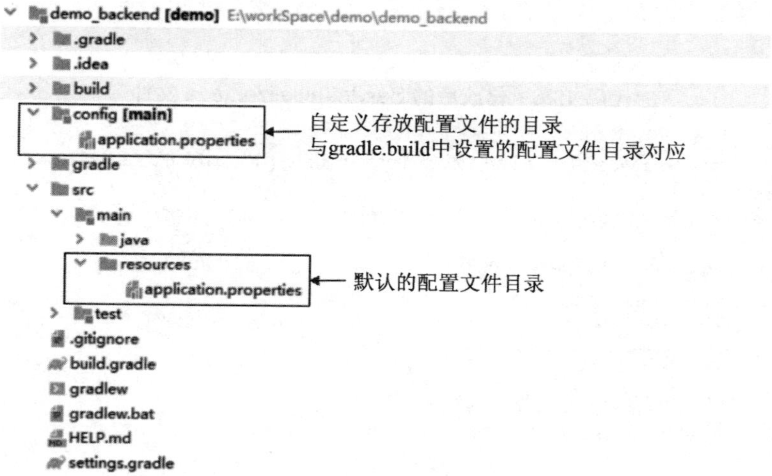

```
▼ ▦ demo_backend [demo]  E:\workSpace\demo\demo_backend
    > ▦ .gradle
    > ▦ .idea
    > ▦ build
    ▼ ▦ config [main]                      ─── 自定义存放配置文件的目录
          ▦ application.properties          与gradle.build中设置的配置文件目录对应
    > ▦ gradle
    ▼ ▦ src
        ▼ ▦ main
            > ▦ java
            ▼ ▦ resources
                  ▦ application.properties   ─── 默认的配置文件目录
    > ▦ test
      ▦ .gitignore
      ▦ build.gradle
      ▦ gradlew
      ▦ gradlew.bat
      ▦ HELP.md
      ▦ settings.gradle
```

图 4.54　挪动 Spring Boot 工程中配置文件的位置

2．设置配置文件名

默认情况下，采用 Spring Boot 框架的后端应用程序的配置文件名为 application，后端应用程序会自动寻找 application.properties 文件并加载其配置。因此，在设置了外部配置文件目录后，在一个 Tomcat（Web 应用服务器软件）下的多个后端应用程序会使用同一个配置文件（application.properties）。但是，多个后端应用程序使用同一个配置文件是不合理的，每个后端应用程序都应该引用自己专属的配置文件。因此，需要设置配置文件名，让每个后端应用程序引用其专属的配置文件。

配置文件名的设置需要在代码（xxApplication.java 和 ServletInitializer.java）中实现，修改后的 xxApplication.java 文件如代码 4.25 所示，修改后的 ServletInitializer.java 文件如代码 4.26 所示，其中，spring.config.name 是设置配置文件名的字段，xxx 是想要设置的文件名。如 xxx 设置为 demo 时，后端应用程序会自动引入 demo.properties 文件，如图 4.55 所示。

代码 4.25　修改后的 xxApplication.java 文件

```
…
@SpringBootApplication
public class xxApplication {
    public static void main(String[] args) {
        //新增代码，设置配置文件名
        new SpringApplicationBuilder(xxApplication.class)
            .properties("spring.config.name=xxx")
            .run(args);
```

```
    //初始工程的代码，需要去除
    //SpringApplication.run(xxApplication.class, args);
  }
}
…
```

代码 4.26　修改后的 ServletInitializer.java 文件

```
…
public class ServletInitializer extends SpringBootServletInitializer {
    @Override
    protected SpringApplicationBuilder configure(SpringApplicationBuilder
application) {
        //新增代码，设置配置文件名
        return application
            .properties("spring.config.name=xxx")
            .sources(xxApplication.class);

        //初始工程的代码，需要去除
        //return application.sources(xxApplication.class);
    }
}
```

图 4.55　引用自定义配置文件的工程目录

　　设置配置文件名的本质，其实是设置了 Java 程序的启动参数。但是这个设置不能放在 Tomcat（Web 应用服务器软件）中，因为 Tomcat 中不能针对不同的后端应用程序设置不同的值。因此，只能在后端应用程序的启动代码中加入启动参数（设置配置文件名）。

3．集中配置

　　通过设置"配置文件所在目录"和"配置文件名"，可以实现"后端应用程序与配置文件分离"。配置文件在不同的环境中记录对应的环境信息，而后端应用程序可以不加修改地在不同环境中运行，从而实现配置文件集中管理的目的，如图 4.56 所示。

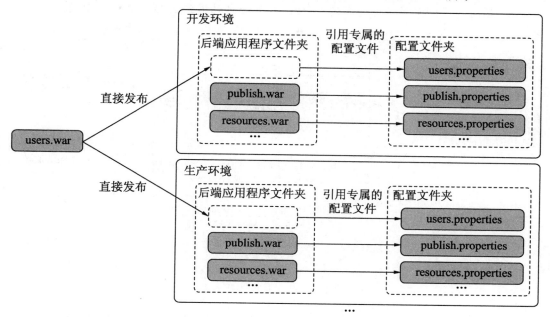

图 4.56　配置文件集中管理

4.3.4　Cookie 和 Session

接口请求（HTTP 请求）是无状态的，每次请求都是完全独立的。也就是说，在处理请求时，Web 应用服务器无法得知这个请求是哪个用户发送的，无法跟踪上一次请求的状态。但是，有些时候接口请求需要记录一些状态，例如，在服务器处理接口 A 时，需要检查请求用户是否已经登录，而登录接口是接口 B。对于这类问题，一般使用 Cookie 和 Session 解决。

1. Cookie

Cookie 是解决接口请求无状态问题的有效手段，后端应用程序可以在响应报文的 Header 信息中添加 Set-Cookie 属性，当客户端（一般是浏览器）接收到响应报文时，会记录 Set-Cookie 的值，当下次发送请求时，会自动地把 Set-Cookie 的值放到请求报文里。也就是说，接口请求的状态（如用户登录标识）可以存放在客户端，客户端请求时会主动携带这些状态。Cookie 的工作原理如图 4.57 所示。

注意：客户端自动保存 Cookie 是不绝对的，如果浏览器设置了阻止 Cookie 的话，Cookie 是不会自动被保存的。前端页面需要提示用户解除"阻止 Cookie"（如果用户阻止了 Cookie 的话）。另外，在客户端自动保存 Cookie 的情况下，不同域名会有不同的存储空间，A 域名的 Cookie 是不会自动填到 B 域名的请求中的。

图 4.57　Cookie 的工作原理

在以 Spring Boot 为基础框架的后端应用程序中，向响应报文的 Header 信息中添加 Set-Cookie 属性的代码如代码 4.27 所示，其中，代码中的函数为 Controller 层中的接口的入口函数，xxx 是 Cookie 的名，yyy 是 Cookie 的值。

代码 4.27　后端应用程序添加 Cookie 信息

```
…
@Controller
…
@RequestMapping(value="/test",method = RequestMethod.POST)
@ResponseBody
public JSONObject create(@RequestBody String requestParam, HttpServlet
Response response) {
…
        //向响应报文的 Header 信息中添加 Set-Cookie 属性
        response.addCookie(new Cookie("xxx", "yyy"));
…
}
…
```

另外，后端应用程序从请求报文的 Header 信息中获取 Cookie 值的代码如代码 4.28 所示，其中，代码中的函数为 Controller 层中的接口的入口函数，@CookieValue("xxx")表示通过注解自动寻找 xxx 对应的 Cookie 值。

代码 4.28　后端应用程序获取 Cookie 信息

```
…
@Controller
…
```

```
@RequestMapping(value="/test",method = RequestMethod.GET)
@ResponseBody
public JSONObject get(HttpServletRequest request, @CookieValue("xxx")
String yyy) {
…
}
…
```

"以 Cookie 的方式解决请求无状态问题"有一个很严重的缺陷，那就是安全性的问题，如客户端可以伪造登录信息等。因此，状态信息不能只存在客户端上，服务器上也需要想办法保存状态信息。

2. Session

Session 是服务器记录状态信息的手段，后端应用程序可以建立一个 Session（会话，其实就是一片存储空间），并向 Session 中存放一些状态信息（如用户 ID、用户权限标识等），Web 应用服务器软件会对应创建一个 Session 对象和生成对应的 Session ID，并且将其存放到公共的 Session 存储空间当中。当请求处理结束时，Web 应用服务器会自动将 Session ID 添加到响应报文的 Header 信息的 Set-Cookie 属性当中。客户端（一般是浏览器）接收到响应报文后，会自动保存 Session ID，当下次发送请求时，会自动把 Session ID 放到请求报文当中，服务器接收到请求后，后端应用程序就可以根据 Session ID 获取到对应的会话信息了。

注意：虽然 Session 信息保存在服务器上，但是 Session 是不能脱离 Cookie 而单独使用的。因为后端应用程序需要 Cookie 信息中的 Session ID 才能获取对应的 Session 信息。

如果后端应用程序需要使用 Session 的话，是不需要手动设置或获取 Header 信息的（自动完成），只需要操作 Session 即可。添加 Session 值和获取 Session 值的代码如代码 4.29 所示，其中，代码中的函数为 Controller 层中的接口的入口函数，aaa 是 Session 信息的名，bbb 是对应的值。

代码 4.29　后端应用程序操作 Session

```
…
@Controller
…
@RequestMapping(value="/test",method = RequestMethod.POST)
@ResponseBody
public JSONObject create(@RequestBody String requestParam, HttpServlet
Request request) {
…

    //设置 Session 信息
    request.getSession().setAttribute("aaa", "bbb");

    //获取 Session 信息
    String sessionValue = request.getSession().getAttribute("aaa");
```

```
        //删除 Session 信息
        request.getSession().removeAttribute("aaa");
…
    }
…
```

　　另外，由于 Session 本质上只是保存在服务器上数据，而不能跟踪用户的连接情况，所以在一般情况下，都需要设置一个 Session 过期时间。在使用 Spring Boot 框架的后端应用程序当中，Session 过期时间的设置在配置文件（默认是 application.properties）当中，如代码 4.30 所示。

　　🔔 说明：Session 有默认的过期时间，一般为 30 分钟。不过，最好还是通过配置文件设置 Session 过期时间。另外，Session 共享问题会在 4.3.5 小节 "应用拆分和协调" 中介绍。

代码 4.30　在配置文件中设置 Session 过期时间

```
#设置 Session 过期时间为 1 小时
server.servlet.session.timeout=3600s
```

3．Cookie和Session的使用场景

　　由于 Cookie 的安全性不高，所以一般不单独使用 Cookie。而 Session 一般用作用户信息的记录，如是否已登录、用户 ID、用户权限等。利用 Session，可以帮助接口做用户鉴权。

4.3.5　应用拆分和协调

　　一个大型网站系统会有很多接口，把它们都塞进一个后端应用程序里是很不理智的行为。这样做的话，无论是在开发阶段还是运营阶段，都会存在很大的麻烦。因此，后端应用程序需要拆分成独立的模块，拆分后端应用程序可以根据业务架构划分，如划分成用户模块和发布模块等。除了按功能划分以外，应用拆分还需要考虑权限分类（普通用户和管理员）及并发压力（高并发接口和普通接口）等因素。

　　拆分和整合后端应用程序很难在项目初期就一次性确定好，需要经常在开发过程中或者在调优过程中不断做调整。如果做好了 4.3.2 小节中强调的 "限制函数调用层级" 和 "公共模块"，那么拆分或整合后端应用程序会变得非常简单，如图 4.58 所示。其中，公共模块是通用的，没有业务代码，接口迁移过去后可直接使用。

　　从技术层面上讲，每个接口请求都是完全独立的，在拆分应用后，后端应用程序可以正常运行在不同的 Web 应用服务器里。也就是说，从 "正常运行" 角度讲，后端应用程序之间可以不用考虑相互协调的问题。

将"后端应用程序1"中的部分接口
迁移到"后端应用程序2"中

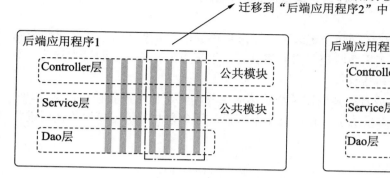
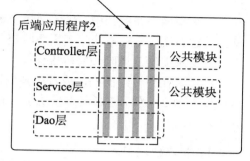

图 4.58 对垂直切分的后端应用程序做接口拆分

不过，一般情况下，大部分的接口都需要做用户鉴权，而用户信息一般会记录在 4.3.4 小节中介绍的 Session 当中。因此，我们需要做 Session 共享，而 Session 共享需要解决两个问题：

- 在同一个 Web 应用服务器（Tomcat）下，不同的后端应用程序共享 Session。默认情况下，Session 是不能跨后端应用程序使用的，所以需要通过设置让 Session 支持跨后端应用程序使用。
- 在不同的 Web 应用服务器下，后端应用程序共享 Session。Session 是被存储在 Web 应用服务器上的（Tomcat 程序内），默认情况下，Session 是不能跨 Web 应用服务器使用的。因此，需要设置一个共用的 Session 数据存储中心，一般使用 Redis 作为 Session 的存储中心。

以上这两个设置都只需要在后端应用程序的配置文件（默认是 application.properites）中设置即可，无须在代码中做其他修改。配置文件中的设置如代码 4.31 所示，其中 redis 的连接 IP 和端口需要根据实际情况修改。

代码 4.31　配置文件中的 Session 相关设置

```
#解决问题一，修改 cookie 的存储路径
server.servlet.session.cookie.path=/

#解决问题二，使用 Redis 作为 Session 存储中心
spring.session.store-type=redis            #设置 Session 的存储方式
server.servlet.session.timeout=3600s       #设置 Session 超时时间
spring.redis.hostName=192.168.3.54         #设置 Redis 的连接 IP
spring.redis.port=6380                      #设置 Redis 的连接端口
```

4.3.6　日志

对于一个大型网站系统而言，日志是后端应用程序必须要引入的模块，日志有利于追查 Bug 和记录用户操作。每个编程语言都有很多现成的日志框架，而 Java 的日志框架也

有很多，如 log4j2、Logback、SLF4J 等，这些日志框架都可以让后端应用程序按照一定的规则输出日志文件。

在大型网站系统当中，仅仅把日志记录下来是远远不够的。大型网站系统需要一个完整的日志系统，日志系统除了需要收集日志并将其记录下来以外，还需要做日志筛选、用户行为记录追溯及风险预警等工作。

不过，在项目中前期，或者单独调试某个后端应用程序时，仍然需要使用日志模块。这里以 log4j2 为例，通过日志模块引入和规范化日志记录两个方面对日志模块的使用进行介绍。

1．日志模块引入

引入日志模块的具体操作步骤如下：

（1）引入 log4j2 依赖包。需要在工程配置文件（build.gradle）中添加 log4j2 依赖包，如代码 4.32 所示。需要注意的是，如果不去除 Spring Boot 中原有日志模块的话，那么新引入的日志模块与原有日志模块会产生冲突。

代码 4.32　build.gradle 中添加 log4j2 依赖包

```
…
configurations {
    //去除 Spring Boot 中原有的日志模块
    all*.exclude group: 'org.springframework.boot', module: 'spring-boot-
starter-logging'
}
…
dependencies {
…
    //dependencies 中添加 log4j2 的依赖包
    implementation 'org.springframework.boot:spring-boot-starter-log4j2'
…
}
…
```

（2）同步工程配置。修改完 build.gradle 文件后，log4j2 的依赖包在同步工程配置后才会被下载和引入。在 IntelliJ IDEA 中单击"同步"按钮即可同步工程配置，如图 4.59 所示。

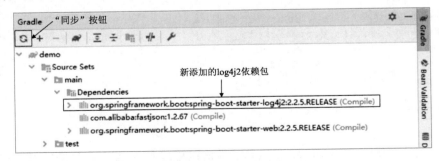

图 4.59　在 IntelliJ IDEA 中同步 build.gradle 配置

（3）创建 log4j2 的配置文件 log4j2.xml，其内容及设置说明如代码 4.33 所示，更详细的说明请参考官方说明（https://logging.apache.org/log4j/2.x/manual/index.html）。另外，日志配置文件一般与后端应用程序的配置文件放在一起，如图 4.60 所示。

说明：图 4.60 中的"配置文件目录位置"和"后端应用程序配置文件名"都不是默认设置。关于"配置文件目录位置"和"后端应用程序配置文件名"的设置可参考 4.3.3 小节中的讲解。

代码 4.33　log4j2.xml 文件的内容及其配置

```xml
<?xml version="1.0" encoding="UTF-8"?>
<!-- monitorInterval: 检查更新的时间间隔，单位为 s。
   在程序运行期间，log4j2 能够自动检测日志配置文件是否有更新，如果有更新则自动加载新设
   置-->
<configuration monitorInterval="1800">
    <!--配置变量，变量会被后续设置使用-->
    <properties>
        <!-- 设置日志格式的变量：
            %d: 获取日期时间；
            %level: 日志等级；
            %msg: 日志消息，如 ERROR、INFO、DEBUG 等
            %n: 换行符-->
        <property name="LOG_PATTERN"
            value="[%d{yyyy-MM-dd}][%d{HH:mm:ss}][%level]%msg%n" />

        <!-- 设置日志存储路径的变量 -->
        <property name="FILE_PATH" value="D:/logs/backend/demo" />
    </properties>

    <!-- 设置日志输出源，如设置日志输出格式、设置日志文件名等 -->
    <appenders>
        <!-- 设置 Console（控制台）输出日志格式，一般在开发工具调试时使用 -->
        <console name="Console" target="SYSTEM_OUT">
            <!--输出日志的格式，采用 properties 中设置的 LOG_PATTERN 变量-->
            <patternLayout pattern="${LOG_PATTERN}"/>
        </console>

        <!-- 设置记录 INFO 和 DEBUG 日志等级的日志文件，当符合存档策略时在(<policies>
</policies>中设置)，则会自动压缩并另存为存档文件。
            fileName: 日志文件名，使用 properties 中设置的 FILE_PATH 变量。在此例
中，输出文件名为 D:/logs/backend/demo/web-info.log。
            immediateFlush: 接收到日志后，是否立即输出到文件中。这个一般设置为
false，设置为 true 会严重影响接口的并发能力。
            filePattern: 存档文件名，在此例中，归档文件名为（以 2020-2-23 为例）
D:/logs/backend/demo/web-info/web-info-2020-2-23_1.log.gz-->
        <rollingFile name="RollingFileInfo" fileName="${FILE_PATH}/web-
info.log"
                immediateFlush="false"
                filePattern="${FILE_PATH}/web-info/web-info-%d{yyyy-MM-
```

```
dd}_%i.log.gz">
            <!-- 输出日志的格式，采用 properties 中设置的 LOG_PATTERN 变量 -->
            <patternLayout pattern="${LOG_PATTERN}"/>

            <!-- 筛选接收的日志等级，接收 INFO 和 DEBUG 等级的日志 -->
            <filters>
                <thresholdFilter level="error" onMatch="DENY" onMismatch=
"NEUTRAL"/>
                <thresholdFilter level="info" onMatch="ACCEPT" onMismatch=
"DENY"/>
                <thresholdFilter level="debug" onMatch="ACCEPT" onMismatch=
"DENY"/>
            </filters>

            <!-- 设置存档策略，此例为：每天自动存档，日志文件超过 20MB 也会存档 -->
            <policies>
                <!-- 设置时间的存档策略，interval 的时间精度与 filePattern 的时间精
度一致，因为 filePattern 只设置到日期，所以这里的 interval="1"指的是 1 天-->
                <timeBasedTriggeringPolicy interval="1"/>

                <!-- 设置文件大小的存档策略-->
                <sizeBasedTriggeringPolicy size="20MB"/>
            </policies>

        <!-- 设置保留多少个日志文件，日志文件个数超过 max 的值会自动覆盖 -->
            <defaultRolloverStrategy max="15"/>
        </rollingFile>

        <!-- 设置记录 error 日志等级的日志文件，配置格式与上面"设置记录 INFO 和 DEBUG
日志等级的日志文件"相同，这里不展开介绍
            在此例子中，ERROR 日志的日志文件名为 D:/logs/backend/demo/web-error.
log,归档文件名为(以 2020-2-23 为例)D:/logs/backend/demo/web-error/web-error-
2020-2-23_1.log.gz-->
        <rollingFile name="RollingFileError" fileName="${FILE_PATH}/web-
error.log"
                immediateFlush="false"
                filePattern="${FILE_PATH}/web-error/web-error-%d{yyyy-MM-
dd}_%i.log.gz">
            <patternLayout pattern="${LOG_PATTERN}"/>

            <filters>
                <thresholdFilter level="error" onMatch="ACCEPT" onMismatch=
"DENY"/>
            </filters>

            <policies>
                <timeBasedTriggeringPolicy interval="1"/>
                <sizeBasedTriggeringPolicy size="20MB"/>
            </policies>

            <defaultRolloverStrategy max="15"/>
        </rollingFile>
    </appenders>
```

```
<!-- 设置日志源，需要在这里关联日志输出源（<appenders></appenders>）才能输出到对
应文件当中 -->
    <loggers>
        <!-- 设置输出日志等级，默认情况下，不会输出比该日志等级低的日志。
             在此例中，只输出 FATAL、ERROR、WARN、INFO 的日志。
             日志级别以及优先级排序为 OFF > FATAL > ERROR > WARN > INFO > DEBUG >
TRACE > ALL，其中 OFF 是不输出所有日志-->
        <root level="info">
            <!-- 关联输出源，其中 ref 中的值需要与<rollingFile></rollingFile>中
的 name 对应 -->
            <!-- 在非调试环境下，需要关闭控制台的日志输出（去掉下面第一行就可以了） -->
            <AppenderRef ref="Console" />
            <AppenderRef ref="RollingFileInfo" />
            <AppenderRef ref="RollingFileError" />
        </root>
    </loggers>
</configuration>
```

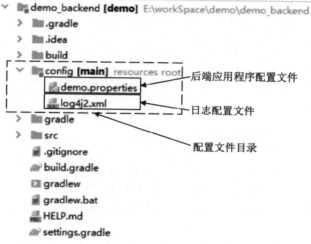

图 4.60　日志配置文件存放位置

（4）引入日志配置文件。在后端应用程序配置文件中指定日志配置文件路径后，才能
生效。在如图 4.60 所示的工程目录结构中，需要在 demo.properties 文件中添加日志配置文
件的路径，如代码 4.34 所示，其中，classpath:log4j2.xml 为具体的路径。

代码 4.34　在后端应用程序的配置文件中添加日志配置文件的路径

```
#设置日志配置文件的路径
logging.config=classpath:log4j2.xml
```

（5）程序中记录日志，如代码 4.35 所示。对应的日志输出结果如代码 4.36 所示，其
中，由于 log4j2.xml（日志配置文件）设置的日志输出等级为 INFO，所以 DEBUG 等级的
日志没有被记录下来。

🔔说明：日志配置文件的相关说明请参照代码 4.33，其中，设置输出日志等级的位置为
　　　　<root level="info">…</root>。

代码 4.35　代码中记录日志

```
//需要引入的日志依赖类
import org.apache.logging.log4j.LogManager;
import org.apache.logging.log4j.Logger;

public class XX{
…
    //获取日志对象
    private static final Logger LOGGER = LogManager.getLogger();
…
    public void Function(){
…
        //输出 INFO 级别的日志
        LOGGER.info("info log test.");
        //输出 ERROR 级别的日志
        LOGGER.error("error log test.");
        //输出 DEBUG 级别的日志
         LOGGER.debug("debug log test.");
…
    }
…
}
```

代码 4.36　日志输出结果

```
[2020-04-20][17:46:17][INFO]info log test.
[2020-04-20][17:46:17][ERROR]error log test.
```

（6）如果实现了 4.3.3 小节中的后端应用程序与配置文件分离，那么日志配置文件也
应该从后端应用程序中分离出来。按常理来说，只要在配置文件中设置日志配置文件路径
就可以了（如 logging.config=/home/tomcat/appconfig/log4j2.xml），但是由于某种冲突，这
样的配置是不起作用的。

因此，要想实现后端应用程序引用外部的日志配置文件，需要通过"添加启动参数"
和"修改代码（ServletInitializer.java）"才能实现。具体做法是，"添加启动参数"需要在
Tomcat 目录下的/conf/catalina.properties 文件中添加如代码 4.37 所示的设置，修改后的代
码如代码 4.38 所示，其中，xxx_log4j2.xml 为日志配置文件名。最终，配置文件和日志配
置文件集中管理的效果如图 4.61 所示。

代码 4.37　设置日志配置文件所在目录

```
…
#后端应用程序的外部配置文件所在目录，详见 4.3.3 节的介绍
spring.config.location=${catalina.home}/appconfig/
#新增代码，设置日志配置文件所在目录，一般与后端应用程序的外部配置文件目录相同
logging.config=${catalina.home}/appconfig/
…
```

代码 4.38　修改后的 ServletInitializer.java 文件

```
…
public class ServletInitializer extends SpringBootServletInitializer {
    @Override
    protected SpringApplicationBuilder configure(SpringApplicationBuilder
application) {
        //新增代码，补全启动参数（logging.config）的文件名
        String loggingConfig = System.getProperty("logging.config");
        if(!loggingConfig.isEmpty()) {
            System.setProperty("logging.config", loggingConfig+"xxx_
log4j2.xml");
        }

        //设置后端应用程序的外部配置文件名，详见 4.3.3 小节的介绍
        return application
            .properties("spring.config.name=xxx")
            .sources(xxApplication.class);

        //初始工程的代码，需要去除
        //return application.sources(xxApplication.class);
    }
}
```

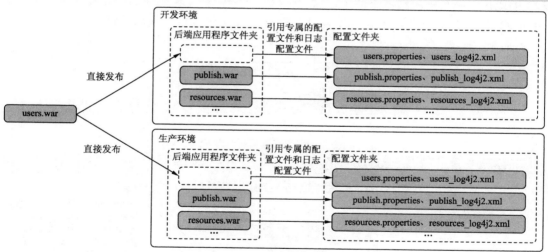

图 4.61　配置文件和日志配置文件集中管理

2．规范化日志记录

日志记录是一个十分开放的行为，原则上，只要记录的日志能"定位问题发生的位置"和"记录某些重要的用户操作"就可以了。但是，在实际项目当中，由于日志对功能的实现是不产生影响的，所以日志通常都是通过一次次问题修复而得到补充的。而这种"补丁型"日志，通常是混乱的。混乱的日志对于"定位问题发生的位置"和"追查某些重要的

用户操作"都不能起到很好的作用，因此，日志记录需要规范化。

⚠注意：日志记录的规则需要在项目前期定好，在开发过程中吸收规整化日志的工作量。项目后期再整理日志是很不理智的行为，因为后期整理日志需要花费大量的时间去梳理和理解业务代码，而这部分工作量是很难预估且十分枯燥的，最后整理日志的结果往往也是不尽人意的。

规范化日志记录可以从限制日志等级、明确日志记录位置、添加日志跟踪码等方面进行考虑。

（1）限制日志等级。日志模块一般都有等级划分，以 log4j2 为例，其日志等级有 6 种，分别为 TRACE（追踪调试）、DEBUG（调试）、INFO（信息）、WARNING（警告）、ERROR（错误）和 FATAL（致命错误）。每个日志等级看上去都有相对明确的分工和含义，但是在实际应用当中，这些日志等级的具体用途其实相当模糊，很多时候，都很难界定一个日志应该归类为哪一个等级。一旦出现这种模糊规则，就会出现一人一个样的做法，最后导致"五花八门"的日志等级划分原则。

因此，规整化日志需要限制日志等级。一般情况下，后端应用程序使用 DEBUG、INFO 和 ERROR 三个日志等级就足够了，这三个日志等级的分工和协助如图 4.62 所示。其中，DEBUG 日志在运行时不生效，需要打开调试模式（修改日志输出等级）后，才能记录 DEBUG 日志。

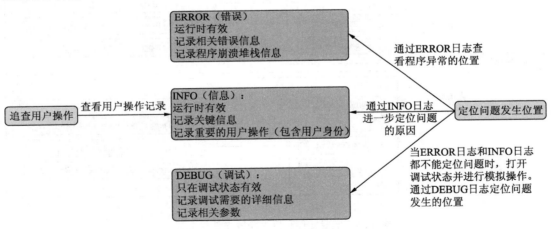

图 4.62　DEBUG、INFO 和 ERROR 日志等级的分工和协助

（2）明确日志记录位置。在限制了日志等级后，需要解决"补丁式日志"的问题，避免日志不够全面的情况。而解决"补丁式日志"的关键，是明确日志记录位置。但是，明确日志记录位置是一件很难实现的事情，因为接口程序与接口程序之间很难找到共性。

不过，如果实现了 4.3.2 小节中介绍的"限制函数调用层级""公共模块"和"错误机制"，那么接口程序会变成流水线式的处理方式。在流水线式的接口程序中明确日志记录位置是相对容易的,如图 4.63 所示。其中,每个接口只需要在"接收请求""数据库操作"和"返回结果"这三部分添加日志就可以了,其余日志都在公共模块里,而且公共模块里的日志是一次添加全局有效的。

说明:Dao 层(数据库操作)其实也可以做成一个公共模块,这样可以省掉一些日志工作量。另外,虽然数据库本身可以自动记录日志,但是数据库自身的日志不能包含用户身份信息,即不能追溯用户操作,所以 Dao 层(数据库操作)的日志是有必要记录的。

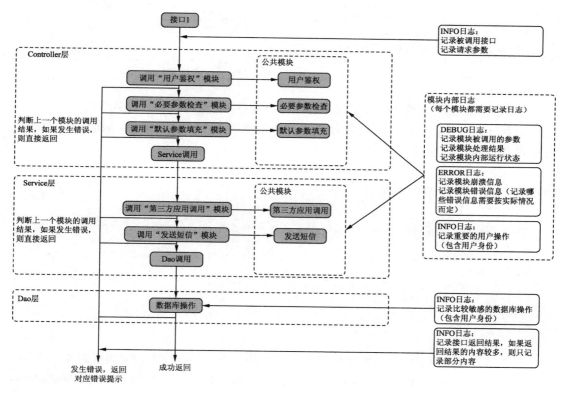

图 4.63 明确日志位置

(3)添加日志跟踪码。即使日志被记录得十分详细,分析日志也是一件很麻烦的事情。同一时刻,后端应用程序可能会同时处理多个请求,以至于多个请求的日志是混合在一起的,在不经过特殊处理的情况下,根本没法分辨哪几条日志是属于同一个请求的。像这种无法区分请求的日志,被记录下来也是浪费资源。

因此,需要在每条日志中添加日志跟踪码,标记同一请求的日志。跟踪码的本质,就是同一请求输出日志时,都多加一个相同的字符串。如果使用的是 log4j2 日志模块,可以在不改变原有日志输出代码的前提下,添加日志跟踪码。

首先，需要修改日志配置文件中的日志输出格式，如代码 4.39 所示，其中 [%X{requestId}] 为新增的跟踪码格式。

代码 4.39　修改日志输出格式

```
…
<!-- 此段设置截取自代码 4.33 的，单独设置是不起作用的 -->
<!-- 设置日志格式的变量:
            %d: 获取日期时间;
            %level: 日志等级;
            %X{requestId}: 跟踪码;
            %msg: 日志消息，如 ERROR、INFO、DEBUG 等;
            %n: 换行符-->
<property name="LOG_PATTERN"
        value="[%d{yyyy-MM-dd}][%d{HH:mm:ss}][%level][%X{requestId}]
%msg%n" />
…
```

修改完日志配置文件之后，需要在每个接口程序中添加"生成跟踪码"的代码，如代码 4.40 所示，其中，代码中的函数为 Controller 层中的接口的入口函数，requestId 对应代码 4.39 中的跟踪码标识。

代码 4.40　添加"生成跟踪码"的代码

```
…
@Controller
…
@RequestMapping(value="…",method = RequestMethod.POST)
@ResponseBody
public JSONObject XXX(@RequestBody String requestParam, HttpServlet
Response response) {
        //在每个接口的入口函数都需要添加以下"生成跟踪码"代码
        ThreadContext.put("requestId", UUID.randomUUID().toString());
…
}
…
```

修改日志跟踪码后，能清晰地识别不同请求的日志，日志输出结果如代码 4.41 所示，其中，62e3300c-e0a0-40cd-be80-4320d40ddc2c 和 00000000-0000-0000-0000-000000000000 是日志追踪码。

代码 4.41　添加"日志跟踪码"后的日志输出结果

```
[2020-04-20][17:46:17][INFO][62e3300c-e0a0-40cd-be80-4320d40ddc2c]info
log test_1.
[2020-04-20][17:46:17][INFO][00000000-0000-0000-0000-000000000000]info
log test_1.
[2020-04-20][17:46:17][INFO][00000000-0000-0000-0000-000000000000]info
log test_2.
[2020-04-20][17:46:17][INFO][62e3300c-e0a0-40cd-be80-4320d40ddc2c]info
log test_2.
[2020-04-20][17:46:17][INFO][62e3300c-e0a0-40cd-be80-4320d40ddc2c]info
log test_3.
```

4.3.7　自研框架 Once

实现了以上的规整化内容后，后端应用程序的开发过程将会被约束，软件质量也会得到保证。但是，只保证软件质量是不够的，架构应该考虑软件的开发效率。就后端应用程序而言，代码是否可以只写一次，如果不能，是不是可以用代码生成器生成。另外，对于使用相同框架的两个项目，A 项目积累下来的模块代码，是否可以在 B 项目中直接使用。

🔔说明：为了实现上述愿望，笔者做了一个框架，叫 Once（一次），有兴趣的朋友可以在 https://github.com/YiiGaa/Once 上下载。这个框架是一个顶层框架（只约束了规则），其基础框架还是 Spring Boot。在使用这个框架的几个项目里，其效率提升是明显的，一个后端工程师可以一天产出十几二十个接口（测试通过）。关于顶层框架的说明，可参考 10.1.2 小节的介绍。

从宏观上讲，后端应用程序是多个请求的集合。而对单个请求来讲，是多个步骤的集合，以一个审核博客的接口为例，可以将其理解为：第一步"用户鉴权"，第二步"检查必要参数"，第三步"填充默认参数"，第四步"数据库操作"。

在 4.3.2 小节中，强调后端应用程序应该抽离公共模块。其实，后端应用程序是可以分成两层的，一是业务代码，二是模块代码，如图 4.64 所示。

- 业务代码：指定该业务请求的步骤，且指定每一步调用的模块，例如，第一步调用"用户鉴权"模块，第二步调用"数据库操作"模块，第三步调用 xx（其他）模块。
- 模块代码：实现某种具体功能的代码块，例如用户鉴权模块、检查必要参数模块等。模块代码与业务功能无关，只关心被使用的场景。

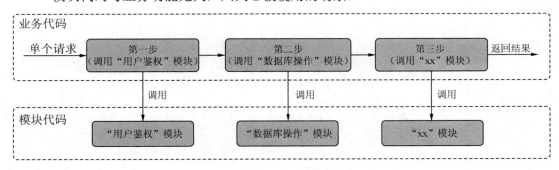

图 4.64　业务代码与模块代码分离

这样的话，模块代码是可以只写一次的（所有接口都可以使用），而且可以直接用在其他项目当中。但是，业务代码部分仍然需要编写大量的代码，而这些代码其实是高度重复的。此时，如果加入"数据池"的话，则可以进一步简化业务代码。

业务代码每次调用模块时，都把"数据池"和模块参数传入模块中，模块代码根据模块参数实现逻辑，模块代码可直接对"数据池"进行处理（可以从"数据池"中获取或更新数据）。当模块发生错误时，错误码会被存放到数据池中。模块处理完后，把数据池返回业务代码，业务代码判断是否需要截断下一步逻辑（数据池中是否有错误码）。具体工作原理如图 6.65 所示。

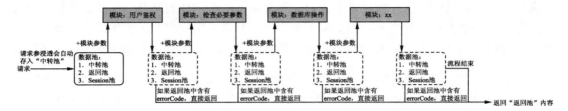

图 4.65　工作原理

经过以上规范化后，业务代码可以简化为 JSON 的表达形式，如代码 4.42 所示。简化业务代码后，即可通过代码生成器把业务代码还原成 Java 代码。这样，便减少了重复代码的编写，又让业务代码更加清晰明了。

代码 4.42　业务代码简化为 JSON 的表达

```
"接口列表":{
    "接口一": {
        "接口路径": "/xx/xx" ,
        "请求方式": "POST" ,
        "调用模块": [
            {
                "模块名":"检查必要参数",
                "模块参数":{   //模块代码会自动识别数据池中是否有以下字段
                    "abc":"abs",              //abc 字段为必填
                    "bcd":"opt"               //bcd 字段为选填
                }
            },
            {
                "模块名":"数据库操作",
                "模块参数":{
                    "control":"update",       //更新操作
                    "query":"UPDATE t_blog SET state='pass' WHERE
id='@id@'"           //SQL 语句，其中@id@会替换成数据池中的 id 的值
                }
            ],
        },
        "接口二":{
            ...
        }
}
```

4.4　数　据　库

在 4.2.2 小节中提到，数据库的承载能力很大程度上决定了网站系统的并发能力（同时在线用户量）。而作为数据库主要使用者的后端应用程序，应该关心其操作数据库的细节，以达到尽量节省数据库性能的目的。本节将从 4 个方面详细介绍数据库相关问题，包括数据库工作原理、数据库设计、数据库操作框架和数据库事务。

🔔注意：本节主要以 MySQL 数据库为介绍对象，其他数据库的原理细节和使用方法与 MySQL 存在差异，请斟酌参考。

4.4.1　数据库对比

数据库，一般指的是关系型数据库。关系型数据库是建立在关系模型基础上的数据库，简单地说，关系型数据库就是由多张互相关联的二维行列表格组成的数据库。目前比较流行的数据库有 MySQL、Oracle 和 Microsoft SQL Server 等，下面分别进行介绍。

1. MySQL

MySQL 是 Oracle 旗下的产品，其采用双授权政策，分为社区版和商业版。得益于体积小、速度快、开源、获取成本低等特性，MySQL 是目前最流行的数据库之一。在 Web 领域，MySQL 更是中小型网站的不二选择。

MySQL 社区版是一个开源软件，拥有庞大的用户群，几乎所有关于 MySQL 的问题都可以在网上得到答案。MySQL 的性能逊色于 Oracle 等大型数据库，尤其是在海量数据处理和高并发情况下。

2. Oracle

Oracle 是一款商用收费的数据库，拥有高效、稳定、安全等特性。Oracle 数据库在数据库领域一直处于领先的位置，适用于各种环境，是目前最流行的数据库之一。在银行、金融、保险等行业，一般都会选用安全性和稳定性更高的 Oracle 数据库。

Oracle 不是开源软件，但是其拥有完备的文档和健全的服务。不过，因为没有开源社区的辅助，学习 Oracle 的成本过高，使用上遇到问题时，也很难在网上找到对应的解决方法。Oracle 的性能高于其他数据库，在海量数据处理和高并发情况下，其性能更为出色。

3．Microsoft SQL Server

Microsoft SQL Server 是微软公司开发的一款收费的数据库。Microsoft SQL Server 的收费和性能介于 Oracle 和商业版 MySQL 之间。一般情况下，Microsoft SQL Server 只能运行在 Windows 系统上，而网站系统的服务器系统一般是 Linux，所以在 Web 领域 Microsoft SQL Server 的使用很少。

4．大型网站的数据库选择

一般情况下，网站系统都是采用 MySQL 或者 Oracle 作为数据库。而大型网站在整体上，往往需要承受高并发压力和处理海量数据，所以出于性能考虑，理应选择 Oracle。但是，Oracle 具有昂贵的收费和较高的学习成本，这无疑会增加项目的成本负担。再者，大型网站是多个子系统的集合体，不是每个子系统都需要承受高并发压力和处理海量数据。因此，只使用 Oracle 作为大型网站系统的数据库是欠考虑的。

使用哪种数据库，更多的是基于项目成本及应用场景考虑。当然，有些时候大型网站系统可以同时使用 MySQL 和 Oracle 数据库，以达到优势互补的目的。另外，随着公有云的发展，公有云平台也会提供其特有的数据库，如果使用公有云的话，这些数据库也是可以考虑使用的。

> 注意：数据库的使用方式对数据库性能的影响十分巨大，当发现数据库处理能力低时，往往换一个高性能的数据库也不能明显地提高性能。提高数据库性能的关键，是对数据库使用的优化。

4.4.2　数据库的工作原理

在使用数据库之前，需要先清楚数据库的基本工作原理。本小节介绍的是 MySQL 的基本工作原理，并将其分成两个部分，分别是第三方软件与数据库通信和数据库工作原理。

1．第三方软件与数据库通信

数据库自身是一个独立软件，第三方软件需要与数据库建立通信后才能使用数据库。数据库提供"连接器"供第三方软件连接，第三方软件与数据库建立连接后，可以向数据库发送操作指令，数据库处理完指令后会返回对应结果，如图 4.66 所示。

> 注意：第三方软件与数据库的通信协议根据不同数据库会有所区别，但是基本上都是 TCP/IP 的应用层协议，原理上大同小异。

数据库接收的操作指令一般是 SQL 语句，SQL 语句如代码 4.43 所示。SQL（Structured

Query Language，结构化查询语言）是对数据库进行操作的语言，用于存取、查询、更新数据和管理数据库。

注意：SQL 不是编程语言，SQL 语句只是一些数据库操作指令。另外，大部分的关系型数据库都支持 SQL 语句，但是在不同的数据库中，所支持的 SQL 语句会存在细微差异。

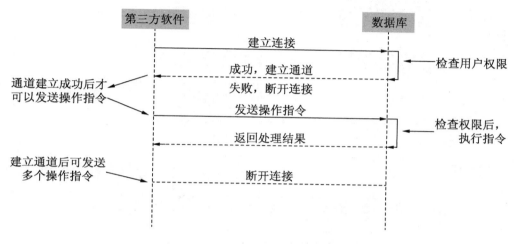

图 4.66　第三方软件与数据库通信

代码 4.43　SQL 语句

```
#创建数据库
CREATE DATABASE database-name
#查询数据
select * from table1 where field1 like '%value1%'
#更新数据
update table1 set field1=value1 where id=id_1
```

2. 数据库工作原理

第三方软件使用数据库一般是通过发送指令实现的，因此，数据库的工作原理其实就是解析操作指令和根据指令操作数据。

以 MySQL 为例，其内部分成三层，服务层、存储引擎层和数据存储层，服务层负责接收和解析操作指令，MySQL 接收的操作指令是 SQL 语句；存储引擎层负责具体数据操作，存储引擎可更换，但一般情况下只能选择一个；数据存储层是数据文件，数据文件是存储在磁盘上的文件。MySQL 的工作原理如图 4.67 所示。

注意：数据库的核心是存储引擎，存储引擎直接影响数据库性能。MySQL 内部有多个引擎可以选择，但一般情况下保持默认的 InnoDB 引擎就可以了。

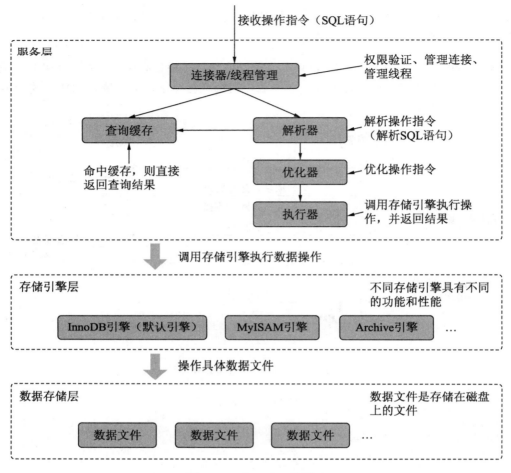

图 4.67　MySQL 工作原理

4.4.3　数据库设计

　　数据库设计指的是根据业务需求建立数据存储模型，简单地说，数据库设计就是表设计，把需要记录的数据合理地分散在不同的表当中。数据库设计能直接影响到整个网站系统的质量，其重要性是不言而喻的。

　　一般情况下，数据库设计很大程度上取决于具体业务需求和设计者偏好。对于某个具体的数据库设计，很难界定其是否是最优的设计。因此，最优数据库设计其实是一个开放性问题，没有绝对的标准。数据库设计只要在一定程度上平衡好"数据冗余"和"数据操作的性能"就可以了。

💭说明：关于数据库设计，有很多规范和原则，如范式等。但是这些规范和原则只能优化
已有的数据库设计，而不能从无到有地指导数据库设计，所以在这里不展开介绍。

对于大型网站而言，其数据库的内部结构是十分复杂的。复杂的数据库结构会带来维
护或扩展的困难。因此，大型网站的数据库需要处理好两个问题以达到降低复杂度的目
的：分离数据库和限制关系层级。同时，这两个问题的解决思路也可作为指导数据库设
计的思想。

1. 分离数据库

一个数据库中包含多张表是不可避免的事情，但是如果一个数据库中有几十甚至上百
张表则会出现非常混乱的情况。因此，数据库设计需要分离数据库，避免出现一个数据库
包含过多表的情况。

分离数据库需要根据具体业务而定，因此，分离数据库可以参考业务架构。在 2.1.1
小节"业务架构面临的挑战"中曾强调，业务架构需要划分出功能模块，而这些功能模块
大多是相互独立、互不影响的。在数据库设计中，可以为这些功能模块分离出独立的数据
库。分离数据库后，每个数据库的复杂度就会降低（表的个数减少），较低复杂度的数据
库在进行维护或扩展时都相对容易一些。

以一个视频平台为例，根据业务模块分离数据库后，可独立出用户库、资源库、发布
库及统计库等。如果后端应用程序也是根据业务模块分为相互独立的几个后端应用程序的
话，那么某个业务模块的后端应用程序和数据库就可以看作一个整体，一个可以根据业务
模块垂直拆分出来的整体，如图 4.68 所示。

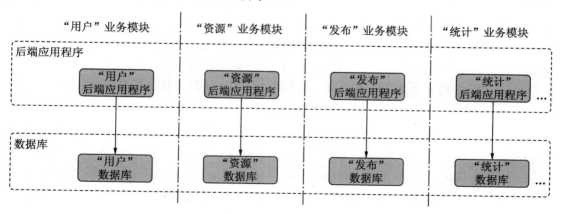

图 4.68　根据业务模块垂直拆分出后端应用程序和数据库

在实际网站系统当中，即使是相互独立的业务模块，也难免在功能上有所关联，如"资
源"业务模块中需要记录资源所属用户，"发布"业务模块中需要记录使用的资源等。因
此，每个数据库都应该提供一个主要属性供其他数据库使用，以满足业务功能的需求，如

图 4.69 所示。一般情况下，一个数据库只对外提供几个主要属性。

🔔说明：主键指的数据表中的一个或多个字段，主键可以唯一标识数据表中的某一条记录，每个数据表至少需要设置一个字段作为主键。外键指的是数据表中的一个字段，这个字段可以与其他数据库产生关联，外键一般是其他数据表的主键。

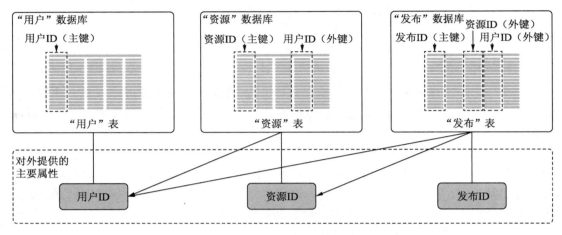

图 4.69　数据库提供主要属性供其他数据库使用

分离数据库后，不同数据库的数据是相互隔离的，不可以跨数据库操作数据。数据库分离无疑会增加后端应用程序的复杂度，分离数据库之前，通过一个 SQL 语句就能实现多表操作，而分离之后，只能通过多次操作数据或者联合多个接口才能实现。

🔔说明：如果多个数据库运行在相同的 MySQL 实例当中，可以通过"视图"联合查询多个数据库的数据。如果多个数据库运行在不同的 MySQL 实例当中，也可以通过"数据库同步"的方式让数据同步到同一个 MySQL 实例当中，然后通过"视图"联合查询多个数据库的数据，但是这种方式查询到的往往不是实时数据。在大型网站系统当中，这些方式都是不被推荐的。

这种由于分离数据库造成的限制是良性的，因为一个 SQL 语句实现多表操作是非常损耗性能的，而且可能会阻塞其他数据操作（影响并发能力）。数据库分离后，这种不被推荐的"一个 SQL 语句实现多表操作"就会被强制减少，从而减少后期优化数据库操作的工作量。再者，分离数据库能让开发人员强制遵循"模块垂直划分"的原则，让程序保持结构整洁。

2．限制关系层级

分离数据库后，单个数据库里的表设计可以根据业务模块的子模块划分。但是如果只按照子模块分表的话，可能会出现过多冗余数据的情况，而降低冗余数据的方法是增加子表。一旦分离子表，就会有关系层级，这个层级一般不要超过两层，否则表的关系会变得复杂，操作数据也会变得复杂。

　　以视频平台的"资源"数据库为例，由于一个视频资源往往需要转码成"高清""流畅"等视频，所以"资源"数据库需要分离出"转码视频"表和"原视频"表，如图 4.70 所示。其中，"转码视频"表中也可以再分离出子表（如转码模板等），但是一般不建议这么做，因为"转码视频"表已经处在第二关系层级，如果再细分子表的话，数据库结构会变得复杂，同时数据操作也会变得烦琐。

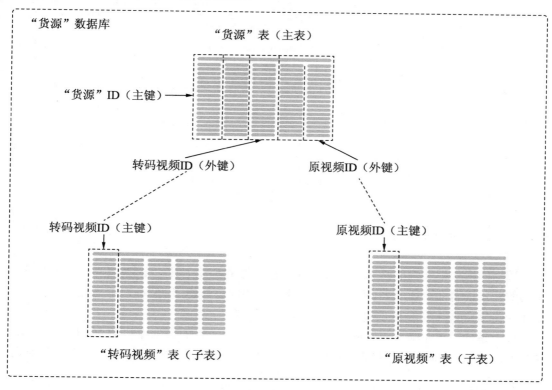

图 4.70　将"资源"数据库分离出"转码视频"表和"原视频"表

　　以上对数据库设计的介绍当中，只考虑了业务需求。而在大型网站系统当中，往往会出现查询或操作某些数据比较集中的情况，而这部分数据，需要做特殊处理（合并数据库或拆分表）。也就是说，大型网站系统的数据库设计除了要考虑业务需求以外，还需要权衡使用场景带来的数据操作压力。

3. 数据库管理工具

　　数据库设计完成后，就可以构造数据库了。构造数据库当然可以通过 SQL 语句实现，但是通过 SQL 语句构造或维护数据库是一件十分麻烦的事情。所以在"构造数据库"或

"数据库维护"时，一般使用有操作界面的数据库管理工具。以 MySQL 数据库为例，可以使用 Navicat for MySQL 作为数据库管理工具，如图 4.71 所示。

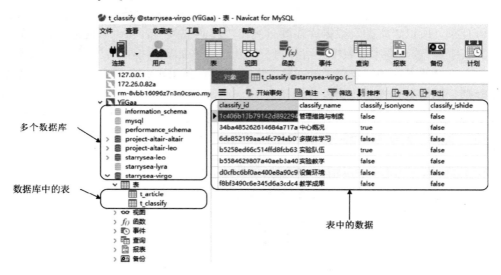

图 4.71　Navicat for MySQL 的操作界面

4.4.4　数据库操作框架

数据库操作框架指的是第三方软件操作数据库的组件工具。虽然数据库操作框架根据不同的开发语言而有所不同，但是它们所要解决的问题是相同的，即建立连接、断开连接、发送操作指令（一般是 SQL 语句）和转换返回结果。

对于使用 Java 编写的后端应用程序而言，比较流行的数据库框架有 JDBC、JDBC Template、Hibernate、JPA 和 MyBatis。下面将对这 5 种数据库操作框架进行介绍和对比。

1．JDBC

JDBC（Java Database Connectivity）是 Java 操作数据库的基本工具，它为多种数据库提供统一的规范和接口。通过使用 JDBC，Java 应用程序可以通过使用相同的接口操作不同的数据库（如 MySQL、Oracle 等）。但实际上，JDBC 不直接与数据库通信，它只是作为 Java 程序与数据库驱动器之间的桥梁，如图 4.72 所示。

📖说明：数据库驱动器是使用 Java 编写的组件，负责与其对应的数据库通信。数据库驱动器本身是可以直接使用的，JDBC 只是统一了多种驱动器的使用方法。使用 JDBC 操作数据库之前，需要手动指定数据库驱动器。

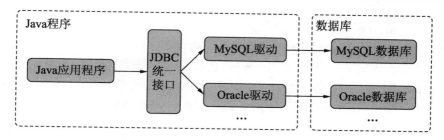

图 4.72　JDBC 的工作原理

JDBC 可以在任意 Java 程序中使用，使用 JDBC 操作数据库如代码 4.44 所示。但是，不推荐在后端应用程序中使用 JDBC，因为 JDBC 相当原始，使用者需要编写大量代码以完善对数据库的操作，而在后端应用程序当中，使用其他数据库框架的话，则能省去很多代码（如建立连接、断开连接等）。

代码 4.44　JDCB 操作数据库的代码

```
#更新数据
update table1 set field1=value1 where id=id_1
…
//指定 MySQL 数据库驱动
Class.forName("com.mysql.jdbc.Driver");

//建立连接
Connection connection = DriverManager.getConnection(
                    //数据库连接地址，xxx 为具体的数据库名
                    "jdbc:mysql://ip:port/xxx",
                    "userName",             //用户名
                    "password");            //密码

//编写查询 SQL 语句，?为占位符，后续通过参数替换
String sqlString = "select * from formName where key = ?";
preparedStatement = connection.prepareStatement(sqlString);
//替换 sqlString 中的?占位符，1 标识第一个占位符
preparedStatement.setString(1, "王五");

//执行 SQL 语句
ResultSet resultSet = preparedStatement.executeQuery();

//处理查询集合
while(resultSet.next()){
    //对每条查询结果的处理，根据字段获取值的方法为 resultSet.getString("id")
}
```

2. JDBC Template

JDBC Template 是针对 Spring 相关框架（如 Spring Boot、Spring MVC 等）设计的数据库操作框架，是 JDBC 的上层封装。通过使用 JDBC Template，开发者不需要关心数据库连接过程（不需要写连接和断开数据库的代码），只需要在后端应用程序的配置文件中

配置数据库连接信息即可实现自动连接数据库。

JDBC 只能在使用 Spring 相关框架的后端应用程序中使用。JDBC Template 实现了自动连接和断开数据库，省去了 JDBC 中手动连接和断开数据库的麻烦。与数据库通信方面，JDBC Template 保持了 SQL 语句的方式，但简化了 JDBC 的调用方式，如代码 4.45 所示。

代码 4.45　JDCB Template 操作数据库的代码

```
//编写查询 SQL 语句，?为占位符，后续通过参数替换
String sqlString="select * from formName where key_1 = ? and key_2 = ?";

//执行 SQL 语句
List list = jdbcTemplate.queryForList(sqlString, "王五" , "50");

//处理查询集合
for (int i = 0; i < list.size(); i++) {
    //转换每条结果的数据类型
    Map<String, Object> result = (Map<String, Object>) list.get(i);
    …                                           //处理每条结果
}
```

3. Hibernate

Hibernate 是一个高度自动化的数据库操作框架，是 JDBC 的上层封装。通过使用 Hibernate，数据库中的表可以映射成 Java 的类，如代码 4.46 所示。开发者只需要使用这些映射的类就可以操作数据库（自动生成 SQL 语句），如代码 4.47 所示。

💭说明：根据数据库的表映射成的 Java 类被称为 Entity（实体）模型，使用 Hibernate 的话，需要为每个需要操作的表都建立对应的 Entity 模型。Entity 模型可以使用相关工具自动生成，不需要手动填写。

代码 4.46　数据库映射的 Java 类

```
//映射数据库的 user 表，表中有 id 和 info 两个字段
@Entity
@Table(name="user")
 public class User {
    @Id
    @GeneratedValue(strategy=GenerationType.IDENTITY)
    @Column(name="id", unique=true, nullable=false)
    private Long id;

    @Column(name="info")
    private String info;

    public Long getId() {
        return id;
    }
    public void setId(Long id) {
        this.id = id;
    }
    public String getInfo() {
```

```
        return info;
    }
    public void setInfo(String info) {
        this.info = info;
    }
}
```

代码 4.47　Hibernate 操作数据库的代码

```
//获取数据库连接的 Session，此处的 Session 有别于 4.3.4 小节中的 Session
Session session = HibernateUtil.getSession();

//编写查询 HQL 语句，?为占位符，后续通过参数替换
String hqlString = "from formName where key_1 = ?";
Query query= session.createQuery(hql);
query.setParameter(0, "王五");

//获取结果
List userages = query.list();

//处理查询结果
for (int i = 0; i < list.size(); i++) {
    //把每条结果转换成对应的 Java 对象，其中 User 为代码 4.45 中定义的数据库映射成的
      Java 类
    User user = (User) list.get(i);
    …                                        //处理每条结果
}
```

Hibernate 可以在任意 Java 程序中使用。Hibernate 可以自动连接和断开数据库（通过 XML 配置文件设置）。在与数据库通信方面，Hibernate 可以根据映射关系自动生成 SQL 语句。为了增加自动生成的 SQL 语句的灵活性，Hibernate 提供了 HQL（Hibernate Query Language）语句。HQL 语法与 SQL 类似，但功能上没有 SQL 健全。

这种"自动生成 SQL 语句"的做法其实是为了节省学习 SQL 的时间，并且希望以面向对象的编程思想使用数据库。但是在实际编程当中，部分操作只能通过 SQL 语句实现（不能完全脱离 SQL 语句），而且当需要操作的数据表较多时，映射关系也会很复杂。因此，目前 Hibernate 的热度正在慢慢减退。

💬说明：类似于 Hibernate 这种把关系型数据库中的表映射成 Java 类的数据库操作框架，被称为 ORM 框架（Object Relation Mapping，对象-关系映射）。比较流行的 ORM 框架有 Hibernate、TopLink 等。

4.　JPA

JPA（Java Persistence API，Java 持久层 API）是 ORM 框架的统一规范，为多个 ORM 框架提供统一的使用接口。使用 JPA 的好处是，可以自由切换 ORM 框架而不影响代码。JPA 与 ORM 框架的关系如图 4.73 所示。需要注意的是，在使用 JPA 之前，需要指定具体 ORM 框架和数据库驱动。

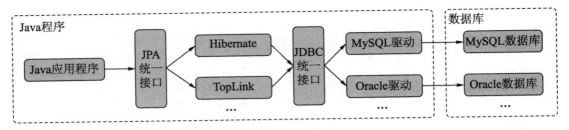

图 4.73　JPA 内部结构

5. MyBatis

MyBatis 是一个不完全的 ORM 框架，是 JDBC 的上层封装。MyBatis 也需要把数据库中的表映射成 Java 类，但是它不会根据 Java 对象自动生成 SQL 语句。使用 MyBatis 作为数据库操作框架的话，开发者需要编写 SQL 语句模板，MyBatis 会根据指定的 SQL 语句模板和 Java 对象生成对应的 SQL 语句，如代码 4.48 所示。

代码 4.48　MyBatis 操作数据库的代码

```
@Mapper
public interface UserMapper {
    //定义 SQL 模板，其中#{}为待替换的参数
    @Select("select * from formName where key_1 = #{value_1} and key_2 =
#{value_2}")
    //定义操作函数，函数被调用后，会自动把参数填充到 SQL 模板并执行 SQL 语句，然后返回
       结果，返回类型 User 为代码 4.46 中定义的数据库映射成的 Java 类
    List<User> SelectAll(@Param("value_1") String value1, @Param("value_2")
String value2);
}

//下面是调用上述查询操作的示例
List<User> resultList = userMapper.SelectAll("王五", "0");
//处理查询结果
for (int i = 0; i < list.size(); i++) {
    //把每条结果转换成对应的 Java 对象，其中 User 为代码 4.46 中定义的数据库映射成的
       Java 类
    User user = list.get(i);
    ...                                       //处理每条结果
}
```

MyBatis 可以在任意 Java 程序中使用。MyBatis 的出现，保持了 ORM 框架"以面向对象编程思想使用数据库"的同时，也避免了由于全自动生成 SQL 语句造成的局限。

6. 数据库操作框架的选择

对于使用 Java 编写的后端应用程序而言，数据库框架一般是在 JDBC Template、JPA（或 Hibernate 等 ORM 框架）和 MyBatis 中做出选择。而这三类数据库操作框架的主要区别在于 SQL 构造和返回结果转换的方式上，而这些方式本身是很难辨出孰优孰劣的，因此，只需要根据团队的使用习惯或偏好来选择数据库操作框架就可以了。

7．Spring Boot中使用数据库框架的具体方法

这里以 JDBC Template 为例，介绍在 Spring Boot 中使用数据库框架的具体方法。在 Spring Boot 中使用 JDBC Template 需要三步，即引入 JDBC Template 的依赖包、配置数据库信息和在代码中使用 JDBC Template 操作数据库。

（1）引入 JDBC Template 的依赖包。需要在工程配置文件（build.gradle）中添加 JDBC Template 的依赖包，如代码 4.49 所示。

代码 4.49　在 build.gradle 中添加 JDBC Template 依赖包

```
…
dependencies {
…
    //在 dependencies 中添加 JDBC Template 的依赖包
    implementation 'org.springframework.boot:spring-boot-starter-jdbc'
    implementation 'com.alibaba:druid:1.0.26'          //数据库连接池依赖
    runtimeOnly 'mysql:mysql-connector-java'           //MySQL 驱动依赖
…
}
…
```

添加完依赖包之后，需要同步工程配置。JDBC Template 的依赖包在同步工程配置后才会被下载和引入。在 IntelliJ IDEA 中，只需要单击"同步"按钮即可同步工程配置，如图 4.74 所示。

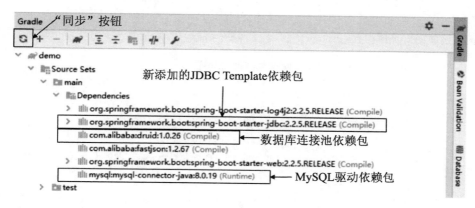

图 4.74　在 IntelliJ IDEA 中同步 build.gradle 配置

（2）配置数据库信息。配置数据库连接信息需要在后端应用程序的配置文件（默认是 application.properties）中设置，如代码 4.50 所示，其中，连接池的具体设置需要根据实际情况而定。

🔔说明：频繁地建立和断开数据库连接是很耗资源的，连接池的作用是避免频繁创建和释放连接引起的大量性能开销。

代码 4.50　在配置文件中添加数据库连接信息

```
…
#设置数据库连接地址，xxx 为具体的数据库名
spring.datasource.jdbc-url=jdbc:mysql://ip:port/xxx
#设置用户名
spring.datasource.username=root
#设置密码
spring.datasource.password=password
#指定 MySQL 数据库驱动
spring.datasource.driver-class-name=com.mysql.cj.jdbc.Driver

#设置数据库连接池，type 为指定连接池的包，max-active 为最大激活连接数，max-idle 为
最大等待连接的数量，initial-size 为初始状态下建立的连接数
spring.datasource.type=com.alibaba.druid.pool.DruidDataSource
spring.datasource.max-active=20
spring.datasource.max-idle=8
spring.datasource.initial-size=10
…
```

（3）使用 JDBC Template 操作数据库的代码一般在 Dao 层中，具体代码如代码 4.51
所示。

代码 4.51　通过 JDBC Template 操作数据库

```
package com.example.demo.dao;
//引用 JDBCTemplate 的类
import org.springframework.jdbc.core.JdbcTemplate;
import …                                    //省略其他引用的类

@Repository("TestDao")
public class TestDao {
    //获取 JdbcTemplate 对象，此对象会被自动注入
    @Autowired
    private JdbcTemplate jdbcTemplate ;

    public String create(String value1, String value2){
        try{
            //SQL 语句，?为占位符，后续通过参数替换
            String sqlString = "INSERT INTO formName VALUES (?, ?)";

            //执行 SQL 语句
            int result = jdbcTemplate.update(sqlString, value1, value2);
            if(result > 0){
                return "success";
            }else {
                return "fail";
            }
        }catch(Exception e){
            return "fail";
        }
    }

    public List get(String key){
        List resultList = new List();
```

```
    try{
        //SQL 语句，?为占位符，后续通过参数替换
        String sqlString="SELECT * FROM formName WHERE key_1 = ? and key_2
= ?";

        //执行 SQL 语句
        resultList = jdbcTemplate.queryForList(sqlString, "王五" , "50");
    }catch(Exception e){
        //失败
    }
    return resultList;
    }
}
```

4.4.5　数据库事务

　　操作数据库一般是通过 SQL 语句实现的，大多数情况下，一条 SQL 语句就能实现所需要的数据处理。但是，在有些情况下，需要通过多条 SQL 语句才能实现所需要的数据处理。例如，从 A 账号转账 100 元到 B 账号，数据库则需要先执行"A 账号减少 100 元"的 SQL 语句，再执行"B 账号增加 100 元"的 SQL 语句。

　　一旦出现这种通过多条 SQL 语句才能实现的数据处理，则可能会存在中间环节出现问题而导致数据不一致的情况，如"A 账号减少 100 元"执行成功，但"B 账号增加 100元"执行失败时，则会造成 100 元凭空消失的情况。

　　为了解决这类"数据不一致"问题，需要利用数据库事务。数据库事务是把多条 SQL 语句划分为一个整体，这些操作要么全部执行，要么全部不执行。第三方软件使用数据库事务的流程如图 4.75 所示。其中，提交事务指的是正常结束本次事务，事务中的数据操作都会生效；回滚事务指的是回滚本次事务中的所有数据操作，本次事务中的数据操作都不会生效。以 Java 为例，通过 JDBC 构造一个数据库事务的代码如代码 4.52 所示。

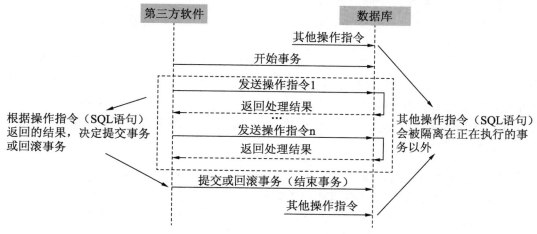

图 4.75　第三方软件使用数据库事务的流程

代码 4.52　通过 JDBC 构造一个数据库事务

```
//连接数据库,详细说明见 4.4.4 小节中的代码 4.44
Connection connection = DriverManager.getConnection(
                                        "jdbc:mysql://ip:port/xxx",
                                        "userName",
                                        "password");

try{
    //关闭自动提交事务,可以变相理解为开启事务操作,但实际上开启事务的指令由数据库驱动
自动发送,自动发送的时机一般在第一次发送 SQL 语句的时候
    connection.setAutoCommit(false);

    //执行 SQL 语句 1
    …
    //执行 SQL 语句 n

    //所执行的 SQL 语句都成功,提交事务
    connection.commit();
} catch(SQLException e) {
    //发生错误,回滚事务
    connection.rollback();
}
```

数据库事务有 4 个特性,分别是原子性、一致性、隔离性和持久性,这 4 个特性一般也被称为 ACID 特性。下面是这 4 个特性的详细说明。

- 原子性（Atomicity）：事务中的全部操作是不可分割的,要么全部执行,要么全部不执行。
- 一致性（Consistency）：几个并行执行的事务,其执行结果必须与按顺序串行执行的结果相一致。
- 隔离性（Isolation）：事务的执行不受其他事务的干扰,这种属性也称为串行化。例如,有两个并发的事务 T1 和 T2,在最高隔离等级下,T1 执行的时机,要么在 T2 执行之前,要么在 T2 执行完毕之后。
- 持久性（Durability）：对于任意一个已完成的事务,必须保证该事务对数据库的改变是永久性的,即使数据库出现故障。

在最极端的情况下,数据库事务之间是完全隔离的,即多个数据库事务不会同时被执行,而是按一定的顺序串行执行。虽然这样能避免数据不一致的情况,但同时数据库的处理性能也会被限制（不能同时执行多个数据操作）。因此,数据库事务不能被滥用,当多条 SQL 语句不会造成“数据不一致”的情况时（如多条查询 SQL 语句）,则不需要使用数据库事务。

🔔注意：数据库事务不是所有数据库引擎都支持的,例如 InnoDB（MySQL 默认引擎）支持数据库事务,而 MySIAM 则不支持。默认情况下,MySQL 和 Oracle 都支持数据库事务。另外,单条 SQL 语句也可以简单地理解为是一个事务,但实际上也需要根据具体的数据库引擎而定。

1．数据库事务隔离等级

数据库事务之间完全隔离是非常浪费性能的，对于"读操作"而言，在很多情况下，所读取的数据都不是正在执行的数据库事务的修改目标，有些时候，这些所读取的数据也无须特别准确。因此，数据库为了提升数据库事务的性能，提供了可设置的数据库事务隔离等级。在非最高事务隔离等级下，在一个事务的执行过程中，允许其他事务执行"读操作"，但是其他事务的"写操作"仍然会被阻塞。

在介绍具体的数据库事务隔离等级之前，先介绍一下"读操作"被允许并发执行后可能会发生的一些问题，包括脏读、不可重复读和幻读。

- 脏读：指的是一个事务读取了另一个事务未提交的数据，而未提交的数据可能会被撤销。
- 不可重复读：指的是对于某一数据，一个事务中对其查询多次，但返回的结果不是相同的。这是由于在查询间隔中，所查询的数据可能被另一事务修改并提交了。
- 幻读：指的是对于某一数据集，一个事务中对其查询多次，但返回的数据集不是相同的。这是由于在查询间隔中，可能是另一事务新增或删除了某条数据。

🔔**注意**：以上问题都可能造成"数据不准确"的情况，但是一些数据即使不准确也不会产生很大的影响。例如，后端应用程序接收了一个"获取某种普通信息列表"的请求，在程序获取数据的时候刚好有其他事务在更新数据，则程序获取的信息不是最新的，但是影响却不大。

在了解了以上问题后，下面介绍数据库事务隔离等级。数据库事务隔离等级被定义在 SQL92 标准当中，但实际上，不同的数据库对数据库事务隔离等级的划分是有区别的。以 MySQL 为例（符合 SQL92 标准），数据库事务隔离等级有 4 个级别，分别是读未提交、读已提交、可重复读和串行化。

- 读未提交（Read Uncommitted）：最低的数据库事务隔离等级。此隔离等级的事务在执行过程中，允许其他事务读取该事务未提交的"新数据"。此隔离等级下，脏读、不可重复读和幻读都可能发生。
- 读已提交（Read Committed）：此隔离等级的事务在执行过程中，允许其他事务读取该事务已提交的"新数据"。此隔离等级下，避免了脏读，而不可重复读和幻读仍可能会发生。
- 可重复读取（Repeatable Read）：MySQL 默认的隔离等级，此隔离等级保证某一事务对某一数据的多次查询结果是一致的。此隔离等级下，能避免脏读和不可重复读，而幻读仍可能会发生。
- 串行化（Serializable）：此隔离等级保证事务完全隔离，多个数据库事务会被强制按一定的顺序串行执行。此隔离等级下，能避免脏读、不可重复读和幻读。但这个级别的隔离可能会造成大量的性能浪费和超时，在实际应用中不建议使用。

一般情况下，数据库事务隔离等级保持"可重复读取"级别即可（MySQL 默认的隔离等级）。当然，数据库事务隔离等级也可以对单个事务进行设置，但一般不建议这么做，除非存在某些特别的需求。

2．Spring Boot中使用数据库事务

在 Spring Boot 中使用数据库事务的操作步骤如下：

（1）开启事务管理器。需要在 xxApplication.java 文件中添加注解，如代码 4.53 所示，其中，@EnableTransactionManagement 为开启事务管理器的注解。

代码 4.53　修改后的 xxApplication.java 文件

```
…
@SpringBootApplication
@EnableTransactionManagement                        //开启事务管理器
public class xxApplication {
    public static void main(String[] args) {
        …
    }
}
…
```

（2）在业务层（Service 层）中标记需要使用数据库事务的方法，如代码 4.54 所示，其中，@Transactional 为数据库事务标记。

🔔注意：@Transactional 中可以设置其他参数，也可以手动设置回滚的节点（不回滚所有操作），这里不展开介绍。

代码 4.54　在 Service 层代码中添加事务标记

```
…
@Service("XXX")
public class XXXService {
    …
    //标记数据库事务，当异常发生时，会自动撤销所有数据库操作。函数中不能用 catch 捕获
      异常
    @Transactional(rollbackFor=Exception.class)
    public JSONObject ServiceFunction(JSONObject requestParam, JSONObject
returnParam) {
        //调用 Dao 层函数 1（执行 SQL 语句）
        xxxDao.update_1(…);
        //调用 Dao 层函数 2（执行 SQL 语句）
        xxxDao.update_2(…);
         return returnParam;
    }
}
```

4.4.6　分布式事务

4.4.5 小节中讨论的数据库事务是解决"单个数据库数据不一致"的问题，而在一些

具有规模的网站系统当中，数据库往往不止一个，一旦出现多个数据库，则会出现多数据库的数据不一致问题。

多个数据库的数据不一致问题一般有两种场景，如图 4.76 所示。场景一，由于"应用拆分"和"数据库分离"造成的多数据库数据不一致问题，例如，用户余额存放在"资金"数据库中，优惠券存放在"优惠券"数据库，当发生交易时，会出现扣减余额成功，但扣减优惠券失败的情况；场景二，当数据库中的数据个数超过千万级时，一般都需要进行分库，这也会造成多数据库的数据不一致问题，例如，用户 1 的余额存在数据库 A 中，而用户 2 的余额存在数据库 B 中，当用户 1 向用户 2 转账时，会出现用户 1 扣除金额成功，而用户 2 增加金额失败的情况。

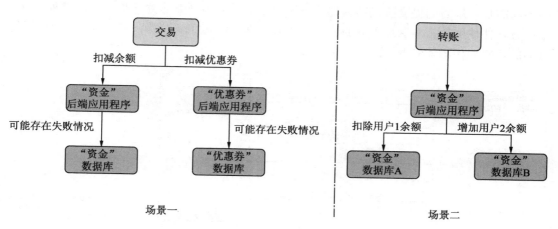

图 4.76　多数据库的数据不一致场景

解决"多数据库的数据不一致问题"的方式被称为分布式事务，确切地说，分布式事务不是某种具体的方式，而是解决"多数据库的数据不一致问题"的方式的统称，分布式事务的实现方式本身是开放的。

🔔说明：关于分布式事务的相关理论有 CAP 原则和 BASE 理论；关于分布式事务的相关算法有 2PC、3PC、TCC 及本地消息表等。

分布式事务是行业内一大难题，在选取分布式事务具体方案之前，需要分析清楚是否真的需要分布式事务。很多时候，造成场景一的原因，是由于过度设计造成的，即在系统内部划分出很多没必要的独立模块。例如，图 4.76 中所举的例子，优惠券本身可以算是资金的一部分，如果把资金和优惠券合并成一个模块，则不需要分布式事务。

🔔注意：以下介绍的分布式事务的解决方法都不是唯一方法，具体实施需要根据实际情况而定。

1．XA事务

XA（eXtended Architecture）是由 X/Open 组织提出的分布式事务的规范，XA 事务能较好地解决"多数据库的数据不一致"问题。目前，比较流行的数据库（如 Oracle、MySQL 等）都支持 XA 事务。

🔔**注意**：Oracle 执行 XA 事务的性能要优于 MySQL，另外，MySQL 最好选用 5.7 或之后的版本，因为 MySQL 5.7 之前的版本对 XA 事务的支持都是有缺陷的。

XA 事务可以简单地理解为多个数据库同时执行数据库事务，但与执行普通数据库事务不同的是，最后的提交阶段需要先检查所有事务的状态（是否允许提交）后才能提交。第三方软件使用数据库 XA 事务的流程如图 4.77 所示。以 Java 为例，通过 JDBC 使用 XA 事务的代码如代码 4.55 所示。

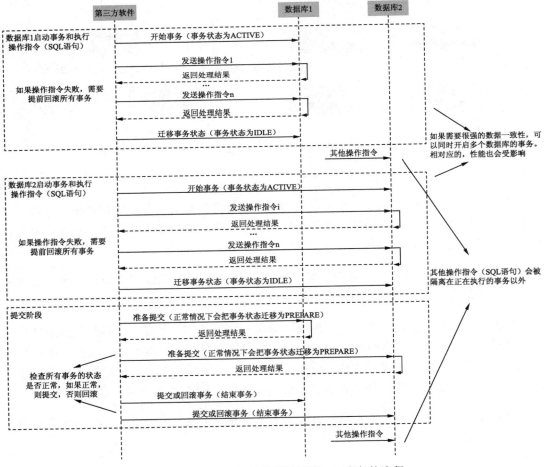

图 4.77　第三方软件使用数据库 XA 事务的流程

代码 4.55　通过 JDBC 使用 XA 事务

```
//连接数据库 1，并获取资源管理器对象 rm_1
Connection conn_1 = DriverManager.getConnection(
                                "jdbc:mysql://ip:port/xxx",
                                "userName",
                                "password");
XAConnection xaConn_1 = new MysqlXAConnection((com.mysql.jdbc.Connection)
conn_1, false);
XAResource rm_1 = xaConn_1.getXAResource();

//连接数据库 2，并获取资源管理器对象 rm_2
Connection conn_2 = DriverManager.getConnection(
                                "jdbc:mysql://ip:port/xxx",
                                "userName",
                                "password");
XAConnection xaConn_2 = new MysqlXAConnection((com.mysql.jdbc.Connection)
conn_2, false);
XAResource rm_2 = xaConn_2.getXAResource();

//设置全局事务 ID
//xxx 可以用 UUID.randomUUID().toString()生成
byte[] gtrid = "xxx".getBytes();

try{
//操作数据库 1
    //生成数据库 1 的事务 ID，gtrid 为全局事务 ID，bqual_1 为分支限定符
    byte[] bqual_1 = "db_1".getBytes();
    Xid xid_1 = new MysqlXid(gtrid, bqual_1, 1);
    //启动数据库 1 的事务
    rm_1.start(xid_1, XAResource.TMNOFLAGS);
    //使用 conn_1 执行 SQL 语句（数据库 1 执行 SQL 语句）
    …
    //SQL 语句执行结束，迁移事务状态
    rm_1.end(xid_1, XAResource.TMSUCCESS);

//操作数据库 2
    //生成数据库 2 的事务 ID，bqual_2 需要与数据库 1 的值有所区别
    byte[] bqual_2 = "db_2".getBytes();
    Xid xid_2 = new MysqlXid(gtrid, bqual_2, 1);
    //启动数据库 2 的事务
    rm_2.start(xid_2, XAResource.TMNOFLAGS);
    //使用 conn_2 执行 SQL 语句（数据库 2 执行 SQL 语句）
    …
    //SQL 语句执行结束，迁移事务状态
    rm_2.end(xid_2, XAResource.TMSUCCESS);

//两段提交
    //准备阶段，获取两个数据库的事务状态
    int prepare_1 = rm_1.prepare(xid_1);
    int prepare_2 = rm_2.prepare(xid_2);
    //提交阶段，根据两个事务的状态决定提交还是回滚
```

```
    if (prepare_1 == XAResource.XA_OK && prepare_2 == XAResource.XA_OK) {
        rm_1.commit(xid_1, false);
        rm_2.commit(xid_2, false);
    } else {                            //一个数据库事务存在问题，则回滚
        rm_1.rollback(xid_1);
        rm_2.rollback(xid_2);
    }
} catch(XAException e) {
    //发生错误，回滚事务
    rm_1.rollback(xid_1);
    rm_2.rollback(xid_2);
}
```

XA 事务在使用上是简单的，但是由于 XA 事务是同时对多个数据库执行数据库事务，因此会同时浪费多个数据库的性能。在大型网站系统当中，XA 事务一般是不被提倡的，因为大型网站系统需要应对高并发场景，在高并发压力下，XA 事务往往会大量阻塞任务，从而引发超时等异常。不过，在一个大型网站系统中，并发压力的分布往往是不均等的，也就是说，存在并发压力不大的模块，而在这些模块中使用 XA 事务也是可以的。因此，XA 事务的好处是使用简单，但不适合用于并发压力大的功能模块。

2．JTA

JTA（Java Transaction API）是 Java 的事务管理框架。通过使用 JTA，开发者可以更简单地实现 XA 事务。值得一提的是，JTA 只是简化了编码，并没有改变 XA 事务性能差的状况。下面以 Spring Boot 为例，介绍使用 JTA 实现 XA 事务的过程。

🔔说明：JTA 实际上只是提供了事务管理的统一接口，它本身不负责具体的实现，具体的实现交由 Atomikos 或 JOTM 等事务管理器完成。

（1）引入 JTA 依赖包。需要在工程配置文件（build.gradle）中添加 JTA 的依赖包，如代码 4.56 所示，其中，选用 Atomikos 作用具体的事务管理器，数据库操作框架选用 JDBC Template。

代码 4.56　在 build.gradle 中添加 JTA 依赖包

```
…
dependencies {
…
    //在 dependencies 中添加 JTA 的依赖包，选用 Atomikos 作为具体的事务管理器
    implementation 'org.springframework.boot:spring-boot-starter-jta-
atomikos'

    //添加数据库操作框架依赖包，这里选用 JDBC Template
    implementation 'org.springframework.boot:spring-boot-starter-jdbc'
    implementation 'com.alibaba:druid:1.0.26'          //数据库连接池依赖
    runtimeOnly 'mysql:mysql-connector-java'           //MySQL 驱动依赖
…
}
…
```

添加完依赖包后，需要同步工程配置。JTA 的依赖包在同步工程配置后才会被下载和引入。在 IntelliJ IDEA 中，只需要单击"同步"按钮即可同步工程配置，如图 4.78 所示。

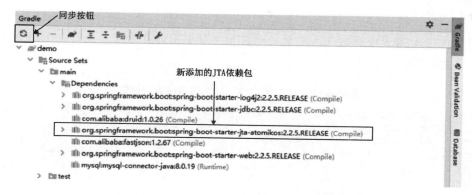

图 4.78　在 IntelliJ IDEA 中同步 build.gradle 配置

（2）配置数据库信息。配置数据库连接信息需要在后端应用程序的配置文件（默认是 application.properties）中设置。与平常配置数据库不同的是，这里需要配置两个数据库连接信息，如代码 4.57 所示，其中，数据库 1 通过 Spring Boot 提供的默认字段配置，数据库 2 通过自定义字段配置。

说明：默认情况下，Spring Boot 只提供一个数据库的连接配置，如果需要连接多个数据库，则需要通过额外代码完成多个数据库的连接。

代码 4.57　在配置文件中添加数据库连接信息

```
...
#配置说明可参考 4.4.4 小节中的代码 4.50
#数据库 1 的连接信息，通过 Spring Boot 的默认字段配置，也可通过自定义字段配置
spring.datasource.jdbc-url=jdbc:mysql://ip:port/xxx
spring.datasource.username=root
spring.datasource.password=password
spring.datasource.driver-class-name=com.mysql.cj.jdbc.Driver
spring.datasource.type=com.alibaba.druid.pool.DruidDataSource
spring.datasource.max-active=20
spring.datasource.max-idle=8
spring.datasource.initial-size=10

#数据库 2 的连接信息，通过自定义字段配置，dao.extradb 为自定义字段
dao.extradb.jdbc-url=jdbc:mysql://ip:port/xxx
dao.extradb.username=root
dao.extradb.password=password
dao.extradb.driver-class-name=com.mysql.cj.jdbc.Driver
dao.extradb.type=com.alibaba.druid.pool.DruidDataSource
dao.extradb.max-active=20
dao.extradb.max-idle=8
dao.extradb.initial-size=10
...
```

　　配置文件虽然配置了多个数据库连接信息，但默认情况下 Spring Boot 只接受一个数据库的设置，因此需要添加额外代码（新建一个 Java 文件）关联这些数据库连接信息，如代码 4.58 所示。

💡说明：代码 4.58 是全局设置，不需要被其他文件引用，存放位置最好在 Dao 层内，以方便开发者查阅。

代码 4.58　在配置文件中添加数据库连接信息

```java
package com.example.demo.dao.config;
import org.springframework.beans.factory.annotation.Qualifier;
import org.springframework.context.annotation.Bean;
import org.springframework.context.annotation.Configuration;
import org.springframework.boot.context.properties.ConfigurationProperties;
import org.springframework.boot.jdbc.DataSourceBuilder;
import org.springframework.context.annotation.Primary;
import org.springframework.jdbc.core.JdbcTemplate;
import javax.sql.DataSource;

@Configuration
public class DataBaseConfig {
//关联数据库 1 的连接信息，并设置为默认连接
    //设置标识，关联函数 DataBaseTemplate1()中的参数
    @Bean(name="dataBaseConfig_1")
    @Primary                                  //默认数据库标识
    //spring.datasource 为数据库 1 的连接信息字段
    @ConfigurationProperties(prefix="spring.datasource")
    DataSource DataBaseConfig1(){
        return DataSourceBuilder.create().build();
    }
    @Bean(name="databaseTemplate_1")
    @Primary                                  //默认数据库标识
    public JdbcTemplate DataBaseTemplate1(@Qualifier("dataBaseConfig_1")
DataSource data){
        return new JdbcTemplate(data);
    }

//关联数据库 2 的连接信息
    //设置标识，关联函数 DataBaseTemplate2()中的参数
    @Bean(name="dataBaseConfig_2")
    //dao.extradb 为数据库 2 的自定义连接信息字段
    @ConfigurationProperties(prefix = "dao.extradb")
    DataSource DataBaseConfig2(){
        return DataSourceBuilder.create().build();
    }
    @Bean(name="databaseTemplate_2")
    public JdbcTemplate DataBaseTemplate2(@Qualifier("dataBaseConfig_2")
DataSource data){
        return new JdbcTemplate(data);
    }
}
```

（3）在 Dao 层中操作多个数据库，如代码 4.59 所示。在实际编码中，对不同数据库的操作最好分为不同的文件。

代码 4.59　在 Dao 层中操作多个数据库

```
package com.example.demo.dao;
//引用 JDBCTemplate 的类
import org.springframework.jdbc.core.JdbcTemplate;
import …                                        //省略其他引用的类

@Repository("TestDao")
public class TestDao {
    //获取数据库 1（默认数据库）的 JdbcTemplate 对象，此对象会被自动注入
    @Autowired
    private JdbcTemplate jdbcTemplate_1;

    //获取数据库 2 的 JdbcTemplate 对象，databaseTemplate_2 为代码 4.58 中的标识，
        此对象会被自动注入
    @Autowired
    @Qualifier("databaseTemplate_2")
    private JdbcTemplate jdbcTemplate_2;

    //在数据库 1 增加一条记录
    public String Create_1(String value1, String value2){
        try{
            //SQL 语句，?为占位符，后续通过参数替换
            String sqlString = "INSERT INTO formName VALUES (?, ?)";

            //执行 SQL 语句
            int result = jdbcTemplate.update(sqlString, value1, value2);
            if(result > 0){
                return "success";
            }else {
                return "fail";
            }
        }catch(Exception e){
            return "fail";
        }
    }


    //在数据库 2 增加一条记录
    public String Create_2(String value1, String value2){
        try{
            String sqlString = "INSERT INTO formName VALUES (?, ?)";
            int result = jdbcTemplate.update(sqlString, value1, value2);
            if(result > 0){
                return "success";
            }else {
                return "fail";
            }
        }catch(Exception e){
            return "fail";
        }
    }
}
```

（4）在业务层（Service 层）中标记需要使用数据库事务的方法，如代码 4.60 所示，其中，@Transactional 为 XA 事务标记。

🔔说明：代码 4.60 中的@Transactional 标识与数据库事务的标识相同，但其本质上是 XA 事务。

代码 4.60　在 Service 层中添加事务标记

```
…
@Service("XXX")
public class XXXService {
    @Resource(name = "TestDao")
    private TestDao _testDao;
    …
    //标记数据库事务，当异常发生时，会自动撤销所有数据库操作。函数中不能用catch捕获
      异常
    @Transactional
    public JSONObject ServiceFunction(JSONObject requestParam, JSONObject
returnParam){
        //调用代码 4.59 中的函数 1（操作数据库 1）
        _testDao.Create_1(…);
        //调用代码 4.59 中的函数 2（操作数据库 2）
        _testDao.Create_1 (…);
        return returnParam;
    }
}
```

3．本地消息表

当多个数据库操作分别处在不同的程序中却又需要保持数据一致性时（图 4.76 中的场景一），一般采用"本地消息表"实现分布式事务。"本地消息表"这个方案的核心是将分布式事务拆分成多个数据库事务进行处理，并通过额外的检查机制确保多个数据库事务都正常完成，以达到数据最终一致的效果。"本地消息表"方案的工作原理如图 4.79 所示。其中，检查程序可以是程序 1 本身，本地消息表的实体可以是本地文件、数据库中的表等。

"本地消息表"方案是解决分布式事务的一种思路，而其具体的实现是开放的，针对不同的应用场景或软件形态会有不同的实现方式。针对后端应用程序而言，可参照图 4.80 所示的工作流程，其中，检查程序最好是独立的一个程序，本地消息表一般是数据库中的表（可以为数据库 1 或数据库 2 中的表，也可以是独立数据库中的表）。

🔔说明：图 4.80 中的检查程序也可以是后端应用程序 1 中的定时任务，但是后端应用程序 1 可能被部署在多个服务器上，如果是这样的话，则需要使用 Quartz 等分布式定时器框架，以避免发生定时任务被多次执行的情况。

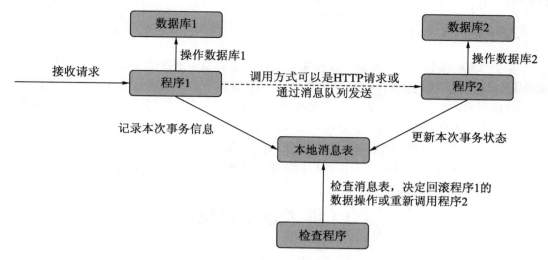

图 4.79　"本地消息表"方案的工作原理

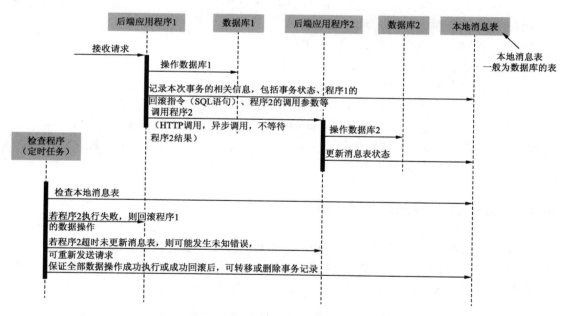

图 4.80　后端应用程序采用"本地消息表"实现分布式事务的工作流程

　　"本地消息表"方案的实现在实际编码中比较麻烦，而且会增加后端结构的复杂性。而性能方面，一般来说"本地消息表"方案更胜一筹。但是，因为"本地消息表"方案的具体实现是五花八门的，而且其内部可能会用到 XA 事务，所以很难评定与单纯使用 XA 事务的性能对比。

4. 其他

除了"XA 事务"和"本地消息表"这两种分布式事务解决方案以外，还有很多其他解决思路或方案，如 2PC（两段式提交，XA 事务是其中一种实现）、3PC（三段式提交）、基于消息队列的解决方案及 TCC（事务补偿）方案等。但是，无论采用哪种方案，分布式事务都会增加系统复杂度和限制数据库性能，所以架构设计应该尽量避开分布式事务。如果不能完全避开分布式事务，则需要对系统内的分布式事务提供统一的规范，以防止"五花八门"的分布式事务解决方案出现在网站系统当中（限制系统混乱度）。

4.5　非关系型数据库

4.2.3 小节中曾提到，非关系型数据库可以为关系型数据库减轻压力，也可作为关系型数据库的补充。而非关系型数据库并没有明确的范围和定义，是一类数据库的总称。非关系型数据库一般包括以下几类：

- 键值存储非关系型数据库，如 Redis、Memcached 等；
- 列存储非关系型数据库，如 HBase、Cassandra 等；
- 文档型非关系型数据库，如 MongoDB、CouchDB 等；
- 图形非关系型数据库，如 Neo4J、InfoGrid 等。

以上非关系型数据库的分类是按存储的数据结构区分的，但即使是相同类型的非关系型数据库，其使用规则和工作原理都是大相径庭的，所以在选用具体的非关系型数据库时，需要根据实际问题和团队习惯而定。本节将介绍各类非关系型数据库及其应用场景。

4.5.1　键值存储非关系型数据库

键值（Key-Value）存储非关系型数据库的数据按照"键值对"的形式进行组织、索引和存储，其存储的数据结构类似于哈希表。由于数据结构相当简单，所以此类非关系型数据库一般被用作记录一些零碎或简单的数据，如会话信息、配置参数、暂存信息等。

🔊 说明：　"键值对"的具体形式在不同的键值存储非关系型数据库中有所不同，以 Redis 为例，Redis 的"键值对中的值"支持字符串、哈希表、列表、集合、有序集合等数据类型，更详细的说明请参考 5.5.2 小节"Redis 数据库"。

仅从数据结构类型看的话，此类数据库存在的意义不大，因为关系型数据库也能兼容这种数据结构。键值存储非关系型数据库的优势不是它的数据结构特性，而是它的性能。因为大部分的键值存储非关系型数据库都是内存型数据库，也就是说数据是直接被存储在内存上的，所以数据的存取性能会非常高。

　　由于键值存储非关系型数据库的性能特性，所以它常常被用作网站系统的缓存容器，以减轻关系型数据库的并发压力。目前比较流行的键值存储非关系型数据库有 Redis、Memcached 等。

💬说明：Redis 一般用于缓存简单的数据，Memcached 除了可以缓存数据外，还可以缓存图片等文件。一般来说，网站系统中使用 Redis 作为缓存容器就足够了，因为图片等文件一般交由 CDN 进行缓存。

　　一般来说，使用键值存储非关系型数据库作为缓存容器的目的有两个，一是降低数据的读频率，二是降低数据的更新频率。

1．降低数据的读频率

　　引用 Redis 等键值存储非关系型数据库可以对预期访问量大并且更新概率较少的数据进行缓存，这样可以大大减小关系型数据库的查询压力。针对后端应用程序而言，使用键值存储非关系型数据库减轻数据读频率的工作流程如图 4.81 所示。

💬说明：缓存的具体实现可以直接使用 Redis 等键值存储非关系型数据库，也可以使用一些缓存框架（如 Spring Boot 中可以使用 ehcache 实现缓存）。

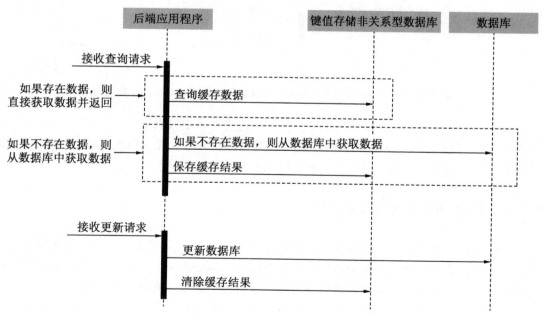

图 4.81　使用键值存储非关系型数据库降低数据读频率的工作流程

2．降低数据的更新频率

针对某些需要频繁更新的数据（如点击量、分享量等数据），可以引用 Redis 等键值存储非关系型数据库作为数据中转站，更新数据时不直接更新数据库中的数据，只更新 Redis 等键值存储非关系型数据库中的数据，一段时间后，再把数据更新到数据库中，如图 4.82 所示。

🔲说明：图 4.82 中的定时程序可以是后端应用程序中的定时任务，但是后端应用程序可能被部署在多个服务器上，如果是这样的话，则需要使用 Quartz 等分布式定时器框架以避免发生定时任务被多次执行的情况。

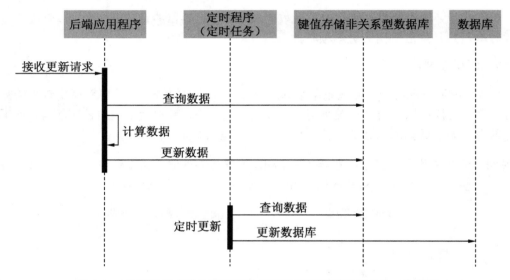

图 4.82　使用键值存储非关系型数据库降低数据更新频率的工作流程

虽然这种方式能降低数据更新频率，但并不是所有需要频繁更新的数据都适用的。因为 Redis 等键值存储非关系型数据库不能保证数据的持久性，即当出现故障时，数据可能会丢失，所以这种方式只适用于一些不太注重持久性的数据。

4.5.2　列存储非关系型数据库

列存储非关系型数据库是以列相关进行存储的数据库，主要适用于海量数据的存储。目前比较流行的列存储非关系型数据库有 HBase、Cassandra 等。相对于关系型数据库的按行存储方式，列存储非关系型数据库是按列来存储数据的，如图 4.83 所示。

相对于行式存储的关系型数据库，列存储非关系型数据库有以下两个特点，这两个特点只有在处理海量数据时才能体现出来。

- 高效的存储空间利用率，由于一列内的数据类型是一致的，所以列存储非关系型数据库可以更高效地压缩数据。

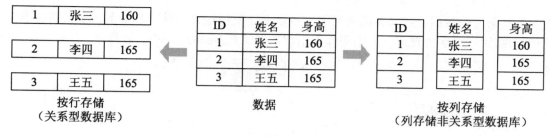

ID	姓名	身高
1	张三	160
2	李四	165
3	王五	165

按行存储   数据   按列存储
（关系型数据库）   （列存储非关系型数据库）

图 4.83 　按行存储与按列存储

- 当搜索条件较少时，查询效率高，因为数据是按列存储的，可以通过指定列数据快速获取数据所在的位置。如"获取李四的身高"这个查询，查询过程不需要遍历所有的数据，在"姓名"列中找到"李四"处在第二行，然后在"身高"列直接获取第二行数据即为"李四的身高"。

但是，列存储非关系型数据库不适合随机更新（更新的消耗较大），不支持事务回滚。因此，列存储非关系型数据库适合存储一些存储量大、几乎不更新、查询时条件较少的数据，如日志、消息记录等。

4.5.3　文档型非关系型数据库

文档型非关系型数据库是指将半结构化数据存储为文档的一种数据库。文档数据库通常以 XML、JSON 等格式存储数据。简单地说，文档型非关系型数据库允许存储 XML、JSON 等格式的数据。目前比较流行的文档型非关系型数据库有 MongoDB、CouchDB 等。

🔔说明：半结构化数据是结构化数据的一种形式，但它并不符合关系型数据库等以"表形式"关联起来的数据模型结构，常见的半结构化数据有 XML 数据、JSON 数据等。

由于文档型非关系型数据库支持存储 JSON 等格式的数据，所以在数据结构上非常灵活，增减字段都变得简单。但是，大多数文档型非关系型数据库都不支持事务，而且不支持复杂查询。

因此，文档型非关系型数据库适合存储量很大（或以后会变得很大）、结构不明确（字段需要不断调整）的数据。

4.5.4　图形非关系型数据库

图形非关系型数据库是应用图形理论存储实体之间关系的数据库。关系型数据库不适合存储"关系复杂"的数据，随着数据量增加，其查询复杂性会逐渐超出控制。最常见的例子为社交网络中的人际关系，如图 4.84 所示，其中，连线的为好友关系。在面对这些

"关系复杂"的数据，且其数据量很大（或以后会变得很大）时，基本上只能用图形非关系型数据库。目前比较流行的图形非关系型数据库有 Neo4J、InfoGrid 等。

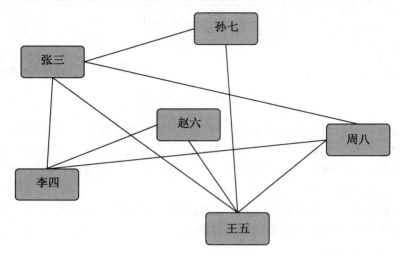

图 4.84　社交网络中的人际关系

4.6　小　　结

后端应用程序在整个网站系统中处于"司令塔"的位置，网站系统的质量很大程度上取决于后端应用程序。由于后端应用程序的重要性和复杂性，出现了很多技术框架，很多人都沉迷于学习各种各样的技术框架，甚至认为后端应用程序就是在使用现成框架的基础上，用代码整合数据库、Redis、第三方应用等的胶水程序。而事实上，任何技术框架都只是解决问题的手段，使用某个技术也不能成为后端应用程序的目的，所以使用什么技术框架不重要，其是否能解决所需要解决的问题才是最重要的。

本章介绍了后端架构需要关注的细节及对应的解决方法，其中包括规整化、数据库和非关系型数据库。本章尽量以问题出发，进而介绍对应的解决方法，希望读者在了解这些问题和解决方法后，对后端架构能有一个清晰的认知。

本章主要介绍的是后端应用程序本身以及在后端应用程序开发过程中需要注意的细节。至于 CDN、数据库连接池等，将会在第 6 章整体架构中进行详细介绍。

第 5 章　云计算服务架构

第 4 章介绍了后端架构需要关注的问题及其解决方法。本章将介绍云计算服务架构需要关注的问题及其解决方法。需要注意的是，这里的云计算服务指的是网站系统自身提供的云计算服务。

🔔说明：本章介绍的云计算服务架构其实是笔者做的一个框架，叫 Hive（蜂巢），但不是 Apache Hive。有兴趣的朋友可以在 https://github.com/YiiGaa/Hive 上下载。

云计算服务部分不是每个网站系统都需要的，而且由于其构造的复杂性，自建云计算服务是不被提倡的。一般情况下，直接使用第三方提供的云计算服务会更省力一些。但是有些时候（如使用第三方云计算服务成本过高、数据私密性要求高、没有现成的云计算服务等），构造云计算服务是必要的。

🔔注意：目前云计算服务架构还没有相对统一的技术，本章会还原一个架构的设计过程。不过，本章提到的具体方法都不是唯一的，读者需要根据实际情况斟酌参考。另外，因为本章讨论的是自建云计算服务，所以这里不讨论第三方云计算服务。

5.1　云计算服务的工作原理

在讨论云计算服务架构之前，先介绍云计算服务的应用场景，然后介绍其开发语言及框架，之后再讲解云计算服务的工作原理。在了解了云计算服务的工作原理之后，我们才能更好地理解云计算服务架构需要关注的细节。

5.1.1　云计算服务的应用场景

云计算服务一般是运行时间较长或者需要持续运行的软件，如视频转码服务、爬虫服务和数据分析服务等。也就是说，云计算服务提供的是网站系统的云计算能力。云计算服务的应用场景众多，根据网站系统的服务对象和所在领域不同会有所不同。

那么，为什么云计算服务需要和后端应用程序分离呢？这是因为后端应用程序处理的是频繁且生命周期较短的请求，而云计算服务是需要长时间运行的，如果后端应用程序运行时间过长，就会造成请求超时和 Web 应用服务器线程阻塞等问题。例如，前端发送一个视频转码请求到后端应用程序，后端应用程序接收到该请求后，会开启云计算服务的视频转码服务并返回结果，而云计算服务的转码服务会持续执行一段时间，如图 5.1 所示。

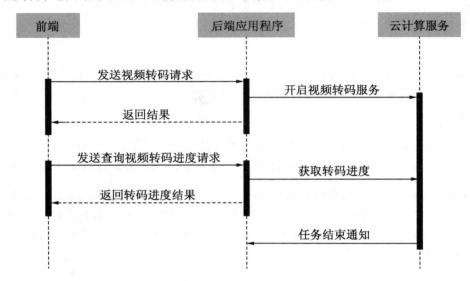

图 5.1　视频转码任务的调度流程

🔔 **说明**：前端负责用户交互，它可能是网页，也可能是 App 等；后端应用程序负责业务处理，一般负责数据库操作和云计算任务调度等；云计算服务提供云计算能力，一般是运行时间较长或者需要持续运行的软件，受后端应用程序调度。前端网页或 App 在客户端运行，后端应用程序和云计算服务软件都在服务器端运行。

5.1.2　云计算开发语言及其框架

由于云计算服务软件应用场景众多，且不同开发语言的擅长领域有所区别，所以云计算服务软件的开发语言是不固定的。例如，人工智能方向的云计算服务软件一般是使用 Python 编写的，大数据方向的云计算服务软件一般是使用 Java 或 Python 编写的，音视频方向的云计算服务软件一般是使用 C++编写的。

至于云计算服务软件的框架，也是不统一的，一般是开发团队根据实际情况搭建的。搭建云计算服务软件框架需要考虑很多问题，如任务调度、异常重试、弹性伸缩和任务进程管理等，这些问题都需要长时间的验证和试错，这无疑会增加自建云计算服务的难度。不过，一套稳定的云计算服务软件框架，无疑会成为大型网站系统的强大后盾。

注意：如果云计算服务与海量数据分析相关，那么可以使用现今比较流行的 Hadoop 框架。然而本章介绍的是通用的云计算服务，因此不会对 Hadoop 展开介绍。

5.1.3　云计算服务软件的工作原理

通过 5.1.1 小节的学习可知，后端应用程序与云计算服务软件是相互独立的，且一般是多对多的关系，如图 5.2 所示。其中，应用程序 1 到应用程序 4 指的是相同的后端应用程序，它们部署在不同的服务器上，服务软件 1 到服务软件 4 指的是相同的云计算服务软件，它们可能部署在一个或多个服务器上。一般情况下，同一时间内，一个云计算服务软件一次只能处理一个任务。

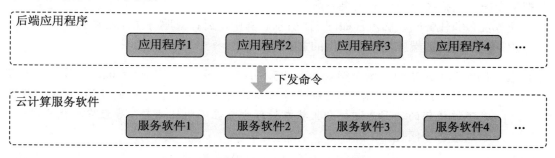

图 5.2　后端应用程序与云计算服务软件的多对多关系

说明：图 5.2 中的应用程序 1 到应用程序 4 指的是相同的后端应用程序。因为在大型网站系统中，后端应用程序需要处理大量的请求，而单个服务器的处理能力有限，所以相同的后端应用程序会被部署在多个服务器上。

在了解了后端应用程序和云计算服务软件的关系后，下面开始介绍云计算服务的工作原理。云计算服务按任务的生命周期和云计算服务软件的稳定性可以分成任务发布和任务回馈、任务进度或中间结果、任务变更、云计算服务软件监控 4 个部分。

注意：以下介绍的云计算服务软件的工作原理是基于通用场景介绍的，具体实践可能会有所差异，读者需要根据实际情况斟酌参考。

1. 任务发布和任务回馈

由于后端应用程序和云计算服务是多对多的关系，而且云计算服务执行一次任务一般需要较长的时间，即任务发布时可能没有空闲的云计算服务软件（存在任务无法立刻被执行的情况），所以需要在后端应用程序与云计算服务之间添加一个任务池，作为后端应用程序和云计算服务间接通信的枢纽。

🔔**注意**：任务池指的是消息队列服务，一般为 RabbitMQ，其相关内容将在 5.4.2 小节"RabbitMQ 消息队列"中详细介绍。

　　任务发布时，后端应用程序生成唯一的任务 ID，然后把任务发布到任务池中，并把任务标记为"等待"状态，且将状态记录在数据库中（也可以记录在 Redis 等非关系型数据库中）。多个空闲的云计算服务软件会在任务池中监听任务，一个任务只会被一个云计算服务软件占有。一个云计算服务软件取得任务后，开始执行任务并通知后端应用程序"任务开始执行"，后端应用程序把任务状态改为"开始"。

　　任务处理完毕后或发生异常时，云计算服务软件向后端应用程序回馈结果，回馈的结果包括错误码及其描述，以及任务结果参数等。后端应用程序把任务状态改为"结束"，并把错误码及其描述以及任务结果参数记录下来。

　　任务发布和任务回馈的流程如图 5.3 所示。其中，云计算服务通知后端应用程序的方式一般是直接调用后端应用程序提供的 RESTful API。

🔔**注意**：RESTful API 的详细介绍请参考 4.3.1 小节。另外，从理论上说，云计算服务可以直接修改数据库以达到迁移任务状态并记录任务相关结果的目的，但是这样做是不被提倡的，因为这样会把状态管理分散在不同的位置，导致发生代码混乱、难以维护等问题。

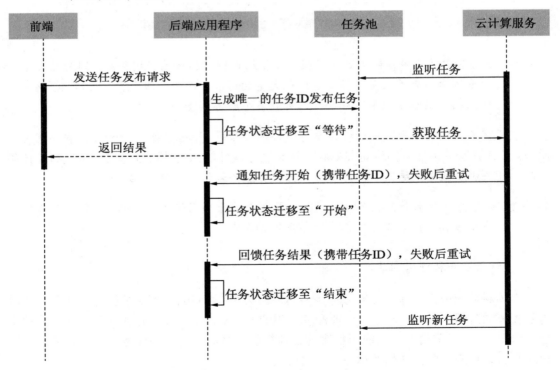

图 5.3　任务发布和任务回馈流程

2．任务进度或中间结果

在任务执行期间，前端往往需要获取任务进度或一些中间结果，以视频转码为例，前端需要获取视频文件的转码进度。而获取任务进度或中间结果的最直接方法，应该是前端向后端应用程序发送请求，后端应用程序从云计算服务获取任务进度或中间结果。

但是，由于后端应用程序和云计算服务是多对多的关系，后端应用程序直接从云计算服务获取任务进度或中间结果的做法实际上是十分烦琐的，所以需要在后端应用程序与云计算服务之间添加一个进度数据池，作为后端应用程序和云计算服务间接通信的枢纽。

> 注意：进度数据池指的是一片公共的数据空间，一般为 Redis 等非关系型数据库，其相关内容将会在 5.5.2 小节 "Redis 数据库" 中详细介绍。另外，进度数据池不是唯一的解决方法，读者需要根据实际情况斟酌参考。

任务开始后，云计算服务软件定期向进度数据池更新任务进度或中间结果，后端应用程序根据任务 ID 从进度数据池中获取对应任务的进度或中间结果，如图 5.4 所示。

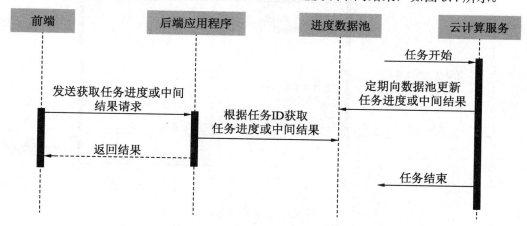

图 5.4　任务进度或中间结果获取流程

3．任务变更

在执行任务期间，云计算服务还需要处理任务的变更，例如取消任务、暂停任务、设置变更和执行指令等。当发生任务变更时，后端应用程序需要通知正在执行该任务的云计算服务软件。为了实现这样的目的，需要在后端应用程序与云计算服务软件之间增加一个指令池。

> 注意：指令池指的也是消息队列服务，一般为 RabbitMQ，其相关内容将会在 5.4.2 小节 "RabbitMQ 消息队列" 中详细介绍。

每个云计算服务软件在初始化时都需要向指令池注册一个独有的消息队列并监听该消息队列。当开始执行任务时，云计算服务软件在通知后端应用程序"任务开始执行"时需要携带指令池中的消息队列标识，后端应用程序需要把消息队列标识记录到数据库中（也可以记录到 Redis 等非关系型数据库中）。当需要执行任务变更时，云计算服务软件根据消息队列标识向指令池发送任务指令，云计算服务软件从指令池中获取任务指令后开始执行任务指令。任务变更流程如图 5.5 所示。

注意：以上述方式发送任务变更指令，后端应用程序不会同步得知执行结果。任务变更指令的执行结果可以体现在任务进度或中间结果中。

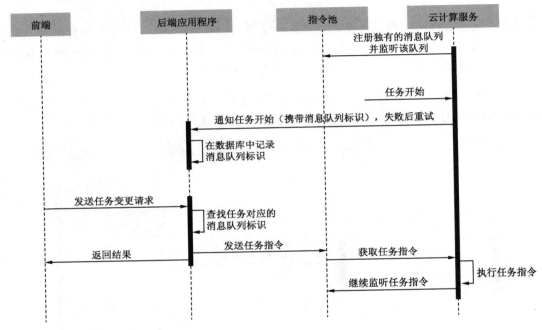

图 5.5　任务变更流程

4. 云计算服务软件监控

加入了任务池、进度数据池和指令池后，云计算服务软件就可以顺利地执行任务。由于一个云计算服务软件在同一时间只能处理一个任务，因此在一个服务器当中存在多个同时运行的云计算服务软件。这些云计算服务软件是独立运行的，运行的过程中可能会发生意想不到的错误、崩溃和异常退出等情况，当出现这些问题时，云计算服务软件需要被重新启动。

说明：当云计算服务软件出现错误、崩溃和异常退出等情况时，当然是需要被修复的。但是这些问题往往是在正式运营后才会逐渐浮现出来的，而且这些问题往往需要特殊的条件才能触发（一般情况下不会发生）。因此，如果云计算服务软件异常退出后可以重新启动，则大概率能降低该特殊情况造成的影响。

因此，在每个运行云计算服务软件的服务器中都需要一个监控软件，其职责为监控和启动云计算服务软件。在服务器开机启动时，监控软件会按配置启动几个云计算服务软件并记录其进程 ID。云计算服务软件在运行过程中，需要定时向监控软件汇报当前状态（运行或空闲状态）。

由于云计算服务软件和监控软件是相互独立的，所以在它们之间需要加入一个状态数据池。云计算服务软件向监控软件汇报当前状态时，只需要向状态数据池写入其状态即可。监控软件检查云计算服务软件的状态时，也只需要读取状态数据池中的相关数据即可。

注意：状态数据池指的是一片公共的数据空间，一般为 Redis 等非关系型数据库，其相关内容将会在 5.5 节"进度数据池与状态数据池的搭建和使用"中详细介绍。另外，状态数据池不是唯一的解决方法，读者需要根据实际情况斟酌参考。

监控软件定时检查各个云计算服务软件的状态，若存在长时间未汇报的云计算服务软件，则判定为该软件已经发生异常。当发现异常的云计算服务软件时，监控软件凭借进程 ID 将其销毁（存在异常软件已经自动退出的情况），并启动新的云计算服务软件。另外，当所有的云计算服务软件处于运行状态时（执行任务时），监控软件根据具体情况（当前 CPU 和内存的使用率、配置的最大云计算服务软件个数），决定是否启动新的云计算服务软件。

另外，一个云计算服务软件在执行完几次任务后需要自动退出，不可长时间运行。云计算服务软件自动退出后，由于其不再向状态数据池更新状态，监控软件会认为该软件发生了异常，进而启动一个新的云计算服务软件。

云计算服务软件的自动消亡和重启，可以避免一些由于长时间运行而造成的问题，如内存泄漏等。一般情况下，软件需要经过长年累月的测试与修复，才能达到长时间稳定运行的程度（如 Tomcat）。但是，即使是这些稳定的软件，也难免会受到操作系统或某些物理因素的影响而发生异常。而一般的云计算服务软件，其实只需要保证一个或几个任务周期内顺利运行即可，无须保证长时间运行的稳定性。通过自动消亡和重启云计算服务软件，可以规避一些稳定性的问题，也能节省一些开发成本。

说明：正如年长的生物会出现衰老一样，软件长时间运行也肯定会出现问题。自然界通过死亡和繁殖让生态系统保持稳定，软件也可以通过自动消亡和重启保持其稳定性。

综上，在一个服务器内，监控软件与云计算服务的工作流程如图 5.6 所示。其中，由于监控软件也可能存在异常退出的情况，所以监控软件也应该被监控。对于监控软件的监控将会在 5.6 节"监控软件的构造"中详细介绍。

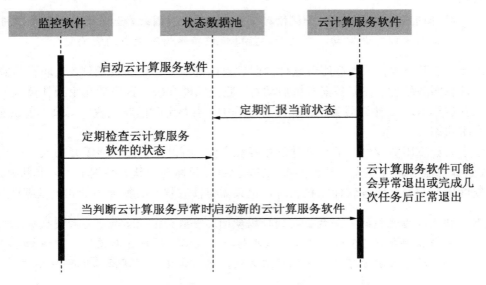

图 5.6 监控软件与云计算服务的工作流程

5.2 云计算服务架构需要解决的问题

在 5.1 节中提到，云计算服务软件根据具体情况和应用场景的不同，其开发语言及框架会有所区别。也就是说，云计算服务没有 Spring Boot 这样的通用基础框架，云计算服务架构的实现一般需要从零开始。

本章的剩余部分将围绕构造一个云计算服务的通用基础框架展开介绍。一般来说，构造一个通用的基础框架需要以下 3 个步骤：

（1）一个足够通用的应用场景及其解决思路。

（2）明确需要解决的问题以及问题出现的原因。

（3）逐一解决相关问题。

🔔注意：本节论述的是云计算服务架构需要解决的问题，所对应的具体解决方法会在 5.3 节至 5.6 节中详细介绍。

关于通用的应用场景及其解决思路，5.1.3 小节已经做了详细的说明。从宏观上讲，通用的云计算服务架构主要分为 4 个部分，即任务发布和任务回馈、任务进度或中间结果、任务变更、云计算服务软件监控。宏观的云计算服务架构如图 5.7 所示。其中，监控软件只能监控在同一服务器上运行的云计算服务软件，每个运行云计算服务软件的服务器都需要运行一个监控软件。

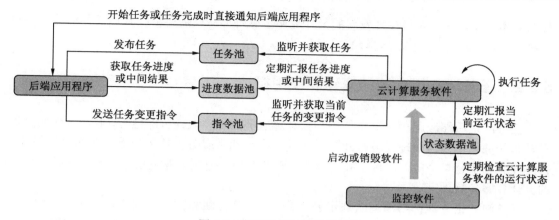

图 5.7　宏观的云计算服务架构

在图 5.7 中，任务池、进度数据池、指令池和状态数据池是公共服务，监控软件和云计算服务软件部署在相同的服务器中。一个服务器中只有一个监控软件的进程，云计算服务软件的进程可能有多个。

云计算服务架构需要解决的问题共有 4 个，分别是云计算服务软件基础框架的构建、任务池与指令池的搭建及使用、进度数据池与状态数据池的搭建及使用，以及监控软件的构造。

🔔说明：任务池与指令池都涉及消息队列，因此归为一类讲解。进度数据池与状态数据池都涉及公共的数据空间，因此归为一类讲解。

5.2.1　云计算服务软件基础框架构建概述

虽然云计算服务软件需要执行的任务千差万别，但是从主要功能来看，云计算服务软件的结构是类似的。云计算服务软件的主要功能包括任务获取、任务执行、定期汇报任务进度或中间结果、定期汇报运行状态以及监听并执行任务变更指令。云计算服务软件的基础结构如图 5.8 所示。

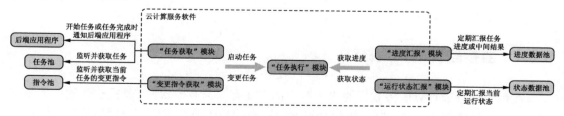

图 5.8　云计算服务软件的基础结构

从图 5.8 中的基础结构可知，除了任务执行模块以外，其他模块都是不需要根据具体任务而定制的。也就是说，通过构建云计算服务软件的基础框架，可以建立云计算服务软件的基本模型，开发人员在开发新的云计算服务软件时，只需要根据具体任务修改任务执行模块即可，而通用模块是可以直接复用的。

5.2.2　任务池与指令池的搭建和使用概述

任务池是后端应用程序发布任务和云计算服务软件领取任务的地方，其基本作用是抹平发布任务频率高而处理任务时间长的矛盾。指令池是服务于任务变更的，如取消任务、暂停任务和执行指令等，后端应用程序可以通过指令池把任务变更指令通知到执行该任务的云计算服务软件。

任务池和指令池都与消息队列相关，因此对于任务池和指令池的搭建与使用来说，只需要选用一个合适的消息队列服务并根据具体问题制定使用规则即可。更具体的细节将会在 5.4 节"任务池与指令池的搭建和使用"中介绍。

🔔说明：任务池与指令池虽然是独立于云计算服务软件以外的服务软件，但它们是云计算服务架构的一部分。任务池与指令池的必要性见 5.1.3 小节中的详细介绍。

5.2.3　进度数据池与状态数据池的搭建和使用概述

进度数据池是后端应用程序获取任务进度和云计算服务软件定期汇报任务进度的地方，状态数据池是监控软件获取云计算服务软件运行状态和云计算服务软件定期汇报其运行状态的地方。从本质上讲，进度数据池和状态数据池都只是一片公共的数据空间，只是它们存储的数据结构有所区别而已。

因此，进度数据池和状态数据池可以通过使用 Redis 等非关系型数据库实现。更具体的细节将会在 5.5 节"进度数据池与状态数据池的搭建和使用"中介绍。

🔔说明：进度数据池与状态数据池也可以通过关系型数据库（如 MySQL 和 Oracle 等）实现，但是由于进度数据与状态数据是定期更新且无须保证持久保存的，所以选用内存存储的 Redis 会更好一些。另外，进度数据池与状态数据池的必要性见 5.1.3 小节中的详细介绍。

5.2.4　监控软件的构造概述

在每个运行云计算服务软件的服务器中都需要有一个监控软件。监控软件的任务是监控和启动云计算服务软件。监控软件会根据配置个数和当前系统资源的使用情况（如 CPU 和内存的使用率）判断是否启动云计算服务软件，并通过状态池监控所启动的云计算服务软件的运行状态。如果存在超过设定的时间还没更新状态数据的云计算服务软件，则认为该云计算服务软件已发生异常（自动消亡、异常退出或发生其他异常），进而使用进程 ID

强制关闭该进程，如果进程早已退出，则不需要做进一步处理。

监控软件的职责是保证云计算服务软件的正常运行，而其本身也是需要保证正常运行的，它也可能会因为异常而退出。因此，监控软件的构造除了要构造监控软件，还需要找到一种方法以保证监控软件的正常运行。

🔔说明：监控软件的必要性详见 5.1.3 小节。

5.3　云计算服务软件基础框架的构建

5.2.1 小节中提到，构建了云计算服务软件的基础框架后，开发人员在开发新的云计算服务软件时，只需要根据具体任务修改"任务执行"模块即可，而通用模块是可以直接复用的。本节将介绍具体的构建方法，主要从 4 个方面进行深入讲解，分别是进程与线程、线程的同步与互斥、线程模型和软件结构。

🔔注意：本节以 C++为主要开发语言，以 CentOS 为操作系统。另外，本节介绍的具体方法并非唯一实现方式，读者需要根据实际情况斟酌参考。

5.3.1　进程与线程

云计算服务软件在运行期间需要同时做多件事情，例如，在执行任务的同时需要监听任务变更指令。而一个软件想要同时做多件事情，则必然会涉及多线程。本小节先介绍一下进程与线程的相关内容。

🔔注意：进程与线程的相关内容在不同操作系统或不同版本系统内核上会有所区别，但一般是大同小异的。本节以 CentOS 操作系统为例（Linux 内核的操作系统都适用）。

进程是软件运行时的实例，进程拥有独立的系统资源，一般来说，进程与进程间是互不影响的。运行一个软件时，系统会产生一个进程，同一软件被同时运行多次的话，则系统会产生多个进程，而这多个进程虽然是执行相同的任务，但它们是互不影响的。当然，一个程序也可以创建多个进程（子进程）以实现并行执行多任务的目的。

线程是进程中的实际运作单位，进程是线程的容器，一个进程包含一个或多个线程，多个线程可并行执行不同的任务。同一进程中的多个线程共享该进程的全部系统资源（如虚拟地址空间、文件描述符、信号处理等），但每个线程都有各自的调用栈、寄存器环境及线程本地存储等。同一进程的多个线程可共用部分数据，如全局变量、堆空间的变量等。线程的相关操作如代码 5.1 所示。

代码 5.1　线程的相关操作

```
#include <pthread.h>                                    //线程相关的头文件
…
    void *NewThreadFunction(void *arg){
        //被创建线程的入口函数
    }


    …
    //创建新线程并将其启动, 函数 NewThreadFunction()函数作为新线程的入口函数, tid
       为线程 ID
    //pthread_create()函数的第二个参数为线程相关设置, 保持默认的话设置为 NULL 即可
    //pthread_create()函数的第四个参数为函数 NewThreadFunction()的入参, 一般需
       要在堆空间创建一个变量并通过指针注入, NULL 相当于不传参。
    pthread_t tid;
    int result = pthread_create(&tid, NULL, NewThreadFunction, NULL);
    if(!result){
        //发生错误
    }


    …
    //取消线程, pthread_cancel()为取消线程函数, tid 为线程 ID
    result = pthread_cancel(tid);

    //pthread_join()函数等待线程结束, 阻塞当前线程, tid 为线程 ID
    //pthread_cancel()函数只是发送了终止线程的请求, 不等待线程结束。一般情况下,
       pthread_cancel()函数和 pthread_join()函数一起使用
    result = pthread_join(tid, NULL);
…
```

　　这里需要说明一个问题, 一个程序可以通过创建多个进程以应对并行执行多任务的需求, 而多线程也是为了应对并行任务的需求。那么, 为什么还需要多线程呢?

　　在早期的操作系统中, 确实没有线程的概念, 进程是实际的运作单位, 多进程也确实能满足并行执行多任务的需求。但是, 对于一个需要并行执行多个任务的程序而言, 只有进程的操作系统有两个弊端, 一是进程间是独立系统资源的, 这样会造成一些资源浪费; 二是进程间是相互隔离的, 进程间通信是一件很烦琐的事情。

　　另外, 程序使用多线程还有一个好处, 当某个线程发生意外崩溃时, 如果不做特殊处理, 那么该线程的所属进程会自动被销毁, 同一进程的其他线程也会自动被销毁。如果是一个程序创建了多个进程的话, 则当其中一个进程意外崩溃时, 其他进程还会继续运行, 而这些继续运行的进程往往已经失去其运行的意义, 只能给系统带来不必要的负担。

　　因此, 一般情况下, 程序是使用多线程来实现并行执行多任务的, 如图 5.9 所示。其中, 一个进程中的多个线程执行各自的任务。另外, 线程间的协助通常是通过获取或操作共享数据完成的。

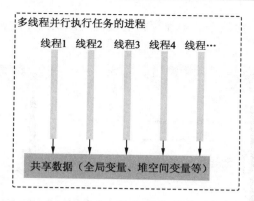

图 5.9　使用多线程实现并行执行多任务的程序

5.3.2　线程同步

在一个多线程的程序当中，线程间的协助一般是通过获取或操作共享数据完成的。但是，当某个线程修改一个共享数据时，如果存在其他线程也同时读取或修改这个共享数据的话，则可能会造成数据不一致的情况。为了避免这样的问题，需要对这些线程进行同步。

线程同步需要解决两个问题，一是确保共享资源的一致性，当有一个线程正在操作共享资源时，确保其他线程不能对该资源进行操作，直到该线程结束操作；二是确保线程间执行顺序的合理性，当一个线程需要依赖其他线程所产生的数据，而这个数据却未被生产时，则该线程进入等待状态，直到其他线程产生该数据后再继续运行。

针对问题一，解决的工具通常是互斥锁；针对问题二，解决的方法通常是使用互斥锁和条件变量。当然，这些工具或方法不是唯一的，但这些方法是比较常用的，足够应对需要解决线程同步的大多数场景。

1. 互斥锁

互斥锁本质上是一把锁，线程在操作共享资源前对互斥锁进行上锁，在操作完共享资源后对互斥锁进行解锁。在互斥锁被上锁期间，任何其他尝试再次对互斥锁上锁的线程将会被阻塞，直到该互斥锁被释放。

🔔说明：互斥锁的本质是一把锁，但除了互斥锁以外，还有其他锁，如读写锁等。读写锁允许更高的并行性，适用于"读远大于写"的情况，但也更为复杂，所以这里不对其展开介绍。

通过对互斥锁上锁实现线程同步的流程如图 5.10 所示。其中，线程 1 和线程 2 使用的是同一个互斥锁，线程 2 等待线程 1 释放互斥锁期间是被阻塞的（不进行其他操作）。另外，如果释放互斥锁时有多个等待的线程，则只有一个线程可以对互斥锁上锁并继续运行，其他线程继续等待。而这个获得加锁权的线程可以认为是随机产生的，与等待的先后顺序没有直接关系。

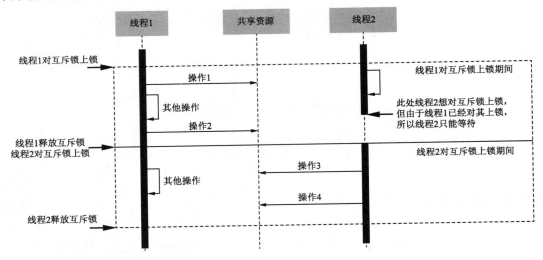

图 5.10　通过对互斥锁上锁实现线程同步

互斥锁的相关操作如代码 5.2 所示，其中，多个线程必须要对同一个互斥锁进行操作才能实现线程同步。另外，互斥锁在使用之前必须要被初始化。

代码 5.2　互斥锁的相关操作

```
#include <pthread.h>                                   //线程相关的头文件
…
    pthread_mutex_t mutexLock;              //定义互斥锁，一般为全局变量或静态变量
    mutexLock = PTHREAD_MUTEX_INITIALIZER;            //初始化互斥锁
…
    //对互斥锁进行上锁，如果已经上锁，当前线程会被阻塞
    pthread_mutex_lock(&mutexLock);
      //上锁和释放互斥锁期间，
      //确保中间的操作不受其他线程影响
    pthread_mutex_unlock(&mutexLock);                     //释放互斥锁
…
```

使用互斥锁需要尽量避免死锁的情况，发生死锁后，可能会导致多个线程永远处于等待状态。一般出现死锁状态有两种情况，一是线程对同一个互斥锁连续加锁两次；二是线程涉及多个互斥锁时也可能会发生死锁，例如，线程 1 锁住第一个互斥锁且等待第二个互斥锁的同时，线程 2 锁住第二个互斥锁且等待第一个互斥锁。

对于第一种情况，一般是一些不必要的人为错误；针对第二种情况，可以通过控制对多个互斥锁加锁和解锁的顺序解决。但有些时候，由于复杂的程序结构使得对多个互斥锁的加锁和解锁进行排序是困难的，此时可尝试使用 pthread_mutex_trylock() 函数对互斥锁进行加锁，如果互斥锁已经上锁，则此函数会返回失败，线程不会被阻塞。

注意：线程同步在现实编程中是非常复杂的，而死锁是其复杂性的表现。但是，不要把死锁问题放大，从而使用一些奇怪的方法实现线程同步。

2. 条件变量

条件变量是线程同步的另外一种机制，条件变量可用于阻塞线程，直到某种条件成立。使用条件变量主要包含两个动作，一个是线程等待"条件变量被触发"而被阻塞；另一个是线程触发"条件成立"（唤醒被阻塞的线程）。使用条件变量能替代"不断轮询条件是否成立"等浪费性能的做法。一般情况下，条件变量需要与互斥锁结合使用，作为互斥锁的补充。

条件变量实际上是一个线程被唤醒的变量，而线程是否进入等待状态，则需要根据其他条件来判断。使用条件变量和互斥锁实现线程同步的流程如图 5.11 所示。其中，线程 1 由于依赖数据未产生而进入等待状态（等待条件变量触发），线程 2 产生线程 1 依赖的数据后触发条件变量（唤醒线程 1，由于线程 2 占用互斥锁，所以线程 1 继续处于等待状态），当线程 2 释放互斥锁后，线程 1 对互斥锁加锁并继续运行。

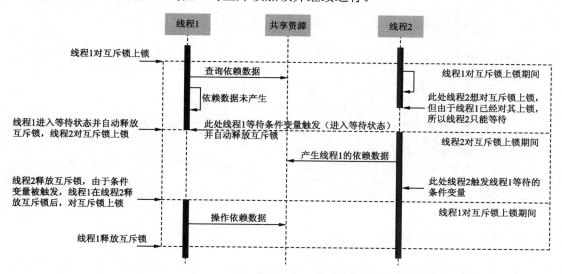

图 5.11　使用条件变量和互斥锁实现线程同步

条件变量和互斥锁的相关操作如代码 5.3 所示，其中，一般使用 while（而不是 if）判断是否进入等待状态，因为等待条件变量触发的线程可能不止一个，但条件变量触发时可能会唤醒多个等待条件变量触发的线程，使用 while 可以让被唤醒的线程重新判断进入等待状态的条件，避免由于其他线程消耗了等待的数据而发生错误。当然，如果确保等待的线程只会有一个，则可以用 if 判断是否进入等待状态。

说明：一般情况下，函数 pthread_cond_signal()只会唤醒等待该条件变量的某个线程，但其内部为了简化实现，可能会唤醒不止一个线程。另外，函数 pthread_cond_broadcast()可以唤醒等待该条件变量的所有线程。

代码 5.3　条件变量和互斥锁的相关操作

```
#include <pthread.h>                      //线程相关的头文件
…
    pthread_mutex_t mutexLock;           //定义互斥锁，一般为全局变量或静态变量
    pthread_cond_t condWait;             //定义条件变量，一般为全局变量或静态变量
    mutexLock = PTHREAD_MUTEX_INITIALIZER;      //初始化互斥锁
    condWait = PTHREAD_COND_INITIALIZER;        //初始化条件变量
…
    //等待条件变量触发线程
    //对互斥锁进行上锁，如果已经上锁，当前线程会被阻塞
    pthread_mutex_lock(&mutexLock);
      while(…){                          //判断是否进入等待条件变量触发
        //阻塞线程，等待条件变量 condWait 触发，互斥锁 mutexLock 被自动释放
        //条件变量被触发后，线程重新争夺互斥锁 mutexLock 的使用权
        pthread_cond_wait(&condWait, &mutexLock);
      }
      //获取共享数据
      …
    pthread_mutex_unlock(&mutexLock);            //释放互斥锁
…
    //触发条件变量的线程
    //对互斥锁进行上锁，如果已经上锁，当前线程会被阻塞
    pthread_mutex_lock(&mutexLock);
      //写入共享数据
      …
      //触发条件变量 condWait，唤醒等待线程
      //如果此时没有正在等待条件变量的线程，则此次触发条件变量的信号会被忽略
      pthread_cond_signal(&condWait);
    pthread_mutex_unlock(&mutexLock);            //释放互斥锁
…
```

3．生产者与消费者模型

生产者与消费者问题是线程同步的经典问题，而生产者与消费者模型适用于大部分线程同步场景。生产者与消费者问题指的是，生产者负责生产货物并把货物存放到仓库，消费者从仓库中取得货物并消耗货物，生产者和消费者同时执行各自的任务且不直接通信。对应的生产者与消费者模型如图 5.12 所示。其中，当仓库为空时（无货物可消耗），消费者需要等待货物生产后再继续消耗货物；当仓库已满时，生产者需要等待仓库有空闲位置后再继续生产货物。

注意：生产者和消费者都可以是多个，但它们各自生产或消耗货物，它们之间不直接通信。生产者和消费者是否暂停任务取决于仓库的空满状态。另外，生产者与消费者模型不单单能描述线程同步问题，还可以描述应用程序与应用程序间、服务与

服务间的协助问题。

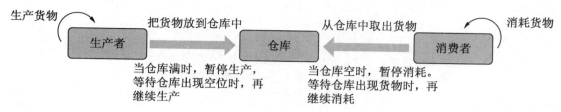

图 5.12　生产者与消费者模型

　　在程序当中，仓库相当于一个全局的数据空间（数组、容器或链表），生产者相当于产生数据的线程，消费者相当于使用数据的线程。生产者线程负责生产数据并把数据放到仓库当中，消费者线程负责把数据从仓库中取出并使用该数据。生产者和消费者模型的代码实现如代码 5.4 所示，其中，代码中使用了条件变量和互斥锁，生产者线程和消费者线程都可以是多个。

代码 5.4　生产者与消费者模型的代码实现

```
#include <pthread.h>                              //线程相关的头文件
…
    //定义互斥锁和条件变量，都为全局变量
    pthread_mutex_t mutexLock;                    //定义互斥锁
    pthread_cond_t condProducer;                  //定义生产者被唤醒的条件变量
    pthread_cond_t condConsumer;                  //定义消费者被唤醒的条件变量
    //初始化以上变量
    mutexLock = PTHREAD_MUTEX_INITIALIZER;
    condProducer = PTHREAD_COND_INITIALIZER;
    condConsumer = PTHREAD_COND_INITIALIZER;

    //定义数据仓库相关变量，都为全局变量，这里为了方便描述，以数组为例
    #define WHSIZE 20                             //定义仓库大小
    int warehouse[WHSIZE] = {0};                  //定义数据仓库，这里以数组为例
    int writePoint = 0;                           //写游标，记录生产者写数据位置
    int readPoint = 0;                            //读游标，记录消费者读数据位置
…
    //生产者线程
    //生产者线程生产完数据后调用以下函数把数据写入数据仓库，data 为产生的数据
    void ProducerWriting(int data){
      //对互斥锁进行上锁，如果已经上锁，当前线程会被阻塞
      pthread_mutex_lock(&mutexLock);
        //向数据仓库写入数据
        warehouse[writePoint] = data;
        //移动写游标
        writePoint++;
        writePoint = writePoint >= WHSIZE? 0:writePoint;

        //判断当前仓库是否已满，如果满的话，则进入等待状态，等待消费者消耗数据
        while(writePoint == readPoint){          //判断是否进入等待状态
```

```
        //阻塞线程，等待条件变量 condProducer 触发，互斥锁 mutexLock 被自动释放
        //条件变量被触发后，线程重新争夺互斥锁 mutexLock 的使用权
        pthread_cond_wait(&condProducer, &mutexLock);
    }

    //触发条件变量 condConsumer，唤醒处于等待的消费者线程
    //如果此时没有正在等待的消费者线程，则此次触发条件变量的信号会被忽略
    pthread_cond_signal(&condConsumer);
  pthread_mutex_unlock(&mutexLock);              //释放互斥锁
}
…
//消费者线程
//消费者线程通过以下函数获取数据，获取后对数据进行消耗
int ConsumerReading(){
    //定义返回变量
    int data = 0;

    //对互斥锁进行上锁，如果已经上锁，当前线程会被阻塞
    pthread_mutex_lock(&mutexLock);
    //判断当前仓库是否为空，如果空的话，则进入等待状态，等待生产者生产数据
    while(writePoint == readPoint){              //判断是否进入等待状态
        //阻塞线程，等待条件变量 condConsumer 触发，互斥锁 mutexLock 被自动释放
        //条件变量被触发后，线程重新争夺互斥锁 mutexLock 的使用权
        pthread_cond_wait(&condConsumer, &mutexLock);
    }

    //从仓库中读取数据
    data = warehouse[readPoint];
    //移动读游标
    readPoint++;
    readPoint = readPoint >= WHSIZE? 0:readPoint;

    //触发条件变量 condProducer，唤醒处于等待的生产者线程
    //如果此时没有正在等待的生产者线程，则此次触发条件变量的信号会被忽略
    pthread_cond_signal(&condProducer);
    pthread_mutex_unlock(&mutexLock);            //释放互斥锁
    return data;
}
…
```

典型的生产者与消费者模型是建立在数据空间有限的基础上的，而且需要确保生产的数据都能被正常消耗掉。但在一些流式的处理上（如直播转码等流式处理），消费者线程可能会因为一些不稳定因素（如网络等）造成处理时间过长的情况（导致数据仓库被填满），而生产者线程是需要实时获取数据的（生产者线程不能因为仓库被填满而等待）。

在这种生产者线程不能因为数据仓库被填满而进入等待状态的情况下，可以做环式的数据仓库（允许数据被覆盖），但这种方式对于"数据长度不一致"的情况来说，当发生数据覆盖时，很难推算出新的读数据位置，所以如果实际情况允许，可以直接清空数据仓库并归零读写游标。

🔔说明：也可以通过开辟临时的数据仓库解决以上问题，但这样的方式一般是不被提倡的，因为临时数据仓库机制是复杂的，而且可能会造成内存枯竭等问题。

5.3.3　线程模型

在了解了线程与进程以及线程与线程同步的相关介绍后，我们回到构建云计算服务软件的问题上。云计算服务软件在运行期间需要同时做多件事情，例如，在执行任务的同时需要监听任务变更指令。而一个软件想要同时做多件事情，必然会涉及多线程。因此，构建云计算服务软件基础框架的第一步应该是建立线程模型，在线程模型之上，才能更有效地对各个模块进行分而治之。设计线程模型一般分两步完成，首先是划分线程和明确依赖关系，然后明确线程间的同步方式。

1. 划分线程和明确依赖关系

在 5.2.1 小节中把云计算服务软件分为 5 个模块，即任务获取模块、变更指令获取模块、任务执行模块、进度汇报模块和运行状态汇报模块。对应的，可以直接把这 5 个模块分别做成 5 个独立线程，但由于进度汇报模块和运行状态汇报模块都是定时任务（定时汇报），可以把这两个模块合并成一个线程，所以应该划分以下 4 个独立线程：
- 任务获取线程，对应任务获取模块；
- 变更指令获取线程，对应变更指令获取模块；
- 任务执行线程，对应任务执行模块；
- 汇报线程，对应进度汇报模块和运行状态汇报模块。

🔔说明：任务获取模块和任务执行模块也可以合成一个线程，因为在执行任务期间不需要再获取任务。但是由于任务获取模块是通用模块，而任务执行模块会根据不同业务做变更，所以为了保持任务获取模块的纯粹性，把任务获取模块和任务执行模块分为两个线程执行任务。

线程模型的线程划分和依赖关系如图 5.13 所示。其中，以任务执行线程为中心，任务获取线程、变更指令获取线程和汇报线程都只与任务执行线程产生依赖关系。

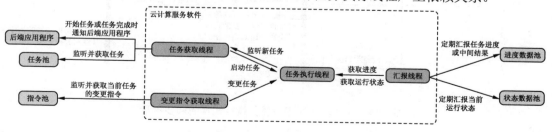

图 5.13　线程模型的线程划分和依赖关系

2. 明确线程间的同步方式

根据线程的依赖关系,可以将线程间的同步分为 3 个部分讲解,即任务获取线程与任务执行线程、汇报线程与任务执行线程、变更指令获取线程与任务执行线程。

(1) 任务获取线程与任务执行线程的同步。"任务获取线程"监听"任务池"并获取任务后,先向"后端应用程序"通知任务开始,然后把任务写入"任务变量"并唤醒"任务执行线程","任务执行线程"工作期间,"任务获取线程"会处于等待状态,直到"任务执行线程"结束工作。"任务执行线程"一开始处于等待状态,直到被"任务获取线程"唤醒,"任务执行线程"从"任务变量"获取任务并执行,执行结束后,"任务执行线程"将唤醒"任务获取线程"并进入等待状态。

"任务获取线程"与"任务执行线程"的同步流程如图 5.14 所示。其中,"任务获取线程"通知"后端应用程序"的方式一般是调用"后端应用程序"提供的 RESTful API。

> 🔔 **说明:** 任务获取线程在每次任务结束后需要判断任务执行次数是否已经达到消亡次数,如果达到则退出程序,消亡次数根据实际业务场景设定。消亡机制有助于云计算服务软件的持续运行。

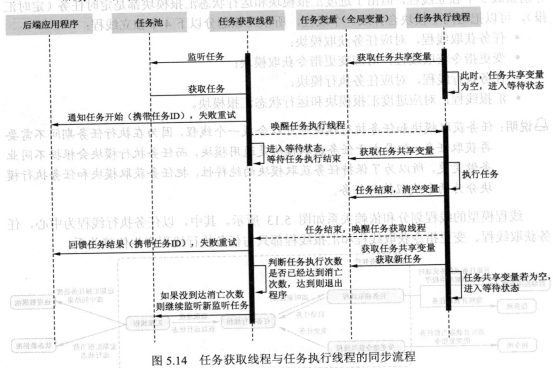

图 5.14　任务获取线程与任务执行线程的同步流程

在程序中,任务获取线程与任务执行线程的同步总共需要三个函数,分别用于推送任务、获取任务和结束任务,如代码 5.5 所示,其中任务变量一般为 JSON 类型,这样能灵活地设置任务参数。

📖说明：严格来说，JSON 不算是 C++中的变量类型，它只是一个第三方类。另外，要想在 C++中使用 JSON 需要引用相关的库，一般使用的是 JsonCpp。

代码 5.5　任务获取线程与任务执行线程同步的代码实现

```cpp
#include <pthread.h>                    //线程相关的头文件
#include <jsoncpp/json/json.h>          //JSON 类型相关的头文件
…
    //定义任务变量，此变量为全局变量，这里以 JSON 变量为例
    Json::Value mission;

    //定义互斥锁和条件变量，都为全局变量
    pthread_mutex_t missionLock;        //定义任务获取线程与任务执行线程的互斥锁
    pthread_cond_t condMissionPush;     //定义任务获取线程被唤醒的条件变量
    pthread_cond_t condMissionGet;      //定义任务执行线程被唤醒的条件变量
    //初始化以上变量
    missionLock = PTHREAD_MUTEX_INITIALIZER;
    condMissionPush = PTHREAD_COND_INITIALIZER;
    condMissionGet = PTHREAD_COND_INITIALIZER;

    //推送任务函数，任务获取线程调用
    //任务获取线程会在调用此函数后进入等待状态，直到任务执行结束
    void PushMission(Json::Value data){
        //对互斥锁进行上锁
        pthread_mutex_lock(&missionLock);
        //存放任务
        mission = data;
        //触发条件变量 condMissionGet，唤醒处于等待的任务执行线程
        pthread_cond_signal(&condMissionGet);
        //任务获取线程进入等待状态，等待任务执行结束
        pthread_cond_wait(&condMissionPush, &missionLock);
        //释放互斥锁
        pthread_mutex_unlock(&missionLock);
    }

    //获取任务函数，任务执行线程调用
    //如果任务为空，任务执行线程会进入等待状态
    Json::Value GetMission(){
        Json::Value data;
        //对互斥锁进行上锁
        pthread_mutex_lock(&missionLock);
        //判断任务变量是否为空，若为空，则进入等待状态，等待任务获取线程唤醒
        while(mission.empty()){
            pthread_cond_wait(&condMissionGet, &missionLock);
        }
        //获取任务
        data = mission;
        //释放互斥锁
        pthread_mutex_unlock(&missionLock);
```

```
        return data;
    }

    //结束任务函数，任务执行线程调用
    //任务执行线程清空任务变量并唤醒任务获取线程
    //任务执行线程调用完此函数后，会再次调用获取任务函数，以获得新任务
    void FinishMission(){
        Json::Value data;
        //对互斥锁进行上锁
        pthread_mutex_lock(&missionLock);
            //清空任务变量
            if(!mission.empty()){
                mission.clear();
            }
            //触发条件变量 condMissionPush，唤醒处于等待的任务获取线程
            pthread_cond_signal(&condMissionPush);
        //释放互斥锁
        pthread_mutex_unlock(&missionLock);
    }
...
```

（2）汇报线程与任务执行线程的同步"汇报线程"是一个定时任务（具体周期按具体业务场景设定），定期从共享的"状态变量"和"任务进度变量"中获取需要的值，并分别向"进度数据池"和"状态数据池"汇报相关的结果；"任务执行线程"在任务开始时和任务结束时会修改"状态变量"，在执行任务过程中会不断修改"任务进度变量"。汇报线程与任务执行线程的同步流程如图 5.15 所示。

🔔注意：任务执行线程的主逻辑一般都是循环，任务进度变量只需要在一个或几个循环周期内修改即可，无须定时修改。

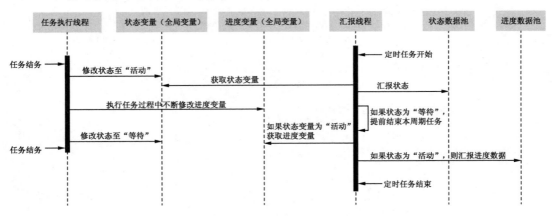

图 5.15　汇报线程与任务执行线程的同步流程

在程序中，汇报线程与任务执行线程的同步分为两个部分：状态变量修改和获取、进度变量修改和获取。汇报线程与任务执行线程同步的代码实现如代码 5.6 所示，其中，进

度变量一般为 JSON 类型的变量，这样能灵活设置进度参数。

🔔说明：任务获取线程也知道任务状态，所以状态变量的修改也可以由任务获取线程完成。

代码 5.6　任务获取线程与任务执行线程同步的代码实现

```
#include <pthread.h>                    //线程相关的头文件
#include <jsoncpp/json/json.h>          //JSON 类型相关的头文件
#include <vector>                       //容器相关的头文件
…
    //定义状态的枚举
    enum STATE{
        NONE = 0,
        WAIT,
        ACTIVE
    };
    //定义状态变量，此变量为全局变量
    STATE state = WAIT;
    //定义进度变量，此变量为全局变量，这里以 JSON 变量为例
    Json::Value progress;

    //定义互斥锁和条件变量，都为全局变量
    pthread_mutex_t reportLock;              //定义汇报线程与任务执行线程的互斥锁
    //初始化以上变量
    reportLock = PTHREAD_MUTEX_INITIALIZER;

    //状态变量修改，任务执行线程调用
    //任务执行线程在任务开始或任务结束时调用
    //任务结束时，需要清空进度变量
    void UpdateState(STATE date){
        //对互斥锁进行上锁
        pthread_mutex_lock(&reportLock);
            //修改状态变量
            state = data;
            If(data == WAIT){
                //清空任务变量
                if(!progress.empty()){
                    progress.clear();
                }
            }
        //释放互斥锁
        pthread_mutex_unlock(&reportLock);
    }

    //状态变量获取函数，汇报线程调用
    //汇报线程定时调用
    STATE GetState(){
```

```
        STATE date;
        //对互斥锁进行上锁
        pthread_mutex_lock(&reportLock);
            //获取状态变量
            date = state;
        //释放互斥锁
        pthread_mutex_unlock(&reportLock);
        return data;
    }

    //进度变量修改函数，任务执行线程调用
    //任务执行线程在执行任务过程中调用
    void UpdateProgress(Json::Value date){
        //对互斥锁进行上锁
        pthread_mutex_lock(&reportLock);
            //修改状态变量
            progress = data;
        //释放互斥锁
        pthread_mutex_unlock(&reportLock);
    }

    //进度变量获取函数，汇报线程调用
    //汇报线程定时调用
    Json::Value GetProgress(){
        Json::Value date;
        //对互斥锁进行上锁
        pthread_mutex_lock(&reportLock);
            //获取进度变量
            date = progress;
        //释放互斥锁
        pthread_mutex_unlock(&reportLock);
        return data;
    }
...
```

（3）变更指令获取线程与任务执行线程的同步。"变更指令获取线程"监听"指令池"并获取任务变更指令，若任务变更指令与当前任务 ID 匹配，则加入变更"指令队列"中，之后，"变更指令获取线程"继续监听指令池；"任务执行线程"在执行任务过程中不断获取任务变更指令并响应指令。变更指令获取线程与任务执行线程的同步流程如图 5.16 所示。

注意：任务执行线程的主逻辑一般都是循环，任务执行线程需要在每个循环周期都查询变更指令。另外，任务执行线程不一定能及时处理变更指令，可能会造成变更指令积压的情况，为了应对这样的场景，变更指令需要放到队列当中。

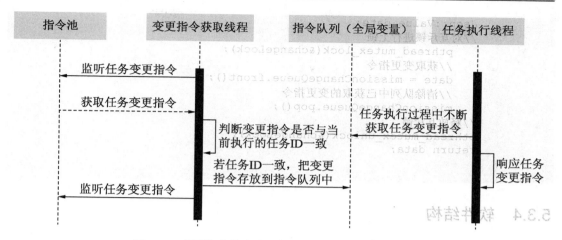

图 5.16　变更指令获取线程与任务执行线程的同步流程

在程序中，变更指令获取线程与任务执行线程的同步需要两个函数，分别用于变更指令增加和变更指令获取。变更指令获取线程与任务执行线程同步的代码实现如代码 5.7 所示，其中，变更指令变量一般为 JSON 类型的变量，这样能灵活设置指令参数。

代码 5.7　变更指令获取线程与任务执行线程同步的代码实现

```cpp
#include <pthread.h>              //线程相关的头文件
#include <jsoncpp/json/json.h>    //JSON 类型相关的头文件
#include <queue>                  //队列的相关头文件
…
    //定义指令变更队列,此变量为全局变量
Json::Value progress;
std::queue<Json::Value> = missionChangeQueue;

    //定义互斥锁和条件变量,都为全局变量
pthread_mutex_t changeLock; //定义变更指令获取线程与任务执行线程的互斥锁
    //初始化以上变量
changeLock = PTHREAD_MUTEX_INITIALIZER;

    //变更指令增加函数,变更指令获取线程调用
    //需要先判断变更指令是否与正在执行的任务 ID 相匹配
void PushMissionChange(Json::Value date){
    //对互斥锁进行上锁
    pthread_mutex_lock(&changeLock);
        //向指令变更队列添加变更指令
        missionChangeQueue.push(date);
    //释放互斥锁
    pthread_mutex_unlock(&changeLock);
}

    //变更指令获取函数,任务执行线程调用
    //任务执行线程在任务执行过程中不断查看变更指令
Json::Value GetMissionChange(){
```

```
            Json::Value date;
            //对互斥锁进行上锁
            pthread_mutex_lock(&changeLock);
            //获取变更指令
            date = missionChangeQueue.front();
            //清除队列中已获取的变更指令
            missionChangeQueue.pop();
        //释放互斥锁
        pthread_mutex_unlock(&changeLock);
        return data;
    }
    …
```

5.3.4　软件结构

在明确了线程模型后，云计算服务软件的骨架也就明确了。在这骨架之上，还需要补充一些通用部分，如错误码文件、通用函数文件、配置文件及日志配置文件等。除此之外，建议把云计算服务软件分成两层，即主逻辑层和模块层，这样能让软件结构更加清晰。云计算服务软件的基础结构如图 5.17 所示。其中，为了方便管理，线程同步的相关函数及变量都统一放到了同一个地方（线程同步枢纽）。

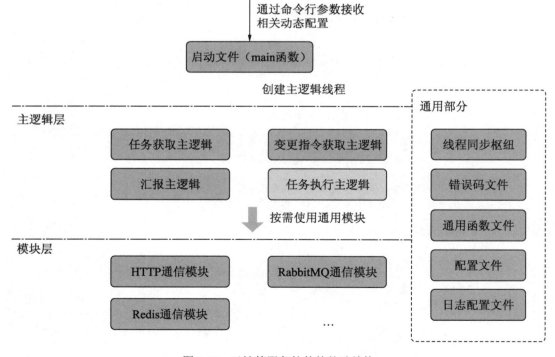

图 5.17　云计算服务软件的基础结构

⌂说明：云计算服务软件分层的目的是分离主逻辑和通用模块，这样不仅能让主逻辑代码
　　　更清晰，还能抽离通用模块（复用代码）。

　　在整个云计算服务软件的结构中，除了任务执行主逻辑以外，大部分都是通用部分。
也就是说，除了任务执行主逻辑以外，其他部分即为云计算服务软件的基础框架。在开发
不同业务场景的云计算服务软件时，只需要在这个基础框架之上，编写具体的任务执行逻
辑和相关模块即可。至于基础框架的表现形式，可以封装起来（源码不可见），也可以保
持代码裸露。

⌂说明：框架是一类软件的基本骨架，构造框架的目的，是为了让开发者只关注具体业务
　　　场景的开发，而不需要关心通用部分的代码。至于框架的表现形式，需要根据实
　　　际情况而定，封装起来（源码不可见）有助于对外推广，保持代码裸露有利于开
　　　发人员查错。

5.4　任务池与指令池的搭建和使用

　　在 5.2.2 小节中提到，任务池与指令池的搭建与使用其实就是选用一个合适的消息队
列服务并根据具体问题制定使用规则。本节将介绍任务池与指令池的搭建与使用的具体方
法，主要从 4 个方面进行深入讲解：消息队列、RabbitMQ、任务池的搭建与使用规则，
以及指令池的搭建与使用规则。

5.4.1　消息队列

　　消息队列（Message Queue）是应用程序间（或同一进程的多个线程间）通信的一种
方式。消息队列实质上是一种异步通信方式，消息队列作为消息的中转站，允许应用程序
把消息存放在消息队列中，而消息的接收者可以在消息存放一段时间后再取回信息。另外，
消息队列一般保持先进先出的原则，即先存放的消息会被先取得。
　　如果以消息队列作为生产者与消费者模型中的仓库，则相当于规定先生产的信息会被
先消费。另外，消息队列一般是独立于应用程序之外的服务，即使生产者应用程序或消费
者应用程序都异常退出，消息仍会正常保留在消息队列中。

⌂说明：生产者与消费者模型是一种通用模型，解决的是并行任务的同步问题。而并行任
　　　务可能是运行在不同服务器上的应用程序，可能是同一机器中的多个进程，也可
　　　能是同一进程的多个线程。其中，同一进程的多个线程的生产者与消费者模型的
　　　详细介绍见 5.3.2 小节。

　　消息队列充当生产者与消费者模型的仓库，如图 5.18 所示。其中，生产者、仓库（消

息队列）和消费者是相互独立的三个部分，生产者和消费者可以为多个。另外，生产者和消费者可能是运行在不同服务器上的应用程序，可能是同一机器中的多个进程，也可能是同一进程的多个线程。

图 5.18　消息队列充当生产者与消费者模型的仓库

以上介绍的是消息队列的相关概念，下面将介绍几种常见的消息队列，值得注意的是，不同的消息队列应对的场景是有所区别的，具体消息队列的选择应该以具体场景为依据。

1．系统内核的消息队列

在现今的操作系统当中，其系统内核基本都带有消息队列。系统内核的消息队列是进程通信的一种方式，同一机器的多个进程可以通过此消息队列进行通信。一般来说，系统内核消息队列中的数据不会因为相关进程的退出而消失，除非系统重启或者程序对消息进行删除。

说明：内核是一个操作系统的核心，它负责管理操作系统的进程、内存、驱动程序、文件系统及网络系统等。Linux 实际上是一种系统内核，而 Ubuntu、CentOS 这些操作系统用的都是 Linux 内核，所以 Ubuntu、CentOS 这些操作系统也被统称为 Linux 系统。

2．Kafka

Kafka 是一种高吞吐量的分布式发布订阅消息系统，是非常流行的一种消息队列服务。Kafka 是独立的消息队列服务，允许不同服务器上的应用程序使用该消息队列。Kafka 是一个分布式流式系统，拥有很高的吞吐量并允许大量的消息堆积，所以最适合作为高并发数据流式处理的消息中间件，常用作日志采集、用户行为采集及数据采集等场景。

3．RabbitMQ

RabbitMQ 是遵循 AMQP 的消息代理，是非常流行的一种消息队列服务。RabbitMQ 是独立的消息队列服务，允许不同服务器上的应用程序使用该消息队列。相对于 Kafka，RabbitMQ 的吞吐量不具备优势，但是 RabbitMQ 拥有灵活的消息路由规则，可应对更为复杂的消息传递场景。RabbitMQ 拥有消息确认机制，如果消费者程序在处理消息时异常退出（没发送消息确认的反馈），RabbitMQ 会重新把消息放回消息队列中，所以 RabbitMQ 也常被用作消息需要保证被正常消耗的场景。

说明：AMQP（Advanced Message Queuing Protocol）一种提供统一消息服务的应用层标准高级消息队列协议，RabbitMQ 是该协议的一种具体实现。

4．其他

除了 Kafka 和 RabbitMQ 这两种主流的消息队列服务以外，还有 ZeroMQ、ActiveMQ 及 RocketMQ 等。对于用作不同服务器应用程序间通信的消息队列的选择而言，消息队列服务之间很难判断出孰优孰劣，更多的应该是根据具体应用场景的某些特殊要求来作出选择。

5.4.2　RabbitMQ 消息队列

RabbitMQ 具有更加灵活的路由规则，且拥有消息确认机制，所以 RabbitMQ 比较适合作为任务池和指令池的载体。下面将对 RabbitMQ 的工作原理及常用场景进行深入讲解。

RabbitMQ 的内部可以分成两部分：交换机部分和消息队列部分。一般情况下，交换机和消息队列都需要手动创建，且需要使用绑定键以绑定交换机和消息队列的关系。交换机和消息队列的绑定关系可以是多对多的，绑定键可以标识多个绑定关系。

当生产者程序发送消息时，需要指定交换机和路由键。生产者程序所发送的消息会先被指定交换机接收，之后 RabbitMQ 会根据三个因素把消息发送到相关的消息队列中。判断的三个因素为该交换机的类型（直发、广播等）、该交换机与消息队列的绑定关系，以及生产者程序指定的路由键与绑定键是否匹配。当消息匹配不到相关消息队列时，会被丢弃。

消费者程序监听指定消息队列，当指定消息队列接收到信息后，RabbitMQ 会把消息发送到该消费者程序中。默认情况下，消息需要被确认（消费者程序向 RabbitMQ 发送消息确认信息）后才会被删除。在消息还没被确认的情况下，如果消费者程序异常退出（如断开连接），则该消息会被重新放回消息队列中。当然，在监听消息队列时如果设置了自动确认，则消息会被自动删除。另外，多个消费者程序可以监听同一个消息队列，但一个消息只会被一个消费者程序获取。RabbitMQ 的工作原理如图 5.19 所示。

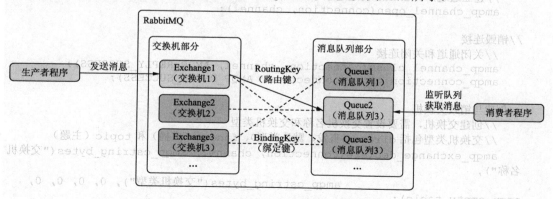

图 5.19　RabbitMQ 的工作原理

1．RabbitMQ的基本操作

RabbitMQ 的基本操作如代码 5.8 所示，包括创建与销毁连接、创建与销毁交换机、创建与销毁消息队列、绑定交换机和消息队列、发送消息及接收消息。值得一提的是，无论是生产者程序还是消费者程序，都最好在发送消息或接受消息前做一下创建交换机、创建消息队列和绑定交换机与消息队列的动作，避免因为消息队列或交换机不存在而发生的错误。

🔖说明：示例代码 5.8 是使用 C++编写的，除了 C++以外，RabbitMQ 还支持其他语言，如 Python、Java、Ruby、PHP 等。虽然实际使用的开发语言不尽相同，但 RabbitMQ 的调用方式是大同小异的。

代码 5.8　RabbitMQ 的基本操作

```
//RabbitMQ 相关头文件，需要先安装相关的库（librabbitmq-dev）
#include <amqp.h>
#include <amqp_tcp_socket.h>

//定义连接变量，connecton 为连接，channel 为连接的通道，与 RabbitMQ 通信都需要加上
  二者
amqp_connection_state_t connection = amqp_new_connection();
int channel = 1;

//创建连接
    //打开连接，并登录 RabbitMQ，需要指定 RabbitMQ 的 IP 地址、端口、账号和密码
    //"/"为默认的虚拟主机，一个 RabbitMQ 服务可以开设多个虚拟主机，用作服务隔离
    //虚拟主机需要设置开通
    amqp_socket_open(socket, "IP 地址", "端口");
    amqp_socket_t *socket = amqp_tcp_socket_new(connection);
    amqp_login(connection, "/", 0, 131072, 0, AMQP_SASL_METHOD_PLAIN,
"账号", "密码");
    //建立通道，channel 为通道序号。一个程序可以打开多个通道以达到建立多个连接的效果
    amqp_channel_open(connection, channel);

//销毁连接
    //关闭通道和关闭连接
    amqp_channel_close(connection, channel, AMQP_REPLY_SUCCESS);
    amqp_connection_close(connection, AMQP_REPLY_SUCCESS);

//创建与销毁交换机
    //创建交换机，需要设置交换机名称和交换机类型
    //交换机类型包括 direct（直发，默认类型）、fanout（广播）和 topic（主题）
    amqp_exchange_declare(connection, channel, amqp_cstring_bytes("交换机
名称"),
                          amqp_cstring_bytes("交换机类型"), 0, 0, 0, 0,
amqp_empty_table);
    //销毁交换机，需要设置交换机名称
```

```
amqp_exchange_delete(connection, channel, amqp_cstring_bytes("交换机
名称"), 1);
    //创建与销毁消息队列
        //创建消息队列
        const char* queueNameStr = "消息队列名称";
        //消息队列是否持久化（重启后消息仍不丢失），0/1 对应 false/true
        amqp_boolean_t durable = 1;
        //消息队列是否在断开连接后自动删除，0/1 对应 false/true
        amqp_boolean_t autodelete = 0;
        amqp_queue_declare(connection, channel, amqp_cstring_bytes
(queueNameStr), 0,
                        durable, 0, autodelete, amqp_empty_table);
        //销毁消息队列
        amqp_queue_delete(connection, channel, amqp_cstring_bytes
(queueNameStr), 1, 0);

    //绑定与解绑
        //绑定交换机与消息队列，交换机和消息队列可以绑定多个绑定键
        const char* queueNameStr = "消息队列名称";
        const char* exchange = "交换机名称";
        //当交换机类型为 fanout（广播）时不生效
        const char* bindingkey = "绑定键名称";
        amqp_queue_bind(connection, channel, amqp_cstring_bytes(queueNameStr),
                    amqp_cstring_bytes(exchange), amqp_cstring_bytes
(bindingkey),
                    amqp_empty_table);
        //解除绑定
        amqp_queue_unbind(connection, channel, amqp_cstring_bytes(queue
NameStr),
                    amqp_cstring_bytes(exchange), amqp_cstring_bytes
(bindingkey),
                    amqp_empty_table);

    //发送消息
        const char* exchange = "交换机名称";
        const char* routingkey = "路由键名称";
        const char* messagebody = "发送的消息";
        //设置消息的相关信息
        amqp_basic_properties_t props;
        props._flags = AMQP_BASIC_CONTENT_TYPE_FLAG |
                    AMQP_BASIC_DELIVERY_MODE_FLAG;          //与下面的配置对应
        //消息主体的类型
        props.content_type = amqp_cstring_bytes("text/plain");
        props.delivery_mode = 2;                          //持久化消息
        //发送消息
        amqp_basic_publish(connection, channel, amqp_cstring_bytes(exchange),
        amqp_cstring_bytes(routingkey), 0, 0, &props,
        amqp_cstring_bytes(messagebody));

    //获取消息与消息确认
```

```
    //是否自动确认消息，0/1 对应 false/true，0 代表需要手动确认
    amqp_boolean_t noack = 0;
    const char* queueNameStr = "消息队列名称";
    //订阅消息队列，这个函数只需要调用一次，即使获取多次消息
    amqp_basic_consume(connection, channel, amqp_cstring_bytes(queue
NameStr),
                        amqp_empty_bytes, 0, noack, 0,amqp_empty_table);
    //获取消息，获取消息可以多次调用，无消息时会自动阻塞
    amqp_envelope_t envelope;                      //定义接收消息的变量
    amqp_maybe_release_buffers(connection);        //清理 buffers
    amqp_consume_message(connection, &envelope, NULL, 0); //获取消息
    envelope.message.body.bytes;              //消息主体的开始指针（char *）
    envelope.message.body.len;                     //消息主体的长度
    //确认消息，如果订阅时设置为自动确认，则此处不需要调用
    //envelope.delivery_tag 为所获取信息的标识
    amqp_basic_ack(connection, channel, envelope.delivery_tag, 0);
```

2. 场景一：把消息发送到指定消息队列

当消息只需要被发送到一个指定消息队列时，可以直接使用默认的交换机（不需要另外创建交换机）。发送消息时，交换机设置为默认交换机，路由键设置为消息队列的名称，消息就可以发送到指定消息队列了。另外，默认的交换机与消息队列是自动绑定的，不需要额外手动绑定。把消息发送到指定消息队列的流程如图 5.20 所示。

图 5.20　把消息发送到指定消息队列的流程

生产者程序利用默认交换机把消息发送到指定消息队列的代码如代码 5.9 所示，其中，默认交换机是默认存在的，消息队列创建后会自动与默认交换机绑定。

代码 5.9　生产者程序利用默认交换机把消息发送到指定消息队列

```
const char* exchange = "";              //默认交换机名称（名称为空字符）
//路由键设置为要发送到的消息队列名称
const char* routingkey = "要发送到的消息队列名称";

//设置消息的相关信息
amqp_basic_properties_t props;
props._flags = AMQP_BASIC_CONTENT_TYPE_FLAG |
               AMQP_BASIC_DELIVERY_MODE_FLAG;           //与下面的配置对应
props.content_type = amqp_cstring_bytes("text/plain"); //消息主体的类型
props.delivery_mode = 2;                                //持久化消息
```

```
//发送消息
const char* messagebody = "发送的消息";
amqp_basic_publish(connection, channel, amqp_cstring_bytes(exchange),
                   amqp_cstring_bytes(routingkey), 0, 0, &props,
                   amqp_cstring_bytes(messagebody);
```

默认情况下，当多个消费者程序监听同一个消息队列时，消息队列接收到消息后，会把该消息发送给其中一个消费者程序，不论该消费者程序是否还有未处理完的消息（未确认的消息）。这样的分发机制可能会造成有的消费者程序积压太多消息，而有的消费者程序只有几个消息的情况。因此，当多个消费者程序监听同一个消息队列时，一般需要保证分发公平。分发公平需要每个消费者程序在没确认消息之前，不接收新的消息，这个设置如代码 5.10 所示。

代码 5.10　消费者程序在没确认消息之前不接收新消息的设置

```
//设置在没确认消息之前不接收新消息，需要在订阅消息队列前设置
uint16_t prefetchCount = 1;
amqp_basic_qos(connection, channel, 0, prefetchCount, 0);

//订阅消息队列，只调用一次即可
amqp_boolean_t noack = 0;                          //需要设置为消息需要手动确认
const char* queueNameStr = "消息队列名称";
amqp_basic_consume(connection, channel, apmq_cstring_bytes
(queueNameStr),
                   amqp_empty_bytes, 0, noack, 0, amqp_empty_table);

//获取消息，可以多次调用，无消息时会自动阻塞
amqp_envelope_t envelope;                          //定义接收消息的变量
amqp_maybe_release_buffers(connection);            //清理 buffers
amqp_consume_message(connection, &envelope, NULL, 0);       //获取消息
envelope.message.body.bytes;                       //消息主体的开始指针（char *）
envelope.message.body.len;                         //消息主体的长度

//确认消息，确认消息后，消息队列才会向消费者程序发送新的消息
//envelope.delivery_tag 为所获取信息的标识
amqp_basic_ack(connection, channel, envelope.delivery_tag, 0);
```

3．场景二：把消息路由到消息队列

对于前面介绍的场景一（把消息发送到指定消息队列）而言，生产者程序需要知道消费者程序监听的消息队列名称。这样会产生一种强关联，一旦消息队列名称不固定（临时的消息队列），则会导致生产者程序不知道该把消息发送到哪个消息队列的问题发生。为此，RabbitMQ 提供了消息路由的模式，生产者程序发送消息时指定交换机和路由键（无须关心具体消息队列名称），交换机收到消息后，根据路由键寻找与之匹配的消息队列并把消息发送到这些消息队列中。

如果要使用 RabbitMQ 的消息路由模式，首先需要创建一个直发模式的交换机（默认

类型），然后把相关的消息队列与该交换机进行绑定（通过绑定键绑定）。生产者程序发送消息时，需要指定交换机和路由键。交换机接收到消息后，会根据路由键与绑定键进行匹配，匹配成功的消息队列会收到消息。把消息路由到消息队列的流程如图 5.21 所示。其中，多个消息队列可以用相同的绑定键绑定，如果路由键与多个绑定键匹配，则消息会发到多个消息队列当中。如果没有匹配的消息队列，消息会被丢弃。另外，同一交换机和消息队列可以使用多个绑定键建立关系。

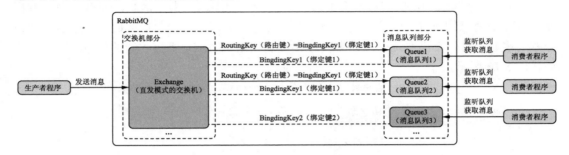

图 5.21　把消息路由到消息队列的流程

生产者程序利用直发模式的交换机把消息路由到消息队列的代码如代码 5.11 所示，其中，消息队列与交换机的绑定一般交由消费者程序完成，这样能让消费者程序更灵活地使用消息队列。另外，消费者程序只需要正常监听消息队列即可。

代码 5.11　生产者程序利用直发模式的交换机把消息路由到消息队列

```
const char* exchange = "交换机名称";                      //交换机名称
const char* routingkey = "路由键名称";                    //路由键名称
const char* bindingkey = "绑定键名称";                    //绑定键名称

//创建直发模式的交换机，指定交换机类型为 direct（直发）
amqp_exchange_declare(connection, channel, amqp_cstring_bytes(exchange),
                   amqp_cstring_bytes("direct"), 0, 0, 0, 0, amqp_empty
_table);

//绑定交换机与消息队列，绑定键需要被指定，同一交换机和消息队列可以使用多个绑定键建立
  关系
const char* queueNameStr = "消息队列名称";
amqp_queue_bind(connection, channel, amqp_cstring_bytes(queueNameStr),
              amqp_cstring_bytes(exchange), amqp_cstring_bytes(bindingkey),
              amqp_empty_table);

//设置消息的相关信息
amqp_basic_properties_t props;
props._flags = AMQP_BASIC_CONTENT_TYPE_FLAG |
              AMQP_BASIC_DELIVERY_MODE_FLAG;               //与下面的配置对应
props.content_type = amqp_cstring_bytes("text/plain"); //消息主体的类型
props.delivery_mode = 2;                                 //持久化消息
```

```
//发送消息,路由键需要被指定,即 routingkey 需要与某个 bindingkey 相同
const char* messagebody = "发送的消息";
amqp_basic_publish(connection, channel, amqp_cstring_bytes(exchange),
                   amqp_cstring_bytes(routingkey), 0, 0, &props,
                   amqp_cstring_bytes(messagebody);
```

4. 场景三:把消息按主题分发到消息队列

对于前面介绍的场景二(把消息路由到消息队列)而言,有一个限制,即消息队列的绑定键需要与消息的路由键精准匹配后,消息队列才能接收到消息。那么,是否可以只要相似的绑定键与路由键匹配后(模糊匹配),对应的消息队列就能收到消息呢?这样可以大大提升消息发送的灵活度。为此,RabbitMQ 提供了主题分发的模式,生产者程序发送消息时指定交换机和路由键,交换机收到消息后,会根据路由键寻找与之模糊匹配的消息队列并把消息发送到这些消息队列中。

如果要使用 RabbitMQ 的主题分发模式,首先需要创建一个主题模式的交换机,然后把相关的消息队列与该交换机进行绑定(通过绑定键绑定,绑定键可以使用通配符)。生产者程序发送消息时,需要指定交换机和路由键。交换机接收到消息后,会根据路由键与含有通配符的绑定键进行模糊匹配,匹配成功的消息队列会收到消息。把消息路由按主题分发到消息队列的流程如图 5.22 所示。其中,同一交换机和消息队列可以使用多个绑定键建立关系,如果匹配多个绑定键,则该消息队列也只会收到一条信息。

说明:主题分发模式的绑定键和路由键,都是以 "." 分割字符的,如 "test.mission"、"zoo.tiger.lily" 等。另外,绑定键中可以使用两种通配符,即 "*" 和 "#","*"代表任意一个单词,"#" 代表 0 个或多个单词,单词是以 "." 分割的。例如,A 消息队列的绑定键是 "zoo.#",B 消息队列的绑定键是 "*.lily",路由键是 "zoo.tiger.lily",则 A 消息队列收到消息,而 B 消息队列收不到消息,因为 B 消息队列的绑定键使用的是 "*",只能代表一个单词,而路由键 "zoo.tiger.lily" 中有三个单词(单词以 "." 分割)。

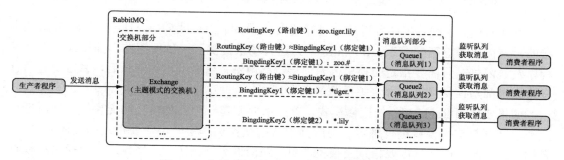

图 5.22　把消息按主题分发到消息队列的流程

生产者程序利用主题模式的交换机把消息按主题分发到消息队列的代码如代码 5.12 所示,其中,消息队列与交换机的绑定一般交由消费者程序完成,这样能让消费者程序更

灵活地使用消息队列。另外，消费者程序只需要正常监听消息队列即可。

代码 5.12　生产者程序利用主题模式的交换机把消息按主题分发到消息队列

```
const char* exchange = "交换机名称";        //交换机名称
const char* routingkey = "路由键名称";      //路由键名称,如"zoo.tiger.lily"
const char* bindingkey = "绑定键名称";      //绑定键名称, 如"zoo.#"

//创建主题模式的交换机,指定交换机类型为 topic (主题)
amqp_exchange_declare(connection, channel, amqp_cstring_bytes(exchange),
                amqp_cstring_bytes("topic"), 0, 0, 0, 0, amqp_empty_
table);

//绑定交换机与消息队列,绑定键需要被指定,同一交换机和消息队列可以使用多个绑定键建立
  关系
const char* queueNameStr = "消息队列名称";
amqp_queue_bind(connection, channel, amqp_cstring_bytes(queueNameStr),
                amqp_cstring_bytes(exchange), amqp_cstring_bytes(bindingkey),
                amqp_empty_table);

//设置消息的相关信息
amqp_basic_properties_t props;
props._flags = AMQP_BASIC_CONTENT_TYPE_FLAG |
               AMQP_BASIC_DELIVERY_MODE_FLAG;          //与下面的配置对应
props.content_type = amqp_cstring_bytes("text/plain"); //消息主体的类型
props.delivery_mode = 2;                               //持久化消息

//发送消息,路由键需要被指定
const char* messagebody = "发送的消息";
amqp_basic_publish(connection, channel, amqp_cstring_bytes(exchange),
                amqp_cstring_bytes(routingkey), 0, 0, &props,
                amqp_cstring_bytes(messagebody);
```

5. 场景四：把消息广播到多个消息队列

有些时候，生产者程序发送的消息需要发送到多个消息队列中，且希望发送方式是直接的，不需要考虑匹配关系。RabbitMQ 为这种场景提供了一种便捷的广播模式，生产者程序发送消息时只需要指定交换机，无须指定路由键，交换机收到消息后，会自动把消息发送到全部与该交换机有绑定关系的消息队列中。

如果要使用 RabbitMQ 的广播模式，首先需要创建一个广播模式的交换机，然后把相关消息队列与该交换机进行绑定（与广播模式的交换机绑定时不需要指定绑定键）。生产者程序发送消息时，只需要指定交换机即可，路由键无须指定。广播模式的交换机在接收到消息后，会自动把消息发送到与该交换机绑定的全部消息队列上。把消息广播到多个消息队列的工作流程如图 5.23 所示。

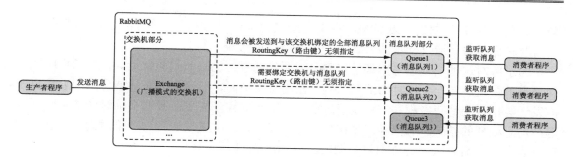

图 5.23　把消息广播到多个消息队列的流程

　　生产者程序利用广播模式的交换机把消息广播到多个消息队列的代码如代码 5.13 所示，而消费者程序只需要正常监听消息队列即可。另外，交换机与消息队列的绑定可以交由各自的消费者程序完成，这样生产者程序就可以无须关心具体广播到哪些消息队列。

代码 5.13　生产者程序利用广播模式的交换机把消息广播到多个消息队列

```
const char* exchange = "交换机名称";          //交换机名称
const char* routingkey = "";                //路由键不需要设置（名称设置为空字符）
const char* queueNameStr = "消息队列名称";     //消息队列名称
const char* bindingkey = "";                //绑定键不需要设置（名称设置为空字符）
const char* messagebody = "发送的消息";

//创建广播模式的交换机，指定交换机类型为 fanout（广播）
amqp_exchange_declare(connection, channel, amqp_cstring_bytes(exchange),
                amqp_cstring_bytes("fanout"), 0, 0, 0, 0, amqp_empty
_table);

//绑定交换机与消息队列，绑定键无须指定，即 bindingkey 为空字符
amqp_queue_bind(connection, channel, amqp_cstring_bytes(queueNameStr),
            amqp_cstring_bytes(exchange), amqp_cstring_bytes
(bindingkey),
            amqp_empty_table);

//设置消息的相关信息
amqp_basic_properties_t props;
props._flags = AMQP_BASIC_CONTENT_TYPE_FLAG |
            AMQP_BASIC_DELIVERY_MODE_FLAG;           //与下面的配置对应
props.content_type = amqp_cstring_bytes("text/plain");//消息主体的类型
props.delivery_mode = 2;                             //持久化消息

//发送消息，路由键无须指定，即 routingkey 为空字符
amqp_basic_publish(connection, channel, amqp_cstring_bytes(exchange),
            amqp_cstring_bytes(routingkey), 0, 0, &props,
            amqp_cstring_bytes(messagebody));
```

6. 场景五：消息回调

有些时候，消息发送的程序需要得到消息处理的结果后才能继续执行任务，但消息队

列本身是一种异步通信，RabbitMQ 也没有提供同步调用的方式（等待消息处理结果），所以需要转变思路，通过异步的方式达到同步通信的效果。

为了应对这种需要消息回调的场景，需要借助额外的临时消息队列。生产者程序在发送消息前，先建立一个临时的消息队列，在消息发送时，把这个临时的消息队列名称也一同发送给指定的消费者程序。发送消息之后，生产者程序需要监听这个临时的消息队列以等待消息处理的结果。消费者程序在处理完消息后，把结果发送到这个临时的消息队列即可。利用临时消息队列等待消息回调的流程如图 5.24 所示。

🔔注意：虽然这种方式能间接地达到同步调用的效果，但这种方式一般是不被提倡的。因为如果生产者程序在监听临时消息队列时异常退出的话，则可能会造成数据处理不完整，残留中间结果的情况。另外，如果消费者程序需要较长时间处理消息的话，那么生产者程序会进入长时间等待，而长时间等待在一些软件中是不被允许的，例如后端应用程序如果长时间等待，会产生接口超时等错误。

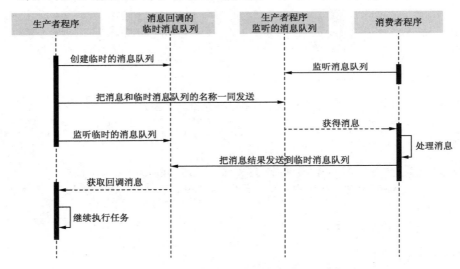

图 5.24　利用临时消息队列等待消息回调的流程

消息回调的代码如代码 5.14 所示，其中，临时消息队列的创建可以不指定消息名称（RabbitMQ 会自动生成一个唯一标识），消费者程序发送消息结果时只需要通过默认交换机发送到指定临时消息队列即可。另外，临时消息队列可以设置为自动销毁，生产者程序断开连接后，会自动销毁该消息队列。

代码 5.14　消息回调的代码

```
//生产者程序相关
    //创建临时消息队列，无须指定消息队列名称，RabbitMQ 会自动生成
    amqp_boolean_t durable = 0;            //设置消息队列不持久化
    amqp_boolean_t autodelete = 1;         //设置消息队列断开连接后自动删除
```

```
amqp_queue_declare_ok_t *result = amqp_queue_declare(connection, channel,
                              amqp_empty_bytes, 0, durable, 0,
autodelete,
                              amqp_empty_table);
    //自动生成的消息队列名称
    amqp_bytes_t queuename = amqp_bytes_malloc_dup(result->queue);

    //设置消息的相关信息
    amqp_basic_properties_t props;
    props._flags = AMQP_BASIC_CONTENT_TYPE_FLAG |
                   AMQP_BASIC_DELIVERY_MODE_FLAG|
                   AMQP_BASIC_REPLY_TO_FLAG;        //新增一个标识
    //消息主体的类型
    props.content_type = amqp_cstring_bytes("text/plain");
    props.delivery_mode = 2;                        //持久化消息
    props.reply_to = queuename;                     //记录临时消息队列名称

    //发送消息
    const char* exchange = "交换机名称";
    const char* bindingkey = "绑定键名称";
    const char* messagebody = "发送的消息";
    amqp_basic_publish(connection, channel, amqp_cstring_bytes(exchange),
                   amqp_cstring_bytes(routingkey), 0, 0, &props,
                   amqp_cstring_bytes(messagebody);

    //监听临时消息队列，获取消息结果
    amqp_envelope_t envelope;                       //定义接收消息的变量
    amqp_boolean_t noack = 1;                       //自动确认消息
    amqp_basic_consume(connection, channel, queuename, amqp_empty_bytes,
0, noack,
                   0,amqp_empty_table);             //订阅消息队列
    amqp_maybe_release_buffers(connection);         //清理 buffers
    amqp_consume_message(connection, &envelope, NULL, 0);  //获取消息
    envelope.message.body.bytes;                    //消息主体的开始指针（char *）
    envelope.message.body.len;                      //消息主体的长度

//消费者程序相关
    //获取消息
    amqp_envelope_t envelope;                       //定义接收消息的变量
    amqp_maybe_release_buffers(connection);         //清理 buffers
    amqp_consume_message(connection, &envelope, NULL, 0);  //获取消息

    //记录回调消息队列名称
    amqp_bytes_t queuename;                         //回调消息队列名称的变量
    //判断并记录回调消息队列名称
    if (envelope.message.properties._flags & AMQP_BASIC_REPLY_TO_FLAG) {
        queuename = amqp_bytes_malloc_dup(envelope.message.properties.
reply_to);
    }

    //设置消息的相关信息
```

```
amqp_basic_properties_t props;
props._flags = AMQP_BASIC_CONTENT_TYPE_FLAG |
                AMQP_BASIC_DELIVERY_MODE_FLAG;            //与下面的配置对应
//消息主体的类型
props.content_type = amqp_cstring_bytes("text/plain");
props.delivery_mode = 2;                                 //持久化消息

//发送消息结果，通过默认交换机发送到指定临时消息队列
const char* exchange = "";                    //默认交换机名称（名称为空字符）
amqp_bytes_t routingkey = queuename;          //路由键设置为临时消息队列的名称
const char* messagebody = "发送的结果消息";
amqp_basic_publish(connection, channel, amqp_cstring_bytes(exchange),
                amqp_cstring_bytes(routingkey), 0, 0, &props,
                amqp_cstring_bytes(messagebody);
```

5.4.3 任务池的搭建与使用

任务池是后端应用程序发布任务和云计算服务软件领取任务的地方，对应的，需要在 RabbitMQ 中创建一个消息队列作为任务池。后端应用程序发布任务时，通过默认交换机和任务消息名称，把任务发送到指定的任务消息队列中。多个云计算服务软件同时监听任务消息队列，同一任务只会被一个云计算服务软件获取。后端应用程序发布任务和云计算服务软件领取任务的流程如图 5.25 所示。需要注意的是，如果有多种任务和多种与之匹配的云计算服务软件，则需要创建多个任务消息队列。

📖说明：关于在 RabbitMQ 中把消息发送到指定消息队列的详细说明，可参考 5.4.2 小节中介绍的"场景一：把消息发送到指定消息队列"。

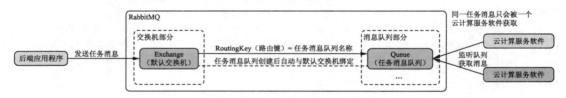

图 5.25 后端应用程序发布任务和云计算服务软件领取任务的流程

除了以上介绍的任务发布与任务领取流程以外，一般来说，任务消息队列还需要关注以下 3 个细节：

- 任务消息队列需要被设置成持久化，避免由于 RabbitMQ 服务重启而导致任务消息丢失。
- 云计算服务软件在监听任务消息队列前，需要设置为手动确认消息，这样即使云计算服务软件在执行任务过程中异常退出（未确认任务消息），任务消息仍会被其他云计算服务软件获取并执行。
- 云计算服务软件在监听任务消息队列前，需要设置为在没确认消息之前不接收新消

息，确保任务消息不会积压在少数几个云计算服务软件当中。

任务池搭建与使用的相关代码如代码 5.15 所示，其中，示例代码是使用 C++编写的，而后端应用程序一般是使用 Java 等开发语言编写的，所以在实际编码中，后端应用程序发送任务消息部分的编码可能会有所区别。

代码 5.15　任务池搭建与使用的相关代码

```
//创建任务消息队列，由云计算服务软件或后端应用程序创建都可以
    const char* queueNameStr = "任务消息队列名称";
    amqp_boolean_t durable = 1;    //设置任务消息队列持久化（重启后消息仍不丢失）
    amqp_boolean_t autodelete = 0;  //设置任务消息队列不自动删除
    amqp_queue_declare(connection, channel, amqp_cstring_bytes(queue
NameStr), 0,
                    durable, 0, autodelete, amqp_empty_table);

//后端应用程序相关
    const char* exchange = "";                      //默认交换机名称（名称为空字符）
    const char* routingkey = "任务消息队列名称"; //路由键设置为任务消息队列名称

    //设置消息的相关信息
    amqp_basic_properties_t props;
    props._flags = AMQP_BASIC_CONTENT_TYPE_FLAG |
                    AMQP_BASIC_DELIVERY_MODE_FLAG;   //与下面的配置对应
    props.content_type = amqp_cstring_bytes("text/plain"); //消息主体的类型
    props.delivery_mode = 2;                        //持久化消息

    //发送消息
    const char* messagebody = "发送的任务消息";
    amqp_basic_publish(connection, channel, amqp_cstring_bytes(exchange),
                    amqp_cstring_bytes(routingkey), 0, 0, &props,
                    amqp_cstring_bytes(messagebody);

//云计算服务软件相关
    //设置在没确认消息之前不接收新消息，需要在订阅消息队列前设置
    uint16_t prefetchCount = 1;
    amqp_basic_qos(connection, channel, 0, prefetchCount, 0);

    //订阅消息队列，只调用一次即可
    amqp_boolean_t noack = 0;                        //设置为消息需要手动确认
    const char* queueNameStr = "任务消息队列名称";
    amqp_basic_consume(connection, channel, amqp_cstring_bytes
(queueNameStr),
                    amqp_empty_bytes, 0, noack, 0,amqp_empty_table);

    //获取消息，可以多次调用，无消息时会自动阻塞
    amqp_envelope_t envelope;                         //定义接收消息的变量
    amqp_maybe_release_buffers(connection);           //清理 buffers
    amqp_consume_message(connection, &envelope, NULL, 0);   //获取消息
    envelope.message.body.bytes;                      //消息主体的开始指针（char *）
    envelope.message.body.len;                        //消息主体的长度
```

```
//确认消息，确认消息后，任务消息队列才会向云计算服务软件发送新的任务消息
//envelope.delivery_tag 为所获取信息的标识
amqp_basic_ack(connection, channel, envelope.delivery_tag, 0);
```

任务消息一般为 JSON 格式，这样能做到灵活配置。后端应用程序在发送任务时，需要把任务消息转换成字符串。而云计算服务在获取到任务消息后，需要把字符串转成 JSON 格式。任务消息一般包含任务标识、任务 ID、任务参数、任务开始时回调后端应用程序的 RESTful API 地址及任务结束时回调后端应用程序的 RESTful API 地址等，如代码 5.16 所示。

代码 5.16　任务消息示例

```
{
    "mission" : "任务标识",
    "missionID" : "任务 ID",
    "stateCallBack" : {
        "startMissionUrl" : "任务开始时回调后端应用程序的 RESTful API 地址",
        "endMissionUrl" : "任务结束时回调后端应用程序的 RESTful API 地址"
    },
    "stateParam" : {
        "参数 1" : "",
        "参数 2" : {
        …
        }
    }
}
```

5.4.4　指令池的搭建与使用

指令池是服务于任务变更的（如取消任务、暂停任务、执行指令等），后端应用程序可以通过指令池把任务变更指令通知到执行该任务的云计算服务软件。对应的，每个云计算服务软件运行之初都需要在 RabbitMQ 中创建一个专属的指令消息队列。云计算服务软件开始执行任务时，需要把专属的指令消息队列名称与任务 ID 发送给后端应用程序（通过 RESTful API），后端应用程序需要记录其对应关系。后端应用程序发送任务变更指令时，通过默认交换机和指定的指令消息队列名称，把变更指令发送到正在执行该任务的云计算服务软件中。

后端应用程序发送任务变更指令和云计算服务软件领取任务变更指令的流程如图 5.26 所示。其中，后端应用程序不会同步得知变更指令的执行结果，该执行结果可以体现在任务进度或中间结果当中。

🔔注意：后端应用程序不能通过使用 5.4.2 小节中"场景五：消息回调"部分介绍的方法来达到同步得知任务变更指令执行结果的目的，因为云计算服务软件不是即时执行任务变更指令的，所以可能会造成后端应用程序超时等问题。如果必须得知任

务变更指令的执行结果，可以在最后通过后端应用程序提供的 RESTful API 进行回调。

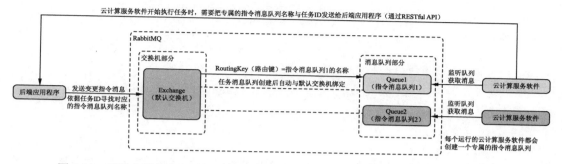

图 5.26　后端应用程序发送任务变更指令和云计算服务软件领取任务变更指令的流程

如果需要发送任务变更指令（取消任务等）时，该任务还没被执行（任务停留在任务池中），那么后端应用程序需要先把任务变更指令记录在数据库。当任务开始被执行后，云计算服务软件会通过 RESTful API 通知后端应用程序，此时后端应用程序才把任务变更指令发送到指定指令消息队列中。

在一些特殊的运维场景中（如一键暂停或取消所有任务），后端应用程序需要广播共通的变更指令。对应的，可以创建一个广播模式的交换机，且每个后端应用程序都把专属的指令消息队列绑定到该交换机上。这样的话，后端应用程序就可以通过广播模式的交换机一次性地把变更指令发布到所有的指令消息队列中。

说明：关于在 RabbitMQ 中把消息广播到多个消息队列的详细说明，可参考 5.4.2 小节中介绍的"场景四：把消息广播到多个消息队列"。

除了以上介绍的"任务变更指令发送与领取流程""任务未开始时需要把任务变更指令滞后发送""为特殊运维场景增加广播模式的交换机"以外，一般来说，指令消息队列还需要关注以下两个细节：

- 指令消息队列的名称需要唯一（随机生成一部分名称），且最好有统一的前缀，例如 state.1345132345。
- 指令消息队列可设置为断开连接即自动删除，因为每次云计算服务软件启动时都会创建一个新的专属指令消息队列。

指令消息队列搭建与使用的相关代码如代码 5.17 所示，其中，示例代码是使用 C++编写的，而后端应用程序一般是使用 Java 等开发语言编写的，所以在实际编码中，后端应用程序发送任务消息部分的编码可能会有所区别。

代码 5.17　指令消息队列搭建与使用的相关代码

```
//创建任务消息队列，由云计算服务软件或后端应用程序创建都可以
    const char* queueNameStr = "任务消息队列名称";
    amqp_boolean_t durable = 1; //设置任务消息队列持久化（重启后消息仍不丢失）
```

```
    amqp_boolean_t autodelete = 0;          //设置任务消息队列不自动删除
    amqp_queue_declare(connection, channel, amqp_cstring_bytes
(queueNameStr), 0,
                durable, 0, autodelete, amqp_empty_table);

//创建广播模式的交换机，由云计算服务软件或后端应用程序创建都可以
    const char* exchangeFanout = "用于广播的交换机的名称";
    amqp_exchange_declare(connection, channel, amqp_cstring_bytes
(exchangeFanout),
                amqp_cstring_bytes("fanout"), 0, 0, 0, 0, amqp_empty_
table);

//后端应用程序相关
    const char* exchange = "";                     //默认交换机名称（名称为空字符）
    const char* routingkey = "指令消息队列名称"; //路由键设置为指令消息队列名称

    //设置消息的相关信息
    amqp_basic_properties_t props;
    props._flags = AMQP_BASIC_CONTENT_TYPE_FLAG |
                AMQP_BASIC_DELIVERY_MODE_FLAG;          //与下面的配置对应
    //消息主体的类型
    props.content_type = amqp_cstring_bytes("text/plain");
    props.delivery_mode = 2;                          //持久化消息

    //发送消息
    const char* messagebody = "发送的指令消息";
    amqp_basic_publish(connection, channel, amqp_cstring_bytes(exchange),
                amqp_cstring_bytes(routingkey), 0, 0, &props,
                amqp_cstring_bytes(messagebody));

    //广播共通的指令消息
    const char* exchangeFanout = "用于广播的交换机的名称";
    const char* messagebody = "发送的任务消息";
    amqp_basic_publish(connection, channel, amqp_cstring_bytes
(exchangeFanout),
                amqp_cstring_bytes(""), 0, 0, &props,
                amqp_cstring_bytes(messagebody));

//云计算服务软件相关
    const char* queueNameStr = "指令消息队列名称";
     amqp_boolean_t durable = 0;//设置指令消息队列非持久化（重启后消息会丢失）
    amqp_boolean_t autodelete = 1;              //设置指令消息队列自动删除
     amqp_queue_declare(connection, channel, amqp_cstring_bytes
(queueNameStr), 0,
                durable, 0, autodelete, amqp_empty_table);

    //订阅消息队列，只调用一次即可
    amqp_boolean_t noack = 1;      //设置为消息自动确认，手动确认也可以
    const char* queueNameStr = "指令消息队列名称";
    amqp_basic_consume(connection, channel, amqp_cstring_bytes
(queueNameStr),
                amqp_empty_bytes, 0, noack, 0, amqp_empty_table);
```

```
//获取消息，可以多次调用，无消息时会自动阻塞
amqp_envelope_t envelope;                              //定义接收消息的变量
amqp_maybe_release_buffers(connection);                //清理 buffers
amqp_consume_message(connection, &envelope, NULL, 0);  //获取消息
envelope.message.body.bytes;                           //消息主体的开始指针（char *）
envelope.message.body.len;                             //消息主体的长度
```

　　指令消息一般为 JSON 格式，这样能做到灵活配置。后端应用程序在发送任务时，需要把指令消息转换成字符串。而云计算服务在获取到指令消息后，需要把字符串转成 JSON 格式。指令消息一般包含指令标识、任务 ID、指令参数，如代码 5.18 所示，其中，如果变更指令的执行结果需要通知后端应用程序，则可以在指令消息中加入回调后端应用程序的 RESTful API 地址等。另外，为防止一些问题，云计算服务软件在执行指令前，需要先判断任务 ID，如果任务 ID 非当前执行的任务对应的 ID，则丢弃此指令消息。

代码 5.18　指令消息示例

```
{
    "order" : "指令标识",
    "missionID" : "任务 ID，通用的指令需要把任务 ID 标识为 all",
    "orderParam" : {
        "参数 1" : "",
        "参数 2" : {
            …
        }
    }
}
```

5.5　进度数据池与状态数据池的搭建和使用

　　5.2.3 小节中提到，进度数据池和状态数据池都只是一片公共的数据空间，只是它们存储的数据结构有所区别而已，这片公共的数据空间可以是 Redis 等非关系型数据库。本节将介绍进度数据池与状态数据池搭建与使用的具体方法，主要从 4 个方面进行深入讲解：公共数据空间、Reds、进度数据池的搭建与使用，以及状态数据池的搭建与使用。

5.5.1　公共数据空间

　　公共数据空间是分布式系统的重要组成部分，公共数据空间作为数据的集中管理服务，允许分布式系统的多个子系统对公共数据空间的数据进行增删改查等操作。公共数据空间除了可以作为数据仓库，还可以作为分布式子系统间的协助枢纽，而这种协助通常是松散的（不需要相互调用触发，共享数据的实时性要求不高）。分布式系统的子系统通过公共数据空间互相协助的流程如图 5.27 所示。

说明：在图 5.27 中，公共数据空间其实是生产者与消费者模型的仓库，限制所生产的
数据可以被重复使用，且新生产的数据会覆盖旧数据。另外，生产者与消费者模
型是一种通用模型，同一进程的多个线程的生产者与消费者模型的详细介绍见
5.3.2 小节。

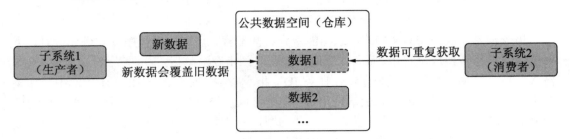

图 5.27 分布式系统的子系统通过公共数据空间互相协助的流程

公共数据空间的具体形式有很多，例如，MySQL 等磁盘数据库、Redis 等内存数据库、
共享文件存储等。下面将介绍几种常见的公共数据空间。需要注意的是，对于具体公共数
据空间的选择，需要考虑具体的限制因素，例如数据持久性、读写频率等。

1．MySQL等磁盘数据库

MySQL 等磁盘数据库是把数据实时存储在磁盘上的数据库，这种数据库能确保数
据的持久性。MySQL 等磁盘数据库是网站系统的重要组成部分，网站系统的主要数据
都会存储在磁盘数据库中。一般情况下，磁盘数据库还支持较为复杂的数据操作规则，
可以按照实际情况按需操作数据。但是，由于数据是存储在磁盘上的，其读写频率会
存在瓶颈（磁盘物理限制），很难支撑高并发情况下的读写操作，尤其难以支持高并发
的写操作。

说明：除了 MySQL 以外，还有 Oracle、HBase 等磁盘数据库。磁盘数据库的读效率其
实不是那么糟糕，因为磁盘数据库一般会把常用数据缓存在内存中，即使是对于
磁盘数据的查询，磁盘数据库也是有一系列算法优化的。

以 MySQL 等磁盘数据库作为公共数据空间的好处是，所产生的数据可以直接与网站
系统的其他数据产生关联，且数据会被实时记录在磁盘上。但是，MySQL 等磁盘数据库
不适合读写频率很高的场景。

2．Redis等内存数据库

Redis 等内存数据库是把数据存储在内存中的数据库，这种数据库一般不能确保数据
的持久性。Redis 等内存数据库会被一些网站系统当作缓存使用。一般情况下，内存数据
库不支持复杂的数据操作（如关联查询等），只支持简单的数据写操作和读操作。内存数

据库的优势在于读写效率上，因为数据存储在内存中，所以读写数据的效率远比磁盘数据库高。

🔈说明：除了 Redis 以外，还有 Memcached 等内存数据库。另外，一些内存数据库（如 Redis）是提供数据持久化策略的，但使用这些持久化策略的同时，会影响数据的写效率。

以 Redis 等内存数据库作为公共数据空间的好处是，可以很好地适应高频率读写数据的场景。至于数据持久性不能保证的问题，可以通过定时任务把数据写到磁盘数据库中。

3．共享文件存储

共享文件存储是分布式系统中的一种共享存储空间（共享磁盘等），其存储的一般是文件（图片、音视频文件等）。以共享文件存储作为公共数据空间的场景时，分布式子系统可以直接操作其他子系统产生的文件，例如，分布式子系统 A 处理了一个视频文件，分布式子系统 B 可以直接使用该视频文件。

5.5.2　Redis 数据库

进度数据池和状态数据池的读写频率较高，且一般不需要保证数据的持久性，所以选用内存数据库比较合适。而相对于 Memcached，Redis 支持更多的数据结构和模式，对未知应用场景的包容性会更强一些。因此，Redis 比较适合作为进度数据池与状态数据池的载体。下面将对 Redis 进行详细讲解。

🔈说明：一般情况下，进度数据池和状态数据池中的数据更新频率是较高的，且新数据会覆盖旧数据，即使旧数据丢失，新的数据也会在最多几秒后产生。因此，进度数据池和状态数据池中的数据一般不需要保证持久性。另外，比较重要的数据需要通过定时任务定时写到磁盘数据库中。

Redis（Remote Dictionary Server，远程字典服务）是一个开源的键值（Key-Value）存储非关系型数据库，其数据按照"键值对"的形式进行组织、索引和存储。Redis 的数据存储在内存当中，所以 Redis 的读写效率非常高。另外，Redis 还支持消息订阅等功能。

Redis 本身是一个独立软件，第三方软件需要与 Redis 建立通信后才能使用 Redis。与 Redis 建立连接后，第三方软件可以向 Redis 发送操作指令，Redis 处理完指令后会返回处理结果，如图 5.28 所示。

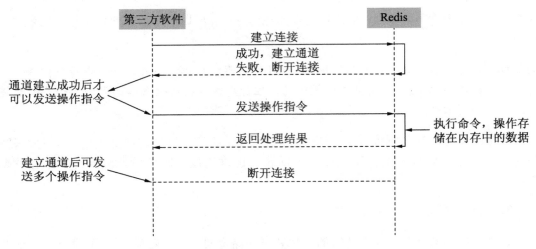

图 5.28　第三方软件与 Redis 通信

1．Redis的基本操作

Redis 的基本操作如代码 5.19 所示，包括创建与销毁连接、发送指令、返回结果处理和释放结果变量。Redis 的指令与 SQL 类似，都是语句指令，只是 Redis 的指令远没有 SQL 丰富。需要注意的是，Redis 不支持根据存储值的关键字查询。

说明：以下示例代码是使用 C++编写的，除了 C++以外，Redis 还支持其他语言，如 Python、Java、Ruby、PHP 等。虽然实际使用的开发语言不尽相同，但调用方式是大同小异的。

代码 5.19　Redis 的基本操作

```cpp
//Redis 相关头文件，需要先安装相关的库（libhiredis-dev）
#include <hiredis/hiredis.h>

//定义连接变量，connecton 为连接变量，与 Redis 通信都需要加上此变量
redisContext *connection;

//创建与销毁连接
    //创建连接，需要 Redis 的 IP 地址与端口，6379 为 Redis 的默认端口
    connection = redisConnect ("IP 地址", 6379);
    if (connection == NULL || connect->err) {
        //发生错误
    }
    //密码认证（实际上是发送了一条指令），无密码时无须调用
    redisReply *reply = (redisReply *)redisCommand(connection, "AUTH %s",
"Redis 密码");
    if (reply->type == REDIS_REPLY_ERROR) {
        //发生错误
```

```
    }
    //断开连接
    redisFree(connection);

//发送指令
    //向 Redis 发送指令，"Redis Command"为具体指令
    redisReply *reply = (redisReply *)redisCommand(connection, "Redis
Common");

//返回结果处理
    //通用说明：指令返回值处理，指令返回值会放到一个结构体变量中
    redisReply *reply;                              //接收指令结果的变量
    //不同指令会返回不同的结果，根据 reply->type 判断
        if(type->type == REDIS_REPLY_STRING){    //返回字符串
        reply->str;                              //结果字符串的开始指针（char *）
        reply->len;                              //结果字符串的长度
    }
    if(type->type == REDIS_REPLY_ARRAY){    //返回数组
        for(int index = 0; index < reply->elements; index++){    //遍历数组
            //获取数组中单个值
            redisReply *tempReply = reply->element[index];
            …
        }
    }
    if(type->type == REDIS_REPLY_INTEGER){  //返回数字
        reply->integer;                          //数字结果（long long）
    }
    if(type->type == REDIS_REPLY_NIL){       //无返回值
    }
    if(type->type == REDIS_REPLY_STATUS){   //返回状态
        reply->str;                              //状态字符串的开始指针（char *）
        reply->len;                              //状态字符串的长度
    }
    if(type->type == REDIS_REPLY_ERROR){    //发生错误
        reply->str;                              //状态字符串的开始指针（char *）
        reply->len;                              //状态字符串的长度
    }

//释放结果变量
    freeReplyObject(reply);
```

2. Redis的数据类型

Redis 的数据都是以"键值对"的形式存储的，如图 5.29 所示。其中，"键值对中的键"是字符串，而"键值对中的值"支持多种数据类型，包括字符串、哈希表、列表、集合和有序集合。

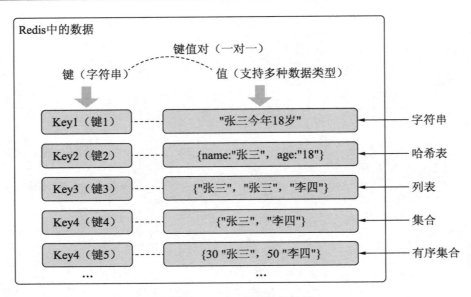

图 5.29　Redis 中存储的数据

（1）键（Key）。键是负责标识数据的字符串。在 Redis 中，键是唯一的，如果使用相同的键存储不同的数据，那么后存储的数据会覆盖先存储的数据。键的常用操作如代码 5.20 所示，其中，返回结果的处理方式请参考代码 5.19。

代码 5.20　键的常用操作

```
//删除键，指令：DEL key
    const char* key = "键的名称";
    redisReply *reply = (redisReply *)redisCommand(connection, "DEL %s", key);

//检查键是否存在，指令：EXISTS key
    const char* key = "键的名称";
    redisReply *reply = (redisReply *)redisCommand(connection, "EXISTS %s", key);

//设置键的过期时间（ms），指令：PEXPIRE key milliseconds
    const char* key = "键的名称";
    int milliseconds = 1000;                                //1000ms 后过期
    redisReply *reply = (redisReply *)redisCommand(connection, "PEXPIRE %s %d",
                                                    key, milliseconds);
//检索给定模式的键，指令：KEYS pattern
    const char* pattern = "abc*";                           //可以添加通配符
    redisReply *reply = (redisReply *)redisCommand(connection, "KEYS %s", key);

//修改键名称，指令：RENAME key newkey
    const char* oldkey = "旧键名称";
     const char* newkey = "新键名称";
    redisReply *reply = (redisReply *)redisCommand(connection, "RENAME %s %s",
                                                    oldkey, newkey);
```

（2）字符串（String）。字符串是数据的基本类型。Redis 中的字符串是二进制安全的，也就是说，任意数据可以转换成字符串存储到 Redis 中，当该字符串被获取并重新转换成原本的数据格式时，数据不会产生偏差。通过这一特性，将 JSON 格式的数据转换成字符串后，即可存入 Redis。字符串类型数据的常用操作如代码 5.21 所示，其中，返回结果的处理方式请参考代码 5.19。

代码 5.21　字符串类型数据的常用操作

```
//设置字符串的值，指令：SET key value
    const char* key = "数据的键名称";
    const char* value = "值";
    redisReply *reply = (redisReply *)redisCommand(connection, "SET %s %s",
key, value);

//获取字符串的值，指令：GET key
    const char* key = "数据的键名称";
    redisReply *reply = (redisReply *)redisCommand(connection, "GET %s",
key);
```

（3）哈希表（Hash）。哈希表是字符串的"键值对"，哈希表的应用场景是存储一些结构化的数据，例如存储个人信息（包含用户名、年龄、性别等信息）。哈希表类型数据的常用操作如代码 5.22 所示，其中，返回结果的处理方式请参考代码 5.19。

代码 5.22　哈希表类型数据的常用操作

```
//设置哈希表中的值，指令：HSET key field value
    const char* key = "数据的键名称";
    const char* field = "哈希表的键名称";
    const char* value = "哈希表的值";
    redisReply *reply = (redisReply *)redisCommand(connection, "HSET %s %s
%s",
                                                   key, field, value);

//获取哈希表中的值，指令：HGET key field
    const char* key = "数据的键名称";
    const char* field = "哈希表的键名称";
    redisReply *reply = (redisReply *)redisCommand(connection, "HGET %s %s",
key, field);

//删除哈希表中的值，指令：HDEL key field
    const char* key = "数据的键名称";
    const char* field = "哈希表的键名称";
    redisReply *reply = (redisReply *)redisCommand(connection, "HDEL %s %s",
key, field);

//在哈希表中查看键是否存在，指令：HEXISTS key field
    const char* key = "数据的键名称";
    const char* field = "哈希表的键名称";
    redisReply *reply = (redisReply *)redisCommand(connection, "HEXISTS %s
%s", key, field);
```

```
//获取哈希表中的所有键，指令：HKEYS key
    const char* key = "数据的键名称";
    redisReply *reply = (redisReply *)redisCommand(connection, "HKEYS %s",
key);
```

（4）列表（List）。列表是字符串的列表，其顺序是按插入顺序排列的，插入新数据时，可以选择将数据添加到列表的头部（左）或者末尾（右）。列表中的字符串是可以重复的。列表类型数据的常用操作如代码 5.23 所示，其中，返回结果的处理方式请参考代码 5.19。

代码 5.23　列表类型数据的常用操作

```
//在列表的头部添加一个值，指令：LPUSH key value
    const char* key = "数据的键名称";
    const char* value = "值";
    redisReply *reply = (redisReply *)redisCommand(connection, "LPUSH %s
%s", key, value);

//在列表的末尾添加一个值，指令：RPUSH key value
    const char* key = "数据的键名称";
    const char* value = "值";
    redisReply *reply = (redisReply *)redisCommand(connection, "RPUSH %s
%s", key, value);

//获取并移除列表中的第一个值，指令：LPOP key value
    const char* key = "数据的键名称";
    redisReply *reply = (redisReply *)redisCommand(connection, "LPOP %s %s",
key, value);

//获取并移除列表中的最后一个值，指令：RPOP key value
    const char* key = "数据的键名称";
    redisReply *reply = (redisReply *)redisCommand(connection, "RPOP %s %s",
key, value);

//通过索引获取列表的值，指令：LINDEX key index
    const char* key = "数据的键名称";
    int index = 2;                                      //索引
    redisReply *reply = (redisReply *)redisCommand(connection, "LINDEX %s
%d", key, index);
```

（5）集合（Set）。集合是字符串的无序集合，集合中不能存储重复的字符串。使用集合的好处是可以进行交集、合集、差集等操作，例如利用集合的交集求共同的好友等。集合类型数据的常用操作如代码 5.24 所示，其中，返回结果的处理方式请参考代码 5.19。

代码 5.24　集合类型数据的常用操作

```
//向集合添加值，指令：SADD key value
    const char* key = "数据的键名称";
    const char* value = "值";
    redisReply *reply = (redisReply *)redisCommand(connection, "SADD %s %s",
key, value);

//获取集合中的所有成员，指令：SMEMBERS key
```

```
    const char* key = "数据的键名称";
    redisReply *reply = (redisReply *)redisCommand(connection, "SMEMBERS %s ",
key);
```

//判断元素是否在集合当中，指令：SISMEMBER key value
```
    const char* key = "数据的键名称";
     const char* value = "需要判断的值";
    redisReply *reply = (redisReply *)redisCommand(connection, "SISMEMBER
%s %s",
                                                         key, value);
```

//获取多个集合的交集，指令：SINTER key1 [key2]
```
    const char* key1 = "数据的键名称";
    const char* key2 = "数据的键名称";
    const char* key3 = "数据的键名称";
    redisReply *reply = (redisReply *)redisCommand(connection, "SINTER %s
%s %s",
                                                         key1, key2, key3);
```

//获取多个集合的交集并存储在新的键中，指令：SINTERSTORE destination key1 [key2]
```
    const char* destination = "存储的键名称"
    const char* key1 = "数据的键名称";
    const char* key2 = "数据的键名称";
    redisReply *reply = (redisReply *)redisCommand(connection, "SINTERSTORE
%s %s %s",
                                                         destination, key1, key2);
```

//获取多个集合的合集，指令：SUNION key1 [key2]
```
    const char* key1 = "数据的键名称";
    const char* key2 = "数据的键名称";
    const char* key3 = "数据的键名称";
    redisReply *reply = (redisReply *)redisCommand(connection, "SUNION %s
%s %s",
                                                         key1, key2, key3);
```

//获取多个集合的合集并存储在新的键中，指令：SUNIONSTORE destination key1 [key2]
```
    const char* destination = "存储的键名称"
    const char* key1 = "数据的键名称";
    const char* key2 = "数据的键名称";
    redisReply *reply = (redisReply *)redisCommand(connection, "SUNIONSTORE
%s %s %s",
                                                         destination, key1, key2);
```

//获取多个集合的差集，指令：SDIFF key1 [key2]
```
    const char* key1 = "数据的键名称";
    const char* key2 = "数据的键名称";
    const char* key3 = "数据的键名称";
    redisReply *reply = (redisReply *)redisCommand(connection, "SDIFF %s %s
%s",
                                                         key1, key2, key3);
```

```
//获取多个集合的差集并存储在新的键中，指令：SDIFFSTORE destination key1 [key2]
    const char* destination = "存储的键名称"
    const char* key1 = "数据的键名称";
    const char* key2 = "数据的键名称";
    redisReply *reply = (redisReply *)redisCommand(connection, "SDIFFSTORE
%s %s %s",
                                            destination, key1, key2);
```

（6）有序集合（Set）。有序集合是字符串的有序集合。有序集合与集合的区别是，有序集合的值都会关联一个浮点（double）类型的分数，Redis 会按照分数对有序集合中的值进行自动排序。有序集合中不能存储重复的字符串，但分数是可以重复的。有序列表的应用场景是一些需要自动排序的场景，例如，获取成绩前十的学生姓名，有序集合的值为学生姓名，而分数为成绩。有序集合类型数据的常用操作如代码 5.25 所示，其中，返回结果的处理方式请参考代码 5.19。

代码 5.25　有序集合类型数据的常用操作

```
//向有序集合添加值，指令：ZADD key score value
    const char* key = "数据的键名称";
    const char* score = "分数";                       //分数为浮点型，如 14.32
    const char* value = "值";
    redisReply *reply = (redisReply *)redisCommand(connection, "ZADD %s %s
%s ",
                                            key, score, value);

//移除有序集合中的值，指令：ZREM key value
    const char* key = "数据的键名称";
    const char* value = "值";
    redisReply *reply = (redisReply *)redisCommand(connection, "ZREM %s %s",
key, value);

//增加有序集合中值的分数，指令：ZINCRBY key increment value
    const char* key = "数据的键名称";
    const char* increment = "增加的分数";              //分数为浮点型，负数时为减
    const char* value = "值";
    redisReply *reply = (redisReply *)redisCommand(connection, " ZINCRBY %s
%s %s ",
                                            key, increment, value);

//获取有序集合中指定分数区间的值，指令：ZREVRANGEBYSCORE key min max
    const char* destination = "存储的键名称"
    const char* key = "数据的键名称";
    const char* min = "下限分数";                      //分数为浮点型
    const char* max = "上限分数";                      //分数为浮点型
    redisReply *reply = (redisReply *)redisCommand(connection,
"ZREVRANGEBYSCORE
                                            %s %s %s",
                                            key, min, max);

//获取有序集合中指定值的分数，指令：ZSCORE key value
```

```
const char* key = "数据的键名称";
const char* value = "值";
redisReply *reply = (redisReply *)redisCommand(connection, "ZSCORE %s
%s", key, value);
```

3. Redis的发布订阅模式

Redis 除了提供数据存储功能以外，还支持消息发布订阅模式。Redis 的消息发布订阅模式可以充当消息队列，发布者向 Redis 的指定频道发送消息后，订阅该频道的订阅者都会收到消息。但 Redis 的发布订阅模式提供的功能相当简单，与 RabbitMQ 相比，其不支持消息确认和消息持久化等功能。另外，订阅者只能收到订阅时间节点以后发送的消息。

因此，Redis 提供的发布订阅功能一般是不被提倡使用的，除非应用场景非常简单，且发布出去的消息允许丢失。

5.5.3　进度数据池的搭建与使用

进度数据池是后端应用程序获取任务进度数据和云计算服务软件更新任务进度数据的地方，对应的，需要在 Redis 中创建一个键作为进度数据池的标识（不同类型的任务可以创建不同的键），进度数据池的键对应的值的数据类型为哈希表，哈希表的键为任务 ID。通过指定进度数据池的标识与任务 ID，后端应用程序和云计算服务软件即可获取和更新进度数据。后端应用程序获取进度数据和云计算服务软件更新进度数据的流程如图 5.30所示。其中，云计算服务软件更新的间隔需要按实际情况而定，一般可以定在 1～10s。

🔔说明：关于在 Redis 中对哈希表类型数据的操作，可参考 5.5.2 小节中 "Redis 的数据类型" 部分的介绍。

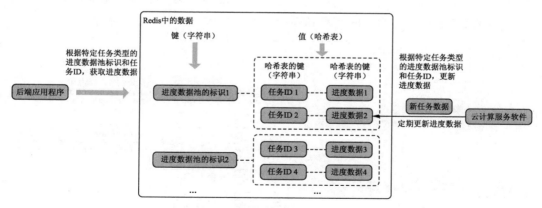

图 5.30　后端应用程序获取进度数据和云计算服务软件更新进度数据的流程

任务进度数据一般为 JSON 格式，这样能做到灵活配置。云计算服务软件在更新进度数据之前，需要把任务进度数据转换成字符串。而后端应用程序在获取到任务进度数据后，需要把字符串转换成 JSON 格式。进度消息一般包含任务标识、任务 ID、任务进度数据等，如代码 5.26 所示。

代码 5.26　进度消息示例

```
{
    "mission" : "任务标识",
    "missionID" : "任务 ID",
    "progressParam" : {
        "参数 1" : "",
        "参数 2" : {
            ...
        }
    }
}
```

5.5.4　状态数据池的搭建与使用

　　状态数据池是监控软件获取状态数据和云计算服务软件更新状态数据的地方，对应的，每个监控软件都需要在 Redis 中创建一个键作为状态数据池的标识，状态数据池的键对应的值的数据类型为哈希表，哈希表的键为云计算服务软件的身份 ID，身份 ID 是监控软件在启动云计算服务软件时生成的一个唯一标识。通过指定状态数据池的标识与身份 ID，监控软件和云计算服务软件即可获取和更新状态数据。监控软件获取状态数据和云计算服务软件更新状态数据的流程如图 5.31 所示。其中，监控软件和云计算服务软件的定时间隔需要按实际情况而定，一般可以定在 1～10s。

🔔 说明：监控软件与状态数据池标识是唯一绑定的，哈希表记录的是一个监控软件所监控
　　　　的云计算服务软件的状态信息。关于在 Redis 中对哈希表类型数据的操作，可参
　　　　考 5.5.2 小节中"Redis 的数据类型"部分介绍的哈希表常用操作。

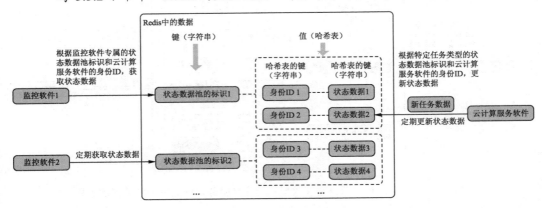

图 5.31　监控软件获取状态数据和云计算服务软件更新状态数据的流程

　　状态数据一般为 JSON 格式，这样能做到灵活配置。云计算服务软件在更新状态数据前，需要把状态数据转换成字符串。而监控软件在获取到状态数据后，需要把字符串转换成 JSON 格式。状态数据一般包含身份 ID、云计算服务软件类型、运行状态、当前时间戳、任务标识、任务标识、任务 ID 及其他状态数据等，如代码 5.27 所示，其中，监控软件一般是通过状态数据的时间戳来判断该云计算服务软件是否还在正常运行。

代码 5.27　状态数据示例

```
{
    "identity" : "身份 ID",
    "type" : "云计算服务软件类型",
    "state" : "运行状态",
    "timestamp" : "当前时间戳",
    "mission" : "任务标识",
    "missionID" : "任务 ID",
    "其他参数 1" : "",
    "其他参数 2" : "",
    ...
}
```

5.6　监控软件的构造

　　5.2.4 小节中提到，监控软件构造的目的是监控和启动同一服务器的云计算服务软件。另外，构造监控软件的同时，也需要确保监控软件本身能正常运行。本节将从两个方面进行深入讲解：软件构造和 Supervisor。

5.6.1　软件结构

　　监控软件启动云计算服务软件是以自身服务器的能力为依据的，与任务池积压的任务个数无关。另外，同一服务器只运行一种云计算服务软件（方便管理）。如果同一服务器需要运行多种云计算服务软件，则需要多个监控软件进行管理（监控软件是同一个，配置文件有区别），一个监控软件管理一种云计算服务软件。

📖 说明：为防止任务池积压太多任务，需要制定云计算服务器的自动扩展规则。关于自动扩展的介绍请参考 6.5.1 小节。状态数据池的具体说明和使用规则请参考 5.5.4 小节。

　　监控软件其实是一个比较简单的定时任务软件，不需要复杂的线程模型和逻辑，它只需要 4 个任务即可。

- 监控软件需要有配置文件，配置文件记录云计算服务软件最大的 CPU 和内存使用率、最大程序运行个数、判定异常的超时时长及云计算服务软件启动的参数模板。

- 当所有云计算服务软件处于运行状态（都在执行任务）或没有运行中的云计算服务软件时（初始状态），监控软件根据具体情况（当前 CPU 和内存使用率、配置的最大云计算服务软件个数），决定是否启动新的云计算服务软件。
- 监控软件启动云计算服务软件时，通过命令行参数给启动的云计算服务软件设置参数。
- 监控软件通过状态数据池监控云计算服务软件，对异常的云计算服务软件进行清理。

根据以上任务描述，监控软件的主逻辑如图 5.32 所示。监控列表用于记录本服务器正在运行的云计算服务软件的进程 ID、上次更新时间、系统资源使用率等信息。异常云计算服务软件的判断，是根据状态数据是否长期未更新判断的（与设置的超时时长对比）。是否启动新的云计算服务软件，是根据配置的最大进程数是否已达到、是否还存在空闲的云计算服务软件、当前 CPU 和内存负荷是否能支撑新的云计算服务软件（根据记录的最大内存和 CPU 使用率判断）等因素决定的。在一个任务周期内，最多只创建一个新的云计算服务软件，防止过多云计算服务软件的出现。

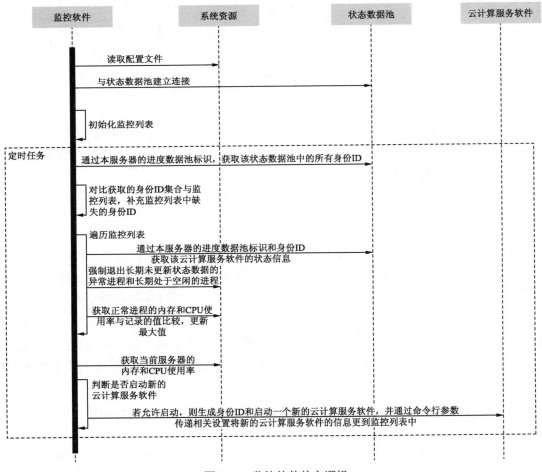

图 5.32　监控软件的主逻辑

　　以上提到的监控列表与监控软件配置的数据格式一般为 JSON 或哈希表，这样能做到灵活配置。监控列表是监控软件中的数据结构，一般是通用的，但如果需要适配某些特殊场景，则需要修改监控软件。监控软件的配置文件需要根据所监控的具体云计算服务软件类型而修改。监控列表与监控软件配置文件的示例如代码 5.28 所示。

代码 5.28　监控列表与监控软件配置文件示例

```
//监控列表
    {
        "身份 ID" : {
            "pid" : "进程 ID",
            "timestamp" : "上次更新状态的时间",
            "maxMemory" : "该进程最大内存使用率",
            "maxCpu" : "该进程最大 CPU 使用率",
            "其他数据" : "",
            ...
        }
    }

//监控软件配置
    {
        "自身设置" : {
            "name" : "监控软件标识（唯一）",
            "logRoot" : "日志文件路径",
            "statePool" : "数据池相关连接配置",
            "intervalTime" : "定时任务间隔时间",
            "watchDogDeathTime" : "判定异常的超时时长",
            "theoreticalMemory" : "云计算服务软件理论内存使用率，用于初始化信息",
            "theoreticalCpu" : "云计算服务软件理论 CPU 使用率，用于初始化信息",
            "limitFreeNum" : "最多空闲的云计算服务软件进程的个数",
            "limitNum" : "启动云计算服务软件进程的最多个数"
            "其他设置" : "",
            ...
        },
        "云计算服务软件启动参数的模板":{
            "通用设置" : {
                "identity" : "身份 ID，启动时生成",
                "loop" : "云计算服务软件执行多少次任务后自动消亡",
                "其他设置" : "",
                ...
            },
            "任务获取部分的设置":{
                "任务池相关配置" : "",
                ...
            },
            "变更指令获取部分的设置":{
                "专属的消息队列名称" : "启动时生成",
                "指令池其他配置" : "",
                ...
```

```
        },
        "汇报部分的设置":{
            "progress_fieldname":"altair.progress.mission",
            "watchdog_fieldname":"altair.watchdog-+IP",
            "intervalTime" : "定时汇报间隔时间",
            "watchdog_keyname" : "状态数据池的标识",
            "watchdog_fieldname" : "身份 ID",
            "状态数据池其他配置" : "",
            "进度数据池相关配置" : "",
            ...
        },
        "任务执行部分的设置":{
            ...
        }
    }
}
```

监控软件是一个简单的软件，为了让其快速开发和便于修改（适配某些特殊要求），监控软件最好是一个脚本，而 Python 对于简单脚本的开发是具有优势的，所以这里选用 Python 作为开发语言。监控软件的重点操作代码如代码 5.29 所示。

💬说明：开发语言的选择一般取决于软件的应用场景、软件的规模、开发语言的擅长领域及开发团队的偏好等。

代码 5.29　监控软件的相关代码

```
//状态数据池获取状态数据（Redis 操作）
    import redis                                         //引用 redis 模块
    statePoolKey = '此监控软件对应的进度数据池标识'
    //连接状态数据池
    redisPool = redis.ConnectionPool(host= 'IP 地址', port='端口', password=
'端口')
    connection = redis.Redis(connection_pool = redisPool)
    //从状态数据池中获取此监控软件监控的所有身份 ID（获取哈希表的所有键）
    result = connection.hkeys(statePoolKey)
    //从状态数据池中获取指定云计算服务软件的运行状态（获取哈希表的值）
    result = connection.hget(statePoolKey, key)
    //从状态数据池中删除指定云计算服务软件的状态信息（删除哈希表的值）
    result = connection.hdet(statePool, key)

//进程相关
    //启动一个云计算服务软件
    import subprocess                                    //引用 subprocess 模块
    item = subprocess.Popen('云计算服务软件地址 命令行参数', shell=True)
    item.pid                                             //启动的进程 ID
    //终止进程
    import os,signal                                     //引用 os、singal 模块
    os.kill('进程 ID', signal.SIGKILL)

//内存使用率、CPU 使用率相关
```

```
import psutil                                          //引用 psutil 模块
//获取单个进程的内存使用率和 CPU 使用率
process = psutil.Process('进程 ID')
cpuRate = process.cpu_percent(None)                    //单个进程的 CPU 使用率
memoryRate = process.cpu_percent(None)                 //单个进程的内存使用率
//获取服务器当前内存使用率和 CPU 使用率
cpuUsage = psutil.cpu_percent(None)                    //服务器当前 CPU 使用率
memoryUsage = psutil.virtual_memory().percent          //服务器当前内存使用率
```

5.6.2 Supervisor 监控软件

Supervior 是一个通用的进程管理软件,它能让一个程序以后台进程的方式运行,并实时监控该进程的状态。如果所监控的进程异常退出,则该程序会自动重新启动。监控软件可以交由 Supervisor 管理,这样就能确保监控软件正常运行。那么,为什么不使用 Supervisor 作为云计算服务软件的监控软件呢?这是因为云计算服务软件运行的个数是需要根据服务器性能作动态调整的,而 Supervisor 只能确保程序持续运行。

以 CentOS 为例,Supervisor 的相关操作如代码 5.30 所示,其中包括 Supervisor 的安装、Supervisor 的相关命令以及 Supervisor 对监控软件的管理设置。

🔊说明:Supervisor 只能在 Linux 系统(CentOS、Ubuntu 等)上运行,无法运行在 Windows 系统上。另外,Supervisor 是使用 Python 编写的,需要依赖 Python 的运行环境。

代码 5.30 Supervisor 的相关操作

```
//Supervisor 的安装,依赖 Python 运行环境
   yum install epel-release
   yum install supervisor

//Supervior 相关命令
   systemctl enable supervisord.service          #开机启动
   systemctl start supervisord.service           #启动 Supervisor
   systemctl stop supervisord.service            #停止 Supervisor
   systemctl status supervisord.service          #查看 Supervisor 状态

//Supervisor 对监控软件的管理设置
   //在 Supervisor 的配置路径 (/etc/supervisord.d/) 中创建一个配置文件,如
     mission.ini
   //Supervisor 启动时会自动扫描该配置路径中的所有配置文件,一个程序对应一个配置
     文件
   //向新创建的配置文件中写入以下内容
   [program:mission]                             ;程序的名称
directory=/run/mission                          ;命令执行的目录
;监控软件的启动命令
command=python3.6 /run/mission/moniter.py config.json
autostart=true                                  ;自动启动
```

```
autorestart=true                                      ;异常退出时自动重启
startsecs=1                                           ;自动重启间隔
user=root                                             ;启动进程的用户
stderr_logfile=/log/supervisor/moniter_error.log      ;错误日志目录
stdout_logfile=/log/supervisor/moniter.log            ;标准日志目录
```

5.7　小　　结

云计算服务部分不是每个网站系统都需要的，而且由于其应用场景的复杂性，云计算服务部分的框架没有像 Spring Boot 一样的成熟框架。但随着网站系统的运营发展，现成的第三方云计算服务终将会成为发展的瓶颈（很难与同行对手拉开差距）。因此，云计算服务部分是一个大型网站系统的核心，是与同行对手拉开服务优势的强有力手段。而拥有一套稳定的云计算服务框架，无疑会成为大型网站系统强大的后盾。

本章还原了一个通用的云计算服务框架的设计与实现，其中包括云计算服务软件的基础框架构建、任务池与指令池的搭建与使用、进度数据池与状态数据池的搭建与使用，以及监控软件的构造。当然，这个通用的云计算服务框架不是唯一的实现形式，还是需要根据实际情况斟酌参考。

截至本章，已经把前端架构、后端架构、云计算服务架构都介绍完了。不过，做好了这三部分不等于做好了整个系统，要想做好整个系统，还需要考虑整体架构。

第 6 章 整 体 架 构

截至第 5 章，笔者已经把与编码相关的前端架构、后端架构和云计算服务架构都介绍完了。本章将从宏观的角度审视整个网站系统，介绍网站整体架构需要注意的问题及其解决方法。需要注意的是，这里的网站指的是 B/S 架构网站。

🔔注意：本章是按大型网站的通用场景介绍的，而网站系统的实际情况各不相同，读者需要根据实际情况斟酌参考。另外，本章选定 CentOS 作为操作系统。

6.1 网站系统的基本结构

本节首先回顾网站系统的前端部分、后端部分和云计算服务部分的基本结构，然后介绍网站系统的整体结构。只有了解了网站系统的整体结构，才能更好地理解网站整体架构需要关注的细节。

6.1.1 前端部分的基本结构

前端部分的基本结构由两部分组成，即 Web 服务器软件（如 Apache、Nginx 等）和网页资源文件。Web 服务器软件的作用是根据请求的路径寻找网页资源文件并将其返回，其接收的请求一般是由浏览器发送的。网页资源文件指的是网页的静态资源文件，包括 HTML 文件、JavaScript 文件、CSS 文件、图片文件、视频文件及音频文件等。

🔔说明：为了与第 3 章前端架构保持一致，本章选定 Nginx 为 Web 服务器软件。另外，关于前端部分的工作原理与基本环境搭建等内容，请参考 3.1 节。

Web 服务器软件根据文件目录读取网页资源文件，因此它与网页资源文件一般存放在同一台服务器上。但是一部分资源文件是需要在整个网站系统中共享的，例如需要用户上传的资源文件（如用户头像）和需要被云计算服务软件处理的资源文件（如需要被转码的视频文件）。而在大型网站中，共享资源可能是海量的，因此共享资源文件一般被存放在独立的文件服务器中。前端服务器可以通过挂载共享磁盘的方式获取文件服务器上的共享资源文件。

📌 **注意**：在大型网站系统中，文件服务器作为共享资源的存放容器，一般会被前端服务器、后端服务器和云计算服务服务器引用，下文不再重复说明。另外，文件服务器不一定是自己搭建的服务器，也可能是云厂商提供的对象存储等云服务。

前端部分的基本结构如图 6.1 所示。其中，Web 服务器软件需要占用一个服务器端口，其通过目录绑定网页资源目录。

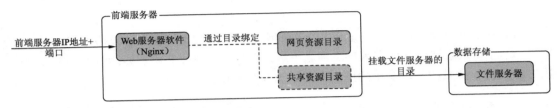

图 6.1　前端部分的基本结构

Web 服务器软件（以 Nginx 为例）的基本配置如代码 6.1 所示，其中，资源目录需要区分网页资源目录和共享资源目录。另外，前端服务器的 IP 地址一般是不需要绑定的。

代码 6.1　Nginx 的基本配置

```
…
http {
    server {                              #可设置多个 server 块，多域名可设置多 server
        listen          80;               #监听的端口，80 为 HTTP 的默认端口
        server_name  default_server; #服务器名称，设置为 default_server 即可

        #设置获取共享资源规则，当请求路径以 data 开头时，会执行以下规则
        #可根据不同的资源类型配置不同的规则
        #例如，当请求为 http://test.com/data/test.png 时，会触发以下规则
        location /data {
            root    /home/data;           #设置共享资源目录的绝对路径
            #设置默认资源，默认返回/home/data/default.jpg
            index  default.jpg;

            #设置请求错误时返回的资源文件，发生错误时，返回/home/data/error.jpg
            error_page  404 500 502 503 504  /error.jpg;
        }

        #设置默认规则，一般情况下会执行默认规则
        location / {
            root    /home/web;            #设置网页资源目录的绝对路径
            index  index.html;            #设置默认页面，默认返回/home/web/index.html
            #默认页面可以是非根目录下的文件
            #例如，设置/home/web/xxx/index.html 为默认页面
            #将上面的 index index.html 改为 index /xxx/index.html

            #设置请求错误时返回的页面，发生错误时，返回/home/web/error.html
            error_page  404 500 502 503 504  /error.html;
```

```
            }
        }
    }
    ...
```

6.1.2　后端部分的基本结构

后端部分的基本结构由两部分组成，即 Web 应用服务器软件（如 Tomcat、Jetty 等）和后端应用程序。Web 应用服务器软件的作用是接收请求并调用相关的后端应用程序，后端应用程序处理后的结果会被 Web 应用服务器软件返回请求方。后端应用程序是真正处理请求的程序。

🔔说明：为了与第 4 章后端架构保持一致，本章选定 Tomcat 作为 Web 应用服务器软件，后端应用程序是.war 文件（Java 编写）。另外，关于后端部分的工作原理和基本环境搭建等内容，请参考 4.1 节。

由于后端应用程序在整个网站系统中处于"司令塔"的位置，因此后端部分的基础结构除了 Web 应用服务器软件和后端应用程序外，还需要包含后端应用程序用到的第三方软件，如数据库（如 MySQL 等）、非关系型数据库（如 Redis 和 Hbase 等）、消息队列（如 RabbitMQ 等）及第三方云计算服务（如发短信等）等。

后端部分的基本结构如图 6.2 所示。其中，需要对 Web 应用服务器软件设置监听端口和后端应用程序目录，共享资源目录和第三方软件的相关配置都记录在后端应用程序的配置文件中。另外，第三方软件可能有各自独立的服务器。

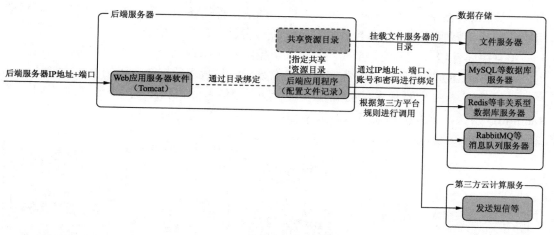

图 6.2　后端部分的基本结构

🔔注意：由于不同运行环境有不同的环境配置（如数据库的 IP 地址和端口等），所以最好把后端应用程序与其配置文件分离,这样就不需要每次发布后端应用程序时都修改其配置文件。关于后端应用程序与其配置文件分离的方法,请参考 4.3.3 小节中的介绍。

Web 应用服务器软件(以 Tomcat 为例)的基本配置(conf/server.xml)如代码 6.2 所示。注意,后端服务器的 IP 地址一般是不需要绑定的。

代码 6.2　Tomcat 的基本配置

```
…
<Connector port="8080" protocol="HTTP/1.1" <!-- 8080 为 HTTP 请求端口 -->
           connectionTimeout="20000"       <!-- 连接超时时间 -->
           redirectPort="8443" />          <!-- 8443 为 HTTPS 重定向端口 -->
…
<Host
    name="localhost"
    appBase="webapps"
    unpackWARs="true"
    autoDeploy="true">
    …
</Host>
…
```

6.1.3　云计算服务部分的基础结构

云计算服务部分的基础结构因具体实现方式而异。如果云计算服务部分是按照第 5 章云计算服务架构中介绍的方法实现,那么其基本结构由监控软件、云计算服务软件和通信中间件三部分组成。监控软件的作用是监控和启动其所在服务器上的云计算服务软件,监控软件被 Supervisor 监控;云计算服务软件是真正执行任务的程序;通信中间件是后端应用程序与云计算服务软件、监控软件及云计算服务软件的通信枢纽。

消息中间件包含任务池、指令池、进度数据池和状态数据池。其中,任务池与指令池可以用 RabbitMQ 等消息队列服务实现,进度数据池与状态数据池可以用 Redis 实现。

云计算服务部分的基本结构如图 6.3 所示。其中,任务池和指令池可以用同一个 RabbitMQ 服务,进度数据池与状态数据池可以用同一个或不同的 Redis 服务。

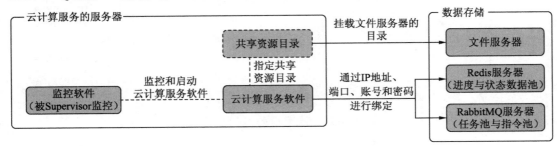

图 6.3　云计算服务部分的基本结构

🔔说明：云计算服务部分的相关配置都记录在监控软件的配置文件中，详细内容请参考 5.6 节中的讲解。

6.1.4　网站系统的基本结构

一般认为，网站系统由 3 部分组成，即前端部分、后端部分和云计算服务部分，这 3 个基本组成部分会共用一些数据存储服务，如文件服务器和数据库等。另外，第三方云计算服务是网站系统以外的，不需要也不允许调优和维护。因此，对于整个网站系统而言，其基本结构应该分成 5 个部分，即前端部分、后端部分、云计算服务部分、数据存储部分和第三方云计算服务部分。

🔔注意：把网站系统分成 5 个部分更有利于理解，本章以这 5 个基本部分为基础，讨论网站系统整体架构需要关注和解决的问题。

网站系统的基本结构如图 6.4 所示。其中，可能存在多个文件服务器、多个数据库、多个非关系型数据库和多个消息队列服务。

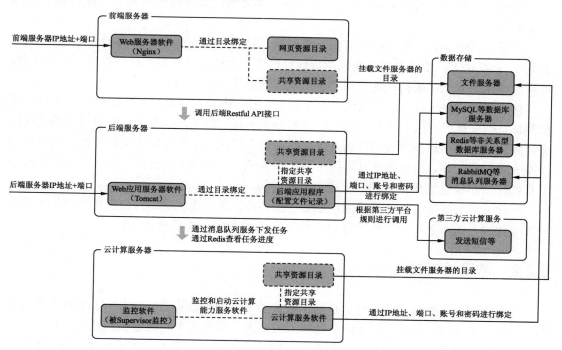

图 6.4　网站系统的基本结构

6.2　整体架构需要解决的问题

在了解了网站系统的基本结构后，下面讨论网站系统整体架构需要解决的问题。整体架构一般需要解决 5 个问题来提高整个网站系统的性能和质量，即性能、可用性、伸缩性、扩展性和安全性。

🔔注意：本节论述的是整体架构需要解决的问题和这些问题出现的原因，对应的解决方法会在 6.3 ~ 6.6 节中详细介绍。

6.2.1　性能概述

性能是所有软件的一个重要指标，网站系统也不例外。网站系统的性能问题可以分为两个具体问题：网站系统的响应速度是否足够迅速和网站系统能否支撑足够多的用户同时在线。一个响应速度很慢或者不能支撑足够多的用户在线的网站，一定会被大量用户所诟病。

衡量网站性能有一系列指标，如响应时间、TPS（Transactions Per Second，每秒的事务数）、并发量等。通过测试这些性能指标可较为客观地评估网站系统的性能。在上线前，可以通过压力测试，模拟预期的用户量，测试网站性能是否达标。

性能问题无处不在，性能调优是一个长期工作，因为在网站上线前即使做了充分的模拟测试，也很难把网站上线后的所有性能问题都解决。但是，这并不意味着网站系统的性能问题应该全部推迟到上线后再解决。一些诸如集群化、读写分离和缓存等性能优化问题涉及大量编码工作，如果在开发过程中不重视的话，那么很可能会由于网站系统的性能过差且优化工作量过大而推迟网站上线运营的时间。

因此，网站系统的整体架构应该尽量考虑性能问题，让大量的性能优化工作量消融在开发过程中，而不要把全部性能优化工作都推迟到网站上线后再处理。

6.2.2　可用性概述

可用性（也可理解为稳定性）是网站系统的另一个重要指标。对于绝大多数大型网站而言，保证每天 24 小时正常运行是最基本的要求。但事实上，网站系统总会出现一些程序错误或服务器故障。也就是说，服务器宕机本身是难以避免的。高可用设计指的是当一部分服务器宕机时，网站系统仍可正常使用。

🔔注意：对于大型网站而言，其业务功能是庞大的，不必保证整个网站系统都是高可用的，而只需要保证核心业务部分高可用即可。

网站的可用性指标一般是正常运行时间占总时间的百分比，网站上线后要密切监控网站的健康状况。

网站系统的整体架构应该尽量考虑可用性问题。高可用性有几个基本的处理方法：第一是冗余，如热备（确保主服务器宕机后备用服务器可以马上取代主服务器）和数据备份（在一定程度上规避硬件故障的风险）等；第二是监控，如完整的日志机制（发生故障时有迹可循）和服务器监控等；第三是软件质量；第四是定期维护，如手动重启或清理服务器等，这样能防止很多奇怪的问题发生，如硬盘读写问题和程序崩溃等。

6.2.3 伸缩性概述

伸缩性指的是网站系统对当前用户量的适应性。简单地说，具备伸缩性的网站系统可以通过添加或者减掉服务器来适应当前的用户量。网站在运营中，其用户数量会不断地攀升或持续地下降，也有可能由于运营活动会使得某几天的用户量激增。因此，网站系统的用户量是阶段性变化的，网站系统需要通过添加或者减掉服务器来适应当前的用户量。

另外，一些大型网站（如电商网站和视频网站等）不可能在一天之中的每个时段的用户量都是稳定的。在一般情况下，其用户量会在某几个时段激增，而在其他时段的用户量相对于顶峰时会有很大的差别。因此，如果时刻保持满足峰值用户量的服务器数量，就会造成大量的资源浪费。因此，大部分的大型网站都需要实现自动伸缩服务器以动态适应用户量。

网站系统的整体架构需要考虑伸缩性问题，网站系统需要支持增减服务器以适应变化的用户量。需要注意的是，增减服务器的手段不是关键，关键是能做到新增的服务器可以马上协同工作（无须进行多余的调控），而减少的服务器也不影响网站系统的正常运行。

6.2.4 扩展性概述

扩展性指的是网站系统在应对变更需求或增加功能时，应该有条不紊地响应这些变化。扩展性跟其他几个核心问题是有区别的，它的好坏往往与应用软件部分（前端、后端和云计算服务）相关，也就是与团队编写的代码本身有很大的关系。好的扩展性要求代码质量过关、业务功能模块划分清晰、某些业务功能模块间是相互隔离的等。因此，在一开始规划业务功能模块或子系统时，就需要仔细斟酌。

🔔 说明：网站系统的扩展性是由软件架构决定的。关于软件架构，请参考第 3 章、第 4 章和第 5 章的介绍。

6.2.5 安全性概述

安全性指的是网站对恶意访问和攻击等的抵抗性。网站系统的安全性，一方面是保证网站的正常运行，另一方面是保证数据不被泄露。近年来，用户数据被泄露的事件对网站名声的影响很大，因此网站的整体架构应该重视安全问题。

安全性大多是一些琐碎或者经常被忽略的问题，保证网站的安全性需要做大量的安全性测试，如请第三方公司做渗透测试，或请相关部门做测评等保（信息系统安全等级保护）等。

6.3　性　　能

6.2.1 小节已经介绍了性能调优的必要性。本节深入讲解性能调优的具体方法，主要包括性能指标、压力测试、性能调优的基本思路、服务器性能调优、Nginx 调优、CDN 加速、浏览器访问优化、Tomcat 调优、缓存与生成静态文件、数据库性能优化、数据库集群、分布式文件系统和集群与分布式部署。

6.3.1　性能指标

在不同场景和不同标准的前提下，网站系统有不同的性能指标。对于一般的网站系统而言，性能指标主要有响应时间、并发量、吞吐量及性能计数器等。

1．响应时间

响应时间指的是软件完成一个操作所需要的时间。响应时间能直接反映感官上的"快慢"，是重要的性能指标。对于一般的网站系统而言，系统的响应时间主要体现在访问网页的体验上。网页的响应时间可以分为 3 种，一是浏览器获取网页资源的时间，二是后端接口的响应时间，三是前端网页获取数据后对网页重新渲染的响应时间。

对于浏览器获取网页资源的时间而言，一个网页最好控制在 2MB 以内（除图片和视频等资源外），网页打开的时间最好在两三秒之内（越快越好）。

对于后端接口的响应时间而言，在网络良好的情况下，普通接口的响应时间最好在 500ms 以内（越快越好）。根据接口功能的不同，接口的响应时间包含网络连接响应时间、后端应用程序响应时间、数据库响应时间、非关系型数据库响应时间和磁盘读写响应时间等。当然，一些特殊接口的响应时间可能相对较长，对于这些接口，前端页面需要添加"处理中"等提示。

对于前端网页获取数据后对网页重新渲染的响应时间而言，主要的策略是让页面变化的部分尽量少。更具体地说，就是不要一次性修改过多的网页元素。例如，网页列表不宜一次性更新太多内容，如果一次性更新几百上千条，那么网页的响应时间会很长（甚至会导致网页崩溃），因此网页的列表最好做成翻页形式（或类似于翻页的形式），将一次更新的数据量控制在几十条以内。

　　另外，网页最好有加载动画，这样能防止用户重复操作，也能让一些响应时间较长的操作变得能让用户接受。另外，网站系统的响应时间因用户的网络环境而异，在开发或测试时，应该尽量考虑弱网的情况。

　　在开发或测试过程中，可以使用浏览器的开发者工具查看网页资源的下载时间和后端接口的响应时间，也可以利用开发者工具限制网速（模拟弱网的情况）。以 Chrome 浏览器为例，按 F12 键可以打开其开发者工具，如图 6.5 所示。

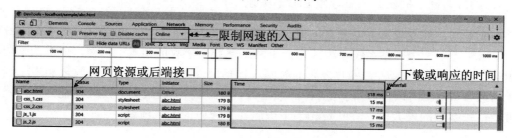

图 6.5　Chrome 的开发者工具

2．并发量

　　并发量指的是网站系统在同一个时刻需要处理的请求数量，包括正在处理的请求和处于等待的请求。网站系统在同一时刻能够处理的请求数量称为并发处理能力。理想状态下，网站系统的并发处理能力应该大于最大并发数，以保证请求都能被正常处理。

　　但是，在实际情况下，网站系统的并发处理能力可以小于最大的并发数，因为未被处理的请求可以先进入等待状态，直到有空闲线程时再对其进行处理。因此，在实际的网站系统并发调优中，只需要保证网站系统在面临最大并发请求时，请求都能被正常处理（错误率不超过 0.5%），并且接口响应时间都在用户可接受的范围内即可。

　　网站系统所支持的并发量（网站系统的并发处理能力）是网站系统性能调优的重要指标，因为其能预估网站系统所能支持的在线用户数量（当前正在使用网站的用户总数）。一般而言，网站系统所支持的并发量是在线用户数的 10%。当然，这个换算关系是一个经验值，具体换算关系需要根据实际情况而定。

　　与在线用户数相对应的还有总用户数（可能使用网站的用户数，一般等同于注册的用户总数）和并发用户数（同时向网站服务器发送请求的用户数）。其关系如下：

　　　　　　　　　总用户数＞在线用户数＞并发用户数≈并发量

3．吞吐量

　　吞吐量指的是网站系统在单位时间内的计算处理能力。吞吐量本身是一个比较宽泛的术语，其单位可以是处理页面数/秒、访问人数/天、TPS（Transactions Per Second，处理事务数/秒）、RPS（Request Per Second，处理请求数/秒）和 QPS（Query Per Second，处理服务器询问数/秒）等。其中，较为常用的吞吐量单位是 TPS、QPS 和 RPS。

"TPS 的一个事务"指的是一个完整的业务流程，而"RPS 的一个请求"指的是向服务器发送的一个请求。以访问一次页面为例，该网页包含两个文件（1 个 HTML 文件和 1 个 CSS 文件），网页初始化时需要请求一个接口，那么对于 TPS 来说，只包含 1 个事务，而对于 RPS 来说，则包含 3 个请求（2 个文件请求和 1 个接口请求）。当然，如果一个业务只有一个请求的话，那么 TPS 等于 RPS。另外，RPS 和 QPS 基本等效。

4．响应时间、并发量和吞吐量之间的关系

响应时间、并发量和吞吐量之间的关系可以用饭店进行类比。饭店的示意如图 6.6 所示。饭店相当于一个网站系统，顾客相当于网站系统所接收的请求。那么，请求的响应时间相当于顾客从到达饭店到离开饭店的时间（包括门外等待的时间）；并发量相当于当前饭店的顾客数（店内顾客数+门外等待的顾客数），网站系统的最大并发处理能力指的是店内可接待顾客数的最大值；吞吐量相当于饭店在一段时间的人流量。

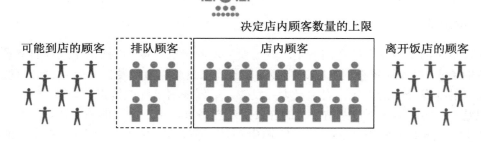

图 6.6　饭店的示意

响应时间与并发量的关系如图 6.7 所示，可以看出，随着并发量越来越大，响应时间也会越来越长。在系统最佳运行点之前，响应时间几乎是恒定的，此时系统真正地在同时处理多个请求，处理请求的线程几乎不互相抢占系统资源。当并发量在系统最佳运行点和系统最大并发处理能力之间时，处理请求的线程会互相抢占系统资源，导致请求的平均响应时间增长。当并发量超过系统最大并发处理能力后，部分请求会有一段等待时间，平均响应时间会进一步增加。当并发量超过系统所能承受的最大并发数时，部分请求会进入非常长的等待时间，导致客户端超时报错。当并发量远远大于系统所能承受的最大并发数时，系统会积压很多已经超时的请求（仍可能会正常处理已经超时的请求），可能会拒绝新的请求，也可能发生系统崩溃。

说明：系统最佳运行点指的是网站系统在同一时刻能真正同时处理的最大请求数，处理请求的多个线程几乎不互相抢占系统资源（CPU 和磁盘 I/O 等）；系统最大并发处理能力指的是网站系统在同一时刻能够处理的最大请求数量，超过该数量的请求，一般会进入等待状态；系统所能承受的最大并发数指的是出现请求超时报错

的并发量节点。

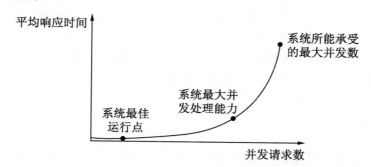

图 6.7　响应时间与并发量的关系示意

　　吞吐量与并发量的关系如图 6.8 所示。在并发量达到系统最佳运行点之前，由于请求的响应时间几乎是恒定的，所以吞吐量是稳步上升的。当并发量在系统最佳运行点和系统最大并发处理能力之间时，请求的平均响应时间开始变长，吞吐量的上升速度也逐渐变慢。当并发量超过系统最大并发处理能力后，部分请求会进入等待状态，吞吐量会开始下降（也可能存在一小段吞吐量上升或较为平稳的空间）。当并发量超过系统所能承受的最大并发数后，由于系统可能会拒绝新的请求（也可能发生系统崩溃），因此吞吐量会骤降。

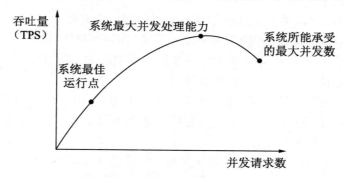

图 6.8　吞吐量与并发量的关系示意

　　以上提到的系统最佳运行点、系统最大并发处理能力和系统所能承受的最大并发数是理论存在的，但其具体的值会根据不同的业务功能和运行环境存在巨大的差异。系统最佳运行点一般是由系统内服务配比和服务器物理性能决定的；系统最大并发处理能力是人为设置的，这个点的设置需要通过大量尝试后决定；系统所能承受的最大并发数是通过测试得知的。

　　🔔说明：系统最大并发处理能力的设置需要根据具体部位而定，可参考 6.3.5 小节、6.3.8 小节和 6.3.10 小节中的介绍。

　　在现实的性能调优中，需要先明确吞吐量、并发量和响应时间等性能指标，然后对系统结构、内部代码和运行环境等进行调优，最终达成以下三个目标：

- 目标并发量在系统所能承受的最大并发数以内，即保证无请求报错（如超时等），最坏的情况一般不能高于 0.5%。
- 当并发量达到目标并发量时，响应时间仍小于目标响应时间。
- 当并发量达到目标并发量时，吞吐量需要大于目标吞吐量。

6.3.2　压力测试

压力测试的目的是模拟真实的使用场景，测试网站系统能否承受预期在线用户量的使用压力。下面分 3 部分对压力测试进行介绍：明确目标性能指标、测试方法及测试结果。

1．明确目标性能指标

通常情况下，业务部门和客户只会关心网站系统能否承受预期在线用户量（如 40 万）的使用压力。但是，在线用户量是不能作为性能目标的，因为在线用户在同一时刻是不会同时对网站系统造成压力的，大多数在线用户会停留在阅读信息上（如阅读商品介绍等）。因此，在压力测试前，需要根据具体的业务场景，把预期的在线用户量转换成网站系统的性能指标，具体如下：

- 明确测试的业务场景，以明确所需要测试的接口或页面。
- 明确最大响应时间或平均响应时间。一般接口的响应时间最好在 500ms 以内（网络环境良好的情况下）。由于响应时间受网络影响较大，所以在测试的时候可以使用内网进行测试（尽量减少网络的影响）。
- 明确最大并发数。最大并发数一般是在线用户量的 10%（经验值），即如果预期在线用户量是 40 万的话，则最大并发数可能会达到 4 万。当然，这个转换比例需要根据具体业务进行权衡。
- 明确吞吐量。吞吐量的单位一般是 TPS。目标吞吐量需要根据业务场景而定，以电商系统为例，如果要求网站系统满足 10 分钟内处理 60 万订单的话，那么平均每秒需要完成 1 000 次订单处理（即平均吞吐量为 1 000TPS），为了防止出现极端情况，需要将平均吞吐量乘以 2～5 后作为峰值吞吐量（经验值），即设置目标吞吐量为 2 000～5 000TPS。
- 错误率最好为 0（最坏的情况一般不能高于 0.5%），这是硬性条件，错误率能证明预期压力是否达到网站系统所能承受的最大压力。错误指的是请求处理失败，如超时等。

注意：在做压力测试前，需要先明确想要测试的业务场景。因为不同业务功能的使用频率和性能要求存在很大的区别，所以性能指标和测试结果需要建立在某个业务场景的大前提下。

以电商系统的订单场景为例，如果要满足 40 万在线用户 10 分钟内处理 60 万订单的要求，那么其目标性能指标如表 6.1 所示，其中的示例数据仅供参考。另外，订单场景分两个接口完成，一是订单生成接口，二是付款接口。测试时可以对两个接口分开测试，也可以对两个接口串联测试（订单生成接口请求成功后自动请求付款接口）。如果是对两个接口串联测试，则认为订单生成接口和付款接口组成一个事务，目标性能指标也应该合并成一个。

表 6.1　电商系统订单场景的目标性能指标

测试的接口	目标性能指标
订单生成接口	最大响应时间：2s内；最大并发数：4万；TPS：3 000TPS以上；错误率：0.5%以下
付款接口	最大响应时间：2s内；最大并发数：4万；TPS：3 000TPS以上；错误率：0.5%以下

说明：对于吞吐量中一个事务的理解没有绝对的标准，只是角度不同，无论是认为一个接口组成一个事务，还是几个接口组成一个事务，这都是合理的。另外，由于考虑到订单生成接口和付款接口会涉及数据库中一些响应时间较长的操作（数据库事务和插入数据等），所以最大响应时间设置为 1s 以上。

2. 测试方法

压力测试的方法有两种，一是购买公有云（如阿里云）的压测服务，二是使用压力测试软件进行测试。如果压力测试是为了检验"网站系统是否能承受预期压力"的话，那么最好使用公有云的压力测试服务，因为其服务器分布在全国的多个节点上，能较为真实地模拟实际场景，其测试结果也更有说服力。而在性能调优过程中则一般使用压力测试软件进行测试，因为在这个过程中需要频繁地进行测试（如排查性能瓶颈位置、验证局部调优结果等场景），使用测试软件能省去购买公有云压测服务的成本。

说明：公有云压测服务的具体使用方法因具体云厂商而异，其详细内容可参考公有云网站，这里不对公有云的压测服务展开介绍。

较为流行的压力测试软件有 Apache ab、Apache JMeter 和 LoadRunner 等。其中，Apache ab 虽然功能较少，但它最轻巧、易用。下面将介绍 Apache ab 的使用方法。

注意：Apache ab 只支持单个请求的测试，并且请求方式只支持 GET 或 POST。如果需要使用多个请求串联测试（模拟业务场景），则需要使用 Apache Jmeter 等测试软件。

（1）安装 Apache ab。这里以 CentOS 操作系统为例，安装命令如代码 6.3 所示。

代码 6.3　Apache ab 的安装命令

```
#安装Apache ab
yum install httpd-tools
```

```
#安装成功后，可查看 Apache ab 的版本
ab -V
```

（2）Apache ab 的压力测试命令如代码 6.4 所示。使用压力测试软件进行测试时，一般只对单组服务进行测试，因此需要对单组服务重新设定目标性能指标。另外，由于压力测试是站在用户视角进行的，其结果受网速的影响较大，因此测试时最好使用内网的另一台服务器作为压力测试软件的运行环境，请求接口时使用内网 IP 地址访问，这样能最大限度地降低网络环境的影响。

注意：使用内网环境不一定就能忽略网络的影响，一些较为复杂的内网环境也可能存在网络耗时较长的问题。在测试前，最好使用 curl 命令查看"测试服务器与目标服务器之间的网络环境状态"。另外，如果内网环境复杂（或使用外网环境），则可以相对放宽响应时间的约束，所有接口的响应时间不必 100%满足，只需要满足 90%即可。

代码 6.4　Apache ab 的压力测试命令

```
#使用 curl 命令查看"测试服务器与目标服务器之间的网络环境状态"
#每一行末尾的\ 为命令换行符，输入命令时不需要输入此换行符
#输出结果 time_namelookup：DNS 解析时间
#输出结果 time_connect：网络连接时间
#输出结果 time_starttransfer：网络接收时间
#输出结果 time_total：总共花费时间
#http://192.168.3.54:8080/list：请求的接口
curl -o /dev/null -s -w "time_namelookup: %{time_namelookup}\n      \
              time_connect: %{time_connect}\n                        \
                time_starttransfer: %{time_starttransfer}\n          \
                time_total: %{time_total}\n"                         \
                "http://192.168.3.54:8080/list"                      \

#压测 GET 类型的接口，也可以通过此命令测试网页资源文件，如果请求的是 HTML 文件，则 Apache
 ab 不会自动请求其引用的 CSS、JavaScript 等其他资源文件
#参数-c 100：  100 个并发用户，可以约等于 100 并发量
#参数-n 1000：请求总数为 1000
#参数-s 1：请求最大等待时间为 1s
#http://192.168.3.54:8080/list：请求的接口，最好使用内网 IP 地址访问
ab -c 100 -n 1000 -s 1 'http://192.168.3.54:8080/list'

#压力测试 POST 类型的接口，Apache ab 只能测试 POST 或 GET 请求方式的接口
#参数-p post.txt：以 POST 方式请求，请求参数（JSON 数据）存放在 post.txt 文件中
#参数-T 'application/json'：请求的 Content-Type 头信息
ab -c 100 -n 1000 -p post.txt -T 'application/json' 'http://192.168.3.
54:8080/list'
```

Apache ab 的默认工作原理是根据-c 的值创建若干个连接通道，然后不断在空闲的通道中发送请求（请求正常返回或请求超时后，通道恢复空闲），直到请求数达到-n 设置的请求总数。

关于 Apache ab 中-c 和-n 的设置，-c 可以设置为目标并发数，-n 一般设置为-c 的 10 倍。注意，Apache ab 的并发数不能设置得过大，否则测试结果会受 Apache ab 自身的性能影响。

开始进行压力测试时，需要一个梯度加压的过程，这样能让网站系统逐渐打开相关系统资源，避免测试结果不准确。例如，目标并发数是 1000 的话，第一次测试时并发数应该设置为 10，第二次测试时将其设置为 100，第三次测试时再将其调整为 1000。另外，在性能调试过程中，可以不断加大并发数和请求总数，以测试网站系统可承受的压力上限。

（3）Apache ab 的测试结果如代码 6.5 所示，其中，由于 Apache ab 只能测试单个请求，所以结果中的吞吐量单位为 RPS（处理请求数/秒）。

代码 6.5　Apache ab 的测试结果

```
...
Concurrency Level:      100              #并发量，并发用户数
Time taken for tests:      0.785 seconds    #测试总用时
Complete requests:      1000             #完成请求数
Failed requests:        0                #失败请求数
Total transferred:        958000 bytes     #网络传输量
HTML transferred:       492000 bytes     #HTML 内容的网络传输量
#RPS 的计算所得（成功请求数/测试总用时）
Requests per second:    1274.41 [#/sec] (mean)

#用户请求等待的平均时间，计算所得（测试总用时/(总请求数/并发用户数)），以此作为平均响
  应时间
Time per request:       78.467 [ms] (mean)
#服务器请求等待的平均时间，计算所得（测试总用时/总请求数）
Time per request:       0.785 [ms] (mean, across all concurrent requests)
#接收请求结果的平均网速，可用来判断是否因为网络不佳造成响应时间过长
Transfer rate:          119.27 [Kbytes/sec] received

#请求响应时长分析，以下其实是一个表格
#Connect 指与服务器建立连接的时间，Processing 指请求总时间减去 Connect 后的时间，
  Waiting 指建立连接后发送第一个字节到接收第一个字节之间的时间，Total 指请求的总时间
  （请求响应时间）
#min 指最小值，mean 指平均值，[+/-sd]指标准差，median 指中位数，max 指最大值
#Total 一行的数字不等于 Connect+Processing
#Total 一行中的平均值（75）代表平均请求响应时间
#Total 一行中的最大值（254）代表最大请求响应时间
#上面 Time per request 中计算的总时间包含 Apache ab 自身程序的运行时间，因此比平均
  请求时间长
Connection Times (ms)
              min  mean [+/-sd] median   max
Connect:        0     0    1.0      0       6
Processing:    10    75   29.8     72     254
Waiting:       10    73   29.8     71     254
Total:         12    75   29.6     73     254

#全部请求的响应时间分布，以 90% 109 为例，表示 90%的请求的响应时间在 109ms 以内
```

```
Percentage of the requests served within a certain time (ms)
 50%      73
 66%      82
 75%      88
 80%      93
 90%     109
 95%     134
 98%     153
 99%     164
100%     254 (longest request)
```

　　对于代码 6.5 的测试结果，一般来说只需要提取并发量、吞吐量（RPS）、错误率、平均响应时间和最大响应时间即可（如表 6.2 所示），其他数据可供分析使用，也建议保存。另外，即使在内网环境下，测试的结果也会有所波动，因此测试结果需要经过多次测试后再确定（一般取多个结果的中位数，也可按照实际情况而定）。

💬说明：吞吐量的单位一般采用 TPS，但 Apache ab 只能测试单一接口，因此它的吞吐量单位为 RPS。其实，不需要过于纠结"吞吐量采用哪个单位"，因为各个单位都能反映服务器的性能，采用哪个单位一般受限于测试工具。

表 6.2　代码 6.5 中的测试结果

测试的接口	并发量	最大响应时间 （ms）	平均响应时间 （ms）	吞吐量 （RPS）	错误率 （%）
…	100	78.467	0.785	1274.41	0

3．测试结果

　　一般来说，最终的测试结果应该呈阶梯状，最好包含系统所能承受的最大压力（请求开始出现错误的点）。测试结果示例如表 6.3 所示，其中，并发数的梯度根据实际情况而定，无须过于细致和精确。另外，表格中的数据仅为示意，无实际意义。

表 6.3　某业务场景的压力测试结果

并　发　量	平均响应时间（ms）	吞吐量（TPS）	错误率（%）	备　　注
10	200	500	0	
100	300	800	0	
500	500	950	0	
1000	800	1200	0	目标压力，性能达标
1500	1800	1000	10	系统所能承受的最大压力

　　压力测试终归是单一业务场景的测试，在真实的使用场景中，并发压力是复杂多变的。因此，在网站运营过程中应该不断统计网站系统各业务的压力状况，以便出现问题时可以迅速对统计结果进行性能优化和测试。一般不推荐在真实的运行环境中做压力测试，因为一些业务会产生很多垃圾数据（如订单业务）。一般需要搭建另外一套测试环境进行测试，

而测试环境一般是真实运行环境的浓缩版（降低测试成本），其相对应的性能指标也需要做一下换算。

另外，随着网站的运营，数据会越来越多，网站系统的性能也会逐渐下降。当网站系统上线后，应该密切关注数据的量级变化并对服务器数量做相应调整，以保证网站系统的性能。例如，当订单量到达 100 万、1 000 万、1 亿等数据量时，都需要对网站的系统性能进行新的评估和调整。

6.3.3　性能调优的基本思路

由于大型网站的内部结构十分复杂，因此对大型网站系统进行性能调优是一件复杂的事情。如果按照 6.1.4 小节所述，把网站系统分成 5 个基本部分，先对这 5 个部分的优化分而治之，再考虑集群和分布式部署的问题，那么对大型网站系统的性能调优也不是一件特别复杂的事情。

1．前端部分

前端部分的基本工作是接收浏览器请求并返回网页资源文件，而完成这一工作的关键是 Web 服务器软件。因此，前端部分的性能调优主要是对 Web 服务器软件进行性能调优，而调优的目标是让 Web 服务器软件把服务器的物理性能全部发挥出来。另外，由于网页资源文件都是静态文件（不需要服务器动态渲染），因此可以使用 CDN 对静态文件进行缓存，从而降低前端服务器的请求压力。性能调优后的前端部分如图 6.9 所示。

说明：前端部分的基本结构请参考 6.1.1 小节，前端部分性能调优的具体方法请参考 6.3.4 小节、6.3.5 小节和 6.3.6 小节中的介绍。

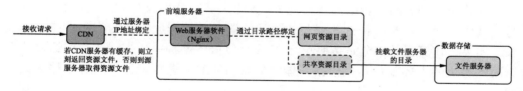

图 6.9　性能调优后的前端部分

2．后端部分

后端部分的基本工作是接收请求并返回处理结果，而完成这一工作的关键是 Web 应用服务器软件。Web 应用服务器软件接收请求并调用相关的后端应用程序，后端应用程序处理后的结果会被 Web 应用服务器软件返回请求方。因此，后端部分的性能调优主要是对 Web 应用服务器进行调优。另外，还需要降低后端服务器的计算压力，解决的方式通常有优化前端访问、加入缓存及生成静态文件等。

⌂注意：与静态网页资源文件不同，后端请求是需要服务器处理的，因此后端接口是不能
　　　使用 CDN 加速的。但是，把一些并发压力大且修改概率低的数据转换成静态文
　　　件，就可以使用 CDN 加速了，这样便可以降低后端服务器的计算压力，具体方
　　　法请参考 6.3.9 小节中的介绍。

　　　性能调优后的后端部分如图 6.10 所示。其中，前端部分需要加入浏览器本地存储以
优化前端访问，静态文件需要生成到共享文件服务器，后端缓存需要使用 Redis 等非关系
型数据库作为缓存池。

⌂说明：后端部分的基本结构请参考 6.1.2 小节中的介绍，后端部分性能调优的具体方法
　　　请参考 6.3.4 小节、6.3.7 小节、6.3.8 小节和 6.3.9 小节中的介绍。

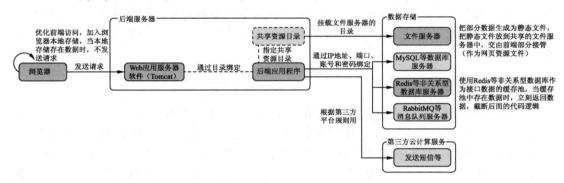

图 6.10　性能调优后的后端部分

3．云计算服务部分

　　　云计算服务部分的结构因具体实现方式而异，其优化的具体方式也因其结构而异。
但是，调优的目标都是一样的，就是让云计算服务软件把服务器的物理性能全部发挥
出来。如果云计算服务部分是按照第 5 章云计算服务架构中的方法实现的话，那么云
计算服务调优的主要工作是，根据具体服务器硬件配置调整云计算服务软件的最大进
程数。

⌂说明：云计算服务部分的基本结构请参考 6.1.3 小节中的介绍，最大进程数设置请参考
　　　5.6.1 小节中的介绍。另外，服务器性能的调优请参考 6.3.4 小节中的介绍。

4．数据存储部分

　　　数据存储部分包括共享文件存储、MySQL 数据库、Redis 非关系型数据库和 RabbitMQ
消息队列服务等。这些软件的性能调优都需要设置其相关的配置项以发挥服务器的全部物
理性能。

如果使用的是公有云（如阿里云），可以直接使用其提供的文件存储、数据库和非关系型数据库等服务，这样就不需要再对其进行性能调优（公有云平台已经对其调优过）。

说明：数据存储部分性能调优的具体方法请参考 6.3.4 小节、6.3.10 小节、6.3.11 小节和 6.3.12 小节中的介绍。

5. 第三方云计算服务部分

第三方云计算服务部分是第三方平台提供的云计算服务（如发送短信等）。由于云计算服务是由第三方平台提供的，所以其性能也由第三方平台保证。也就是说，网站系统无须关心第三方云计算服务的调优。当然，在选用相关第三方云计算服务时，需要考虑其性能是否能满足网站系统的使用压力。

6. 集群和分布式部署

以上介绍的都是针对单台服务器或单个服务的调优，但一台服务器的物理性能毕竟是有上限的（CPU 核数、内存、带宽等都是有上限的），因此需要让多台提供相同功能的服务器分摊计算压力，这种方式称作集群。

由于网站系统的各个部分所需要的物理性能是不一致的，前端部分要求更高的带宽，后端部分要求更高的 CPU 核数和内存，云计算服务部分则可能需要服务器具备 GPU 等，因此大型网站系统一般需要把不同部分部署在不同的服务器上，这样能根据其特性调配服务器物理性能。另外，在一个大型网站系统中，业务功能的请求压力是不均等的，核心业务功能与边缘业务功能的请求压力差异是巨大的，因此大型网站一般需要做业务模块拆分，把不同的业务模块部署在不同的服务器上（不同的业务模块可能会使用不同的数据库等数据存储服务），以更有针对性地调配服务器的物理性能。这种把一个网站系统部署在多个服务器上（这些服务器提供的功能是不一致的）的方式称为分布式部署。

前端部分和后端部分如果采用了集群或分布式部署，则需要添加负载均衡的服务，让负载均衡地分发到具体的服务器上。

按集群和分布式部署的网站系统如图 6.11 所示。其中，不同集群的服务器提供不同的功能，相同集群内的服务器提供相同的功能。另外，数据存储部分的某些服务（如数据库等）也存在集群等多服务器的使用方式（具体使用方式因具体规则而异）。

说明：集群和分布式部署的具体方法请参考 6.3.13 小节中的介绍。另外，图 6.11 是一张简化了的服务器拓扑图，网站系统的服务器结构可以通过这种方式来呈现。

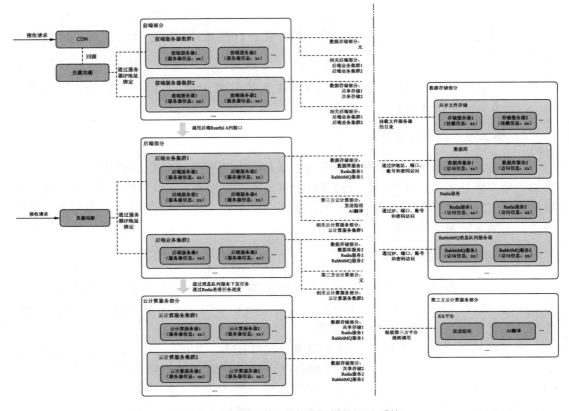

图 6.11　采用集群和分布式部署的网站系统

6.3.4　服务器性能调优

服务器性能代表软件的性能上限，因此服务器性能调优是一个十分重要的环节。下面分 3 个部分对服务器性能调优进行介绍，这 3 个部分分别是服务器配置选择、服务器负载分析和服务器内核参数调优。

1. 服务器配置选择

服务器一般由 CPU、内存、磁盘和网卡组成，因此，选择服务器配置就是选择 CPU 核数、内存大小、磁盘大小及类型、网络带宽。但是，服务器配置的选择是很难标准化的，也就是说很难推断出"一台需要达到 1000TPS 的后端服务器"的配置应该是什么样的。因为软件的最终运行性能与软件的实现方式是紧密相关的，即使是同一个后端应用程序中的两个接口，由于具体功能的差别，性能也会有所差别。

注意：除了 CPU、内存、磁盘和网卡以外，根据软件运行环境的需要，还会有 GPU（图形处理器）等部件，这里不展开介绍。另外，CPU 的主频对性能影响也颇大，但对于一般的网站系统而言，其压力更多的是指并发压力，因此 CPU 核数的重要性会更突出一些。

因此，服务器配置的选择应该基于具体的测试结果。一开始可以选用配置较低的服务器做调优和测试，并以该服务器的测试结果作为选择服务器的依据。

以电商系统的订单业务为例，经过测试后，一台配置为 4 核 CPU、16GB 内存、10Mbps 带宽、50GB 机械磁盘的服务器的测试结果为：支持 50 并发量和 300TPS 吞吐量（增大并发量后会出现超时报错）。而在压力测试过程中，CPU 的使用率接近 75%，内存使用率在 50% 以下，带宽使用率在 50% 以下，除去日志以外无磁盘操作。

因此可以认为，一台配置为 4 核 CPU（CPU 使用率需要在 75% 以下）、8GB 内存（内存使用率可以接近 100%）、5Mbps 带宽（带宽使用率可以接近 100%）的服务器，可以满足订单接口支持 50 并发量、300TPS 吞吐量的压力。

如果需要达到 200 并发数、2 400TPS 吞吐量的目标的话，则需要 8 台配置为 4 核 CPU、8GB 内存、5Mbps 带宽的服务器，或者 1 台配置为 32 核 CPU、64GB 内存、40Mbps 带宽的服务器。当然，最终的服务器配置还是需要通过测试来验证。

注意：在以上订单接口的例子中，后端服务器和数据库等服务器需要一起调试，避免后端服务器性能过剩，而数据库等服务器性能不足的情况发生。另外，以上选择服务器配置的方法不一定适用于所有场景，请斟酌参考。

2. 服务器负载分析

在性能调优过程中，服务器负载分析是判断服务器当前压力的重要手段。服务器负载分析其实就是分析 CPU 使用率、内存使用率、磁盘 I/O、服务器负载和带宽使用情况等性能参数。

注意：网站上线后，尤其是在高峰使用时段需要密切关注服务器负载情况。如果使用的是公有云服务器，可以通过其提供的实时监控页面（实时显示服务器负载的相关参数）进行监控。另外，有的公有云还提供负载警告服务，当某个服务器负载值超出警报值时，会自动通知相关人员。

（1）CPU 使用率

CPU 使用率反映的是 CPU 的忙碌情况。当 CPU 使用率到达 100% 时，部分进程会进入等待状态，CPU 暂时不会对其进行处理。理论上，服务器的 CPU 使用率应该确保在 100% 以下，但是在实际运行过程中，为了预防一些突发性的请求压力，服务器的 CPU 使用率应该保持在 75% 以下。如果高峰时段服务器的 CPU 使用率多次高于 75%，则需要考虑增加服务器。以 CentOS 为例，CPU 使用率的查看命令如代码 6.6 所示。

注意：在压力测试过程中，当目标压力到达时，应该保证服务器的 CPU 使用率在 75% 以下。当然，如果目标压力本身远大于实际压力，那么服务器的 CPU 使用率在 100% 以下都可以认为是正常的。

代码 6.6　在 CentOS 中查看 CPU 使用率

```
#安装 htop 命令，htop 命令可以查看 CPU 使用率、内存使用率及负载等信息
yum install htop

#查看 CPU 使用率
htop
```

输入 htop 命令后，CPU 使用率如图 6.12 所示。其中，该命令的 CPU 使用率会以单个核为单位进行显示，图 6.12 中为 4 核的 CPU。值得一提的是，操作系统会自动分配多个核的负载，当所有核的 CPU 使用率都超过 75% 时才能认为服务器的 CPU 使用率已超过 75%。

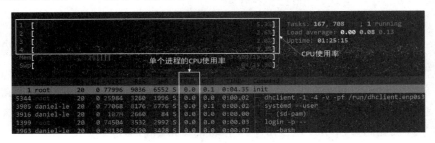

图 6.12　CPU 使用率

（2）内存使用率

内存使用率反映的是内存的使用情况。内存用于存放程序的代码及数据，一般分为物理内存和虚拟内存，物理内存指的是服务器的内存，而虚拟内存是指磁盘的一块空间。当物理内存使用率达到 100% 后，将会使用虚拟内存。但是，虚拟内存（一块磁盘空间）的读写速度远低于物理内存，如果程序被存放在虚拟内存中，那么程序的运行效率将会变得很低。因此，一般情况下，服务器的内存使用率（物理内存）应该保持在 100% 以下（最好保持在 80% 以下），虚拟内存使用率保持在 0%。

以 CentOS 为例，输入 htop 命令后，内存使用率如图 6.13 所示。其中，虚拟内存的大小是可调的，但是为了预防一些突发性的请求压力，虚拟内存的空间容量最好不要设置为 0。

（3）磁盘 I/O

磁盘 I/O 指的是磁盘的读写。在网站系统中，日志、文件操作、数据库操作等都会造成磁盘读写的压力。一般情况下，磁盘读写的性能问题并不显著，但是在高并发压力下，磁盘读写的性能问题则会凸显出来。

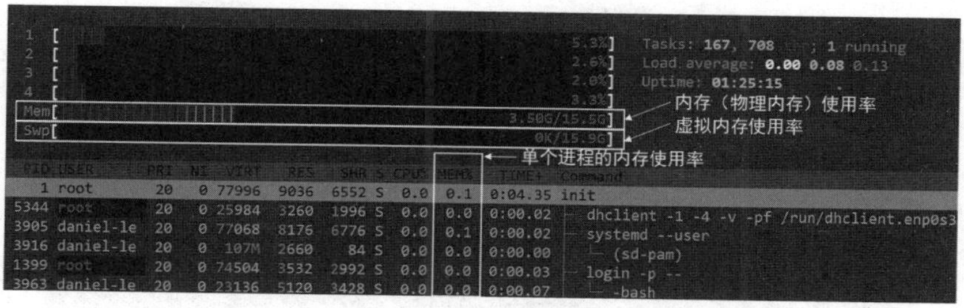

图 6.13　内存使用率

以 CentOS 为例，磁盘读写情况的查看命令如代码 6.7 所示，其中，iostat 工具用于查看总体的磁盘读写情况，iotop 工具用于查看单个线程的磁盘读写情况。

代码 6.7　在 CentOS 中查看磁盘读写情况

```
#安装 iostat
yum install sysstat

#查看总体磁盘读写请求，1 代表 1s 读取一次数据
iostat -x 1

#安装 iotop
yum install iotop

#查看单个线程的磁盘读写情况
iotop
```

输入 iostat 命令后，磁盘总体读写情况如图 6.14 所示。其中，%idle 需要保持在 70% 以上，%util 需要保持在 70% 以下。当 %util 达到 100% 时，表示已经满负荷。为了降低磁盘读写的负荷，可以选用性能更高的磁盘或者降低磁盘的操作频率（如采用异步日志等）。

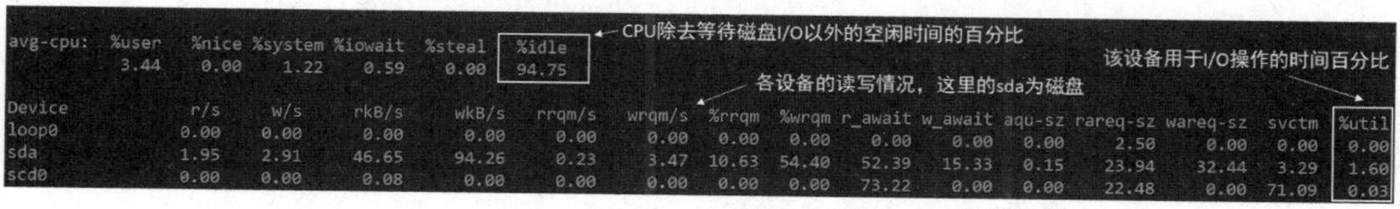

图 6.14　磁盘总体读写情况

输入 iotop 命令后，各线程的磁盘读写情况如图 6.15 所示。通过分析图 6.15，可以定位造成磁盘性能瓶颈的原因。

（4）平均负载

平均负载指单位时间内平均的活跃进程数，是一个表示服务器负载的指标。一般情况下需要保证平均负载的值小于当前服务器的 CPU 核数。以 CentOS 为例，使用 htop 命令可查看平均负载，如图 6.16 所示。图 6.16 中的服务器的 CPU 为 4 核，即平均负载应该保证低于 4，当然，为了预防一些突发性的请求压力，这台服务器的平均负载最好保证在 3

以下（75%）。

```
Total DISK READ :      0.00 B/s | Total DISK WRITE :     4.44 M/s
Actual DISK READ:      0.00 B/s | Actual DISK WRITE:     7.95 M/s
  TID  PRIO  USER     DISK READ  DISK WRITE  SWAPIN     IO>    COMMAND
13622 be/4 root        0.00 B/s    0.00 B/s  0.00 %   0.02 % [kworker/u8:0]
 2973 be/4 root        0.00 B/s    3.80 K/s  0.00 %   0.00 % java -Djava.util.logging
 4534 be/4 root        0.00 B/s  121.58 K/s  0.00 %   0.00 % java -Djava.util.logging
 4530 be/4 992         0.00 B/s    3.80 K/s  0.00 %   0.00 % prometheus --web.listen-
 4650 be/4 992         0.00 B/s   34.19 K/s  0.00 %   0.00 % prometheus --web.listen-
18382 be/4 root        0.00 B/s  243.15 K/s  0.00 %   0.00 % java -Djava.util.logging
18411 be/4 root        0.00 B/s  243.15 K/s  0.00 %   0.00 % java -Djava.util.logging
18424 be/4 root        0.00 B/s  243.15 K/s  0.00 %   0.00 % java -Djava.util.logging
18430 be/4 root        0.00 B/s  243.15 K/s  0.00 %   0.00 % java -Djava.util.logging
18453 be/4 root        0.00 B/s  243.15 K/s  0.00 %   0.00 % java -Djava.util.logging
```

图 6.15　各线程的磁盘读写情况

```
1 [                                            2.0%]   Tasks: 167, 727 thr; 1 running
2 [                                            3.3%]   Load average: 0.15 0.17 0.16
3 [                                            1.3%]   Uptime: 09:38:25
4 [                                            2.6%]
Mem[                                     4.26G/15.5G]   平均负载，三个数字分别是1分钟、
Swp[                                        0K/15.9G]   5分钟、15分钟的平均负载
```

图 6.16　平均负载

（5）网络使用情况

网络使用情况也是监控的重要指标。当带宽不足时会大大增大请求的响应时间。为了防止突发性并发压力，应该保证服务器的带宽使用率在 80% 以下。这里需要注意的是，物理网卡限制了服务器所能使用的最大带宽。以 CentOS 为例，查看网络使用情况的命令如代码 6.8 所示。

代码 6.8　在 CentOS 中查看网络使用情况

```
#安装 nload
yum install nload

#查看网络使用情况
nload
```

输入 nload 命令后，网络使用情况如图 6.17 所示。其中，网络使用情况分为流入网卡的数据与流出网卡的数据。流入网卡的对应下行带宽的网速，流出网卡的数据对应上行带宽的网速。当"当前网速"持续接近"最大网速"时，代表带宽使用率已经接近 100%。

注意：带宽一般指的是下行带宽，但实际上带宽分为上行带宽和下行带宽。很多时候，上行带宽和下行带宽是不一致的，在网络带宽调优过程中需要分别考虑。另外，带宽的单位是 Mbps，网速的单位是 MB/s，也就是说，100Mbps 的带宽，理论上的网速上限是 12.5MB/s。

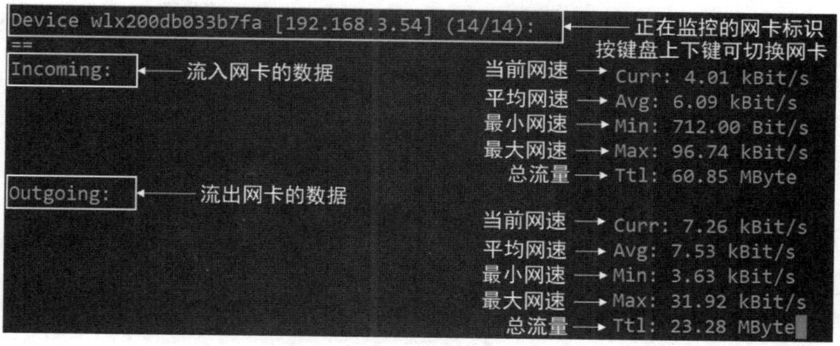

图 6.17 网络使用情况

3．服务器内核参数调优

光有强大的物理性能是不够的，还需要对内核参数进行调优，这样才能在高并发压力下充分体现服务器应有的性能。当然，也不是所有服务器都需要做高并发性能调优，一般来说，只需要对要处理高并发请求的服务器（如前端服务器、后端服务器、数据库服务器和非关系型数据库服务器等）进行内核参数调优即可。以 CentOS 为例，部分内核参数调优如代码 6.9 所示，其中主要介绍的是"单个进程最大打开文件数"和"TCP 相关设置"这两项较为常用的配置。

注意：代码 6.9 中的内核参数仅供参考，具体服务器的内核参数应根据实际的物理配置和使用场景进行修改。

代码 6.9　在 CentOS 系统中对部分内核参数调优

```
##########设置单个进程最多可以打开的文件数量##########
#修改单个进程最多可以打开的文件数，此数值必须重视
#此数值会影响进程打开的线程数、TCP 连接数、打开文件数等，默认为 1024
#在/etc/security/limits.conf 中添加以下内容，*代表所有用户，65535 代表修改的值，
  重启后生效
* soft nofile 65535
* hard nofile 65535
* soft nproc 65535
* hard nproc 65535


##########TCP 相关设置##########
#修改 TCP 相关参数，优化 TCP 高并发通信
#在/etc/sysctl.conf 中添加以下内容，重启后生效
    #为防止洪水攻击，高并发系统需要将此设置关闭
    net.ipv4.tcp_syncookies= 0
    #开启 TCP 连接重用，允许将处于 TIME-WAIT 状态的连接重新用于新的 TCP 连接
    net.ipv4.tcp_tw_reuse= 1
    #开启快速回收 TCP 连接中处于 TIME-WAIT 状态的连接
    net.ipv4.tcp_tw_recycle= 1
```

```
#修改超时时间（s），该值表示如果连接由本端关闭，则连接处于 FIN-WAIT-2 状态的时间为
net.ipv4.tcp_fin_timeout= 30
#当 keepalive（长连接）启用的时候，TCP 发送 keepalive 消息（探测包）的时间间隔（s），
 默认为 2 个小时
net.ipv4.tcp_keepalive_time= 1200
#服务器对外连接的端口范围，影响该服务器与其他服务器的连接数
net.ipv4.ip_local_port_range= 1024 65535
#SYN 队列的长度，可以容纳更多等待连接的网络连接数，默认为 1024
net.ipv4.tcp_max_syn_backlog= 65535
#保持 TIME_WAIT 状态连接的最大数量，如果超过此值，TIME_WAIT 将立刻被清除并打印警
 告信息，默认为 180 000
net.ipv4.tcp_max_tw_buckets=5000
#每个网络接口接收数据包的速率比内核处理这些包的速率快时，允许送到队列的数据包的最
 大数目
net.core.netdev_max_backlog= 65535
#TCP 最大连接数
net.core.somaxconn= 65535
#预留用于接收缓冲的内存默认值（字节）
net.core.rmem_default= 8388608
#预留用于接收缓冲的内存最大值（字节）
net.core.rmem_max= 16777216
#预留用于发送缓冲的内存默认值（字节）
net.core.wmem_default= 8388608
#预留用于发送缓冲的内存最大值（字节）
net.core.wmem_max= 16777216
#避免时间戳异常
net.ipv4.tcp_timestamps= 0
#系统中最多有多少个 TCP 套接字不被关联到任何一个用户文件句柄上，如果超过这个数字，
 连接将即刻被复位并打印警告信息，这个限制仅仅是为了防止简单的 DoS 攻击
net.ipv4.tcp_max_orphans= 3276800
```

6.3.5　Nginx 调优

　　本章以 Nginx 作为前端 Web 服务器软件，Nginx 调优的目的是让前端服务器性能更好。对于 Nginx 的优化而言，主要是设置工作进程、连接、传输模式、超时、缓存、压缩、浏览器缓存和关闭无用日志等。Nginx 调优需要修改配置文件（conf/nginx.conf），如代码 6.10 所示，其中，配置的值需要根据实际的前端服务器和具体网页资源而定。

　注意：在代码 6.10 中，工作进程数（worker_processes）和单个工作进程最大连接数
　　　　（worker_connections）决定前端服务器的最大并发处理能力。这两个值的设定（尤
　　　　其是 worker_connections）需要在实际服务器上进行多次尝试，然后根据压力测
　　　　试结果来决定具体取值。

代码 6.10　性能调优后的 Nginx 配置

```
##########工作进程设置##########
#设置工作进程数，一般与服务器的 CPU 数一致即可
```

```
worker_processes: 4;
#设置工作进程分布在不同的 CPU 内核上，避免进程在同一内核上抢占性能，单工作进程可不设置
#一组数字的长度对应 CPU 内核的数量，一组数字对应一个工作进程，1 代表使用的 CPU 内核
worker_cpu_affinity 0001 0010 0100 1000;

#注意，工作进程数一般不要大于 8，8 个以上的工作进程可能会造成系统不稳定
#以一台 16 核 CPU 的服务器为例，一个进程可以使用两个核心
#worker_processes: 8;
#worker_cpu_affinity  0000000000000011  0000000000001100
0000000000110000
                   0000000011000000  0000001100000000  0000110000000000
                   0011000000000000  1100000000000000;
```

########## 连接设置 ##########

```
events{
    #使用高并发场景下效率更高的 epoll 事件通知机制
    use epoll;
    #设置单个工作进程的最大连接数，该数值受限于 CPU 内核的单进程最大打开文件数（请参考
    代码 6.9）
    #此值的设定需要在具体服务器上大量尝试，并根据其压力测试结果来决定
    worker_connections 1000;
}

http {
```

########## 传输模式设置 ##########

```
    #开启高效传输模式
    sendfile on;
    #防止网络阻塞，将响应报文的头信息与报文的开始部分一起发送（减少发送的报文段数量），
    需要先开启 sendfile
     tcp_nopush on;
    #防止网络阻塞，允许小数据包发送
    tcp_nodelay on;
    #隐藏 Nginx 版本号（出于安全考虑）
    server_tokens off;
```

########## 超时设置 ##########

```
    #客户端保持连接会话的最长时间（s），若超过这个时间，服务器会断开这个连接
    keepalive_timeout 60;
    #设置接收请求头的超时时间（s）
    client_header_timeout 15;
    #设置接收请求体的超时时间（s）
    client_body_timeout 15;
    #设置服务端向客户端传输数据的超时时间（s）
    send_timeout 60;
```

########## 缓存设置 ##########

```
    #启用文件缓存，如果请求的文件已经被缓存，可以直接发送文件（不需要从磁盘上获取）。由
    于省去了磁盘读写，所以文件请求的响应时间会更快
    #max 用于设置最多可以缓存多少文件，inactive 用于设置多长时间（s）内如果缓存文件没
    被请求则删除缓存
    open_file_cache max=65535 inactive=20s;
```

```
#在 open_file_cache 的 inactive 时间内，被请求多少次才不会删除缓存
open_file_cache_min_uses 1;
#设置多长时间（s）更新一次缓存文件
open_file_cache_valid 30s;

##########压缩设置##########
#开启压缩，压缩文件后可减少带宽消耗。但是压缩是需要消耗 CPU 的
#设置需要压缩的文件的最小字节数，此值需要设置在 1KB 以上，因为 1KB 以下的文件压缩后
  反而会变大
gzip_min_length 1k;
#设置压缩缓冲区，"4 32k"表示 4 个 32KB 的内存空间
gzip_buffers  4 32k;
#压缩版本，默认使用 1.1
gzip_http_version 1.1;
#设置 gzip 的压缩级别，压缩级别最小为 1（处理速度最快，压缩比例最低），最大为 9（处
  理速度最慢，压缩比例最高）
gzip_comp_level 6;
#设置需要压缩的类型，这里指定了 CSS、XML 和 JavaScript 文件，HTML 文件默认是需要
  压缩的。另外，图片、视频等网页资源文件不建议使用 gzip，因为消耗性能过高的同时压缩
  效果也不明显
gzip_types text/css text/xml application/javascript;
#为防止一些不支持 gzip 的客户端,如果请求头信息里带上了 Accept-Encoding:gzip(支
  持 gzip)，则返回压缩的文件。如果没有带这个头信息（不支持 gzip），则返回非压缩的文件
gzip_vary on;

server {                                #可设置多个 server 块,多域名可设置多 server
      listen               80;   #监听的端口，80 为 HTTP 的默认端口
      #服务器名称，设置为 default_server 即可
      server_name  default_server;

              ##########浏览器缓存设置##########
      #对于部分不经常改动的文件，可以让这些文件长时间缓存在浏览器中，这样就能大
        大降低前端服务器的压力。当然，前提是浏览器支持这个功能，需要在指定的
        location 中进行设定
      #设置使用浏览器缓存的规则，示例中带有_expires.js 或_expires.css 后缀的
        文件将会被浏览器缓存
      location ~* (_expires\.js|_expires\.css)$ {
        #设置浏览器缓存的时间，7d 代表 7 天
        expires 7d;

              ##########关闭无用的日志##########
        #在高并发场景下，日志会影响服务器的性能，因此建议把无用的日志关闭
        access_log off;
      }

      #默认规则，与 6.1.1 小节前端部分的基本结构中的代码 6.1 相同
      location / {
        root    /home/data;          #设置共享资源目录的绝对路径
      #设置默认资源，默认返回/home/data/default.jpg
```

```
                index  default.jpg;
                #设置请求错误时返回的资源文件，发生错误时返回/home/data/error.jpg
                error_page  404 500 502 503 504  /error.jpg;
            }
        }
    }
```

对于前端服务器而言，网络带宽对其影响是巨大的，如果网络带宽很低且不能上调的话，则前端服务器处理能力再高也是无用的。因此，在选取前端服务器配置或者调优前端服务器之前，需要明确前端服务器的带宽上限，并尽量以公网为压测环境。

6.3.6　CDN 加速

对于大型网站而言，除了用户量巨大以外，用户地域是分散的，用户使用的网络运营商也是不一样的，如果系统的服务器都在一个区域（如都是北京机房、电信网络），则用户体验是很难保障的（如身在广州、使用移动网络的用户打开网页可能会特别慢）。

为了解决这样的问题，可以在全国（甚至多个国家）的多个地方都部署前端服务器（并且每个地区的服务器都囊括多个网络运营商的网络），并让用户从最近的服务器中取得网页资源。这样确实能保障身在不同地区、使用不同网络运营商的用户体验更好。但是这样做的成本非常高，只能是理论上可行的做法。其实，一些运营商已经在全国（甚至多个国家）的多个地方部署了服务器，我们只需要按照规则使用这些服务器就可以解决问题了。这就是 CDN 加速。

CDN（Content Delivery Network，内容分发网络）可以把静态文件缓存在多个地方的服务器上（并且每个地区的服务器都囊括多个网络运营商的网络），用户可以就近获取所需文件，降低了源服务器的网络拥塞，提高了用户访问响应速度。也就是说，用户发送网页资源请求时，该请求会就近分配到一台 CDN 服务器上，如果 CDN 服务器上有该资源文件则立刻返回，如果没有则 CDN 服务器会向源服务器（前端服务器）获取该资源文件（并缓存该资源文件）并将其返回给用户。

CDN 服务的工作原理如图 6.18 所示。其中，用户需要通过域名请求网页资源，DNS 会把域名解析成就近的 CDN 服务器的公网 IP 地址，并与该 CDN 服务器建立连接。另外，CDN 服务内部是复杂的，有很多不可见的负载分发和多层缓存服务，真正向源服务器回源的可能只是几台 CDN 服务器。

说明：DNS（Domain Name System）是一项互联网服务，它负责把域名转换成公网 IP 地址。不同地区的 DNS 服务可以把相同域名转换成不同的公网 IP 地址。DNS 是一项公共服务，使用 CDN 服务时，只需要在 CDN 服务上设置对应域名即可，CDN 服务会自动把转换关系同步到 DNS 上。

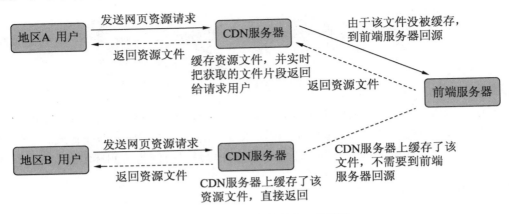

图 6.18　CDN 服务的基本工作原理

CDN 服务器缓存文件一般是被动式的，也就是说，当有用户向该 CDN 服务器发送网页资源请求，并且该 CDN 服务器向源服务器获取该资源文件时，资源文件才会被缓存到 CDN 服务器上。

💬说明：除了被动式的 CDN 服务，还有主动式的 CDN 服务。常见的主动式 CDN 服务是与直播相关的，这种直播 CDN 服务要求网站系统主动地把直播流推送到 CDN 服务上。主动式 CDN 服务的 CDN 服务器节点会在 CDN 网络内部回源，不会到源服务器回源。

即使用了 CDN 加速，也不能代表完全消除了前端服务器的并发压力。因为 CDN 服务器的回源也会造成一定的并发压力，所以使用了 CDN 加速后仍然需要关注前端服务器的负载，考虑是否加大带宽或者追加服务器。

CDN 的具体使用方法因不同的 CDN 运营商而不同，使用时遵循该 CDN 运营商的规则即可，大致上都是设置域名、源服务器地址、缓存的文件类型及缓存时间等，这里不做详细介绍。在选取 CDN 运营商时，需要对比 CDN 的节点个数和分布范围等。

6.3.7　浏览器访问页面的过程优化

除了提高服务器端的性能之外，还需要优化浏览器访问。对于优化浏览器访问而言，可以分为两个方面：网页资源请求优化和后端接口请求优化。

1．网页资源请求优化

对于"网页资源请求优化"而言，可以减少网页资源文件的请求次数以达到优化的目的。对于一些比较小的图片、CSS 文件及 JavaScript 文件，可以适当将其合并以降低资源文件的请求次数。另外，可以将一些长期不发生变化的网页资源文件缓存在浏览器本地。

💬**说明**：虽然浏览器会自发地缓存一些网页资源文件，但这些资源文件不会长期缓存在浏览器里。通过设置浏览器缓存，可以让网页资源文件在浏览器里保存几个月。具体设置方式请参照 6.3.5 小节中的代码 6.10。

2. 后端接口请求优化

对于"后端接口请求优化"而言，请求后端接口时尽量使用异步方式请求。因为网络环境是不稳定的，如果使用同步方式请求接口，一旦网络延迟时间比较长，可能会造成页面"假死（无响应）"的情况。对于一些响应时间比较长或者一些排他请求，需要做 loading（等待）的动画或提示，以免用户误以为"没反应"。

对于一些不常变化或者一些常用的数据，如用户信息和网站基本信息等，可以使用 localStorage 缓存起来，这样就可以减少这些接口的请求次数，从而降低后端应用程序的压力。

💬**说明**：localStorage 可以用于长期保存网站数据，通过 JavaScript 脚本进行使用。需要注意的是，一个域名（一个网站）的空间容量是 5MB（不同浏览器可能会有所不同）。

另外，Cookie 需要慎重使用，因为 Cookie 是伴随域名自动发送的。如果某个接口加入了大量的 Cookie，则相同域名的请求都会徒增一些数据（影响数据包大小）。当然，如果一些模块的后端接口需要使用 Cookie 且数据量比较大的话，则可以使用独立域名访问，这样就不影响其他请求了。一些网站喜欢用多域名区分"前端网页资源请求"和"后端接口请求"，其中的一个重要原因就是隔离 Cookie。

💬**注意**：一旦网站使用多域名，则会面临跨域问题。关于跨域问题的解决方法，可以参考 6.6.4 小节中的介绍。

6.3.8 Tomcat 调优

本章以 Tomcat 作为后端 Web 应用服务器软件。Tomcat 调优的目的是让后端服务器的性能变得更好。对于 Tomcat 的优化而言，主要是设置 JVM 内存和连接池等。Tomcat 调优的值需要根据实际的后端服务器和具体后端接口而定。

设置 JVM 内存，需要修改 catalina.sh 文件，如代码 6.11 所示。其中，调优指令需要在文件的开头就添加。

代码 6.11　设置 JVM 内存

```
#JVM 内存组成：总堆内存 = 年轻代堆内存 + 年老代堆内存 + 持久代堆内存
#年轻代堆内存：对象刚被创建时会放入年轻代堆内存中
#年老代堆内存：当对象长期被使用时，会被移动到年老代堆内存中
#持久代堆内存：存放 Java 程序运行所需要的 .class 文件及元数据
```

```
#JVM 的运行机制和回收机制决定了内存的分区
#当内存不足时，Tomcat 会出现 java.lang.OutOfMemoryError:Java heap space 的错误
  日志
#当持久代堆内存不足时，Tomcat 会出现 java.lang.OutOfMemoryError:PermGen space
  的错误日志
#在 JDK 1.8 之后的版本中，使用元空间替代了持久代堆
#设置 Tomcat 的 JVM 内存，在 catalina.sh 文件中添加以下内容，需要在文件的开头就添加
#除了例子中的配置项以外，还有其他关于 JVM 的配置（如回收机制等），这里不展开介绍
# -Xmx：最大总堆内存，一般设置为服务器内存的 80%（当后端服务器只有一个 Tomcat 时）
# -Xms：初始总堆内存，与总堆内存大小相同，可以减小申请内存的性能损耗
# -Xmn：年轻代堆内存，官方推荐为-Xmx 的 3/8，可以视具体情况而定
# -XX: MaxMetaspaceSize：最大元空间，一般设置为 256MB 以上。元空间存放的是 class
  文件等数据 ，视后端应用程序大小及个数而定，本例中设置为 500MB
# -XX: MetaspaceSize：初始元空间，与最大元空间大小相同，可以减小申请内存的性能损耗
# -XX: MaxMetaspaceSize 和-XX: MetaspaceSize 在 JDK 1.8 及以上版本中生效
# 以下以一台 8GB 内存的服务器为例，为了方便计算，机器内存为 8000MB
JAVA_OPTS="-Xmx6400m -Xms6400m -Xmn3000
           -XX:MaxMetaspaceSize=500m -XX:MetaspaceSize=500m"
```

设置连接池，需要修改 conf/server.xml 文件，如代码 6.12 所示。

代码6.12　设置连接池

```
…
<!--
    设置连接池，除了例子中的配置项以外，还有其他关于连接池的配置项，这里不展开介绍
    port: HTTP 请求端口
    redirectPort: HTTPS 重定向端口
    connectionTimeout: 连接超时时间（ms）
    protocol: 设置运行模式，在高并发场景中可以选用性能最高的 APR 模式。但是在选用 APR
模式之前，需要在服务器上安装 APR（Apache Portable Run-time libraries，Apache
的一个项目）。
    enableLookups: 反查域名，其值可设置为 true（可以获取远程主机的主机名）或 false
（IP 地址），设置为 false 有利于提高处理能力
    maxThreads: tomcat 的最大线程数，该数值受限于系统内核的单进程最大打开文件数（请参
考代码 6.9）
    minSpareThreads: 最小空闲线程数，可以设置得小一些。此值也是 Tomcat 启动时初始化
的处理线程数
    maxIdleTime: 当空闲线程数超过 minSpareThreads 所设置的数量时，空闲时间超过
maxIdleTime 所设置的时间（ms）的线程会被销毁
    acceptCount: 当没有空闲线程时，请求可进入等待队列，acceptCount 设置的是等待队列
的长度
-->

<Connector  port="8080"  redirectPort="8443"
        connectionTimeout="20000"
        protocol="org.apache.coyote.http11.Http11NioProtocol"
        enableLookups="false"
        maxThreads="2000"
        minSpareThreads="500"
        maxIdleTime="3000"
```

```
        acceptCount="3000"
    />
    …
```

注意：在代码 6.12 中，最大线程数（maxThreads）决定后端服务器的最大并发处理能力。这个值的设定需要在实际服务器上多次尝试，然后根据具体接口的压力测试结果决定取值。

6.3.9　缓存与静态文件

在第 4 章后端架构中提到，后端应用程序在整个网站系统中处于"司令塔"的位置，它负责调度和协调网站系统的各个部分（如数据库、非关系型数据库、云计算服务及第三方云计算服务等）。对于后端接口，其性能瓶颈往往不在自身而在其调用的服务上。因此，为了提升后端应用程序的性能，应该尽量减少调用"性能无法提升或者提升成本较大"的服务（如数据库等）。为此，后端应用程序可以增设缓存的部分，这样在高并发场景下可以减少存在性能瓶颈的服务的调用次数（如数据库等），从而变相提升后端应用程序的性能。

说明：关于后端应用程序加入缓存的相关内容请参考 4.5.1 小节中的介绍，本小节着重介绍缓解数据库压力的方法。

加入缓存后，后端应用程序的性能会显著提高。但是后端应用程序本身的压力是没有缓解的，接口请求还是会积压到后端服务器上。那么，是否可以使用 CDN 对后端接口的返回值进行缓存来缓解后端服务器的请求压力呢？理论上是可行的，但实际上大多数的 CDN 运营商都不提供这样的服务，因为在数据更新时很难快速地将所有 CDN 节点上的旧数据都清除掉（CDN 运营商一般提供有清理缓存内容的 RESTful API，但需要几分钟才能完成清理动作，并且不能保证清理是完全干净的）。

说明：一些 CDN 运营商是提供动态 CDN 服务的，动态 CDN 一般不提供缓存内容的服务，提供的是智能路由服务（将请求转发到最近的网站服务器）。在多个地区都部署了网站服务器的前提下，后端应用程序的响应速度可能会有所提高，但一般不能降低服务器的总请求压力。

也就是说，"直接使用 CDN 缓存后端应用程序的处理结果"是难以实现的。但是我们可以转换思路，将处理结果转变成静态文件，这样就可以使用 CDN 加速了。例如，当管理员更新了公告后，网站系统可以把公告转换成 HTML 等静态文件，前端网页获取公告时只需要获取公告的静态文件即可，当然，也可以直接在显示公告的 HTML 文件中替换数据。关于数据生成静态文件的具体做法，可以使用 FreeMarker 等模板引擎，也可以根据自身网站量身定制一个生成静态文件的云计算服务。

这样做就可以降低后端应用程序的请求压力了。但是有一个问题还没解决，那就是 CDN 节点清理缓慢且不能保证完全清理干净的问题。这个问题确实没有有效的解决办法，因此将数据生成静态文件的做法并不是在所有场景中都适用，只能用于更新频率很低，但并发压力又很高的业务（如博客文章、门户首页和直播间网页等）。

6.3.10　数据库性能优化

数据库往往是一个网站系统不可或缺的部分，同时，数据库的性能也限制了整个网站系统的性能，因此，数据库性能调优是一件十分重要的事情。对于数据库性能调优而言，主要是设置连接池、工作线程及缓存等。以 MySQL 为例，数据库性能调优需要修改配置文件 my.cnf，如代码 6.13 所示。其中，示例中的参数只是我们需要关注的一部分，MySQL 还提供了很多性能优化的参数供用户使用。

📖注意：在代码 6.13 中，最大连接数（max_connections）和同时使用 InnoDB 数据引擎的线程数（innodb_thread_concurrency）决定数据库服务器的最大并发处理能力。这两个值的设定（尤其是 max_connections）需要在实际服务器上多次尝试，然后根据压力测试结果决定具体取值。

代码 6.13　性能调优后的 MySQL 配置

```
#数据库参数优化的设置需要在[mysqld]下面，重启服务后生效
[mysqld]
            ##########连接和工作线程设置##########
#连接和进程的相关参数受限于系统内核的单进程最多可以打开多少个文件（请参考代码 6.9）
#最大连接数的设定，需要在具体服务器上大量尝试，然后根据压力测试结果决定具体取值
max_connections=3000
#当连接已满时，等待队列的大小
back_log=500
#空闲连接超时时长（s），当空闲连接超过该时间时连接会被关闭
wait_timeout=1800
#处理线程缓存数，相当于空闲线程的最大值，能减少频繁创建与销毁的线程的内存消耗
thread_cache_size=512
# SQL 语句解析后，允许同时使用 InnoDB 数据引擎的线程数，一般是 CPU 内核数量的 2 倍或以
上，但不要过大，过大会造成锁竞争严重的问题，反而影响性能
innodb_thread_concurrency=32

            ##########设置缓存相关##########
#设置缓存可减少磁盘 I/O 操作，使得读取数据的操作更快
#设置缓冲池的大小，一般是服务器内存的 60%至 70%
#缓冲池用于保存索引和原始数据，可减少磁盘的读写频率
#缓冲池是针对 InnoDB 数据引擎（默认引擎）的设置
innodb_buffer_pool_size = 5000M
#设置每个表为一个独立的数据文件，这样在一定程度上可以避免文件读写竞争，但数据文件总量
会变大
innodb_file_per_table=1
```

数据库的并发调优一般与后端服务器一起进行，并且需要从后端应用程序的并发目标作为数据库调优的依据，从而避免后端应用程序性能过剩而数据库性能不足的情况。另外，数据库的性能受数据量的影响较大。在性能调优前，最好先填充一定量的数据，以模拟真实场景。当网站上线后，需要密切关注数据量的增长，每当数据量增长超过一定量时（如100 万），都需要对数据库性能重新评估和调优。

注意：除了数据库本身的性能，SQL 语句的复杂程度、后端应用程序与数据库建立的连接池大小、数据表索引等因素都会影响最终的数据库使用效果。MySQL 的工作原理可参考 4.4.2 小节中的介绍，数据库操作可参考 4.4.4 小节中的介绍。

6.3.11 数据库集群

对于大型网站而言，单台数据库服务器是不够的。为了缓解单台数据库服务器的压力，可以分离数据库（使用多台数据库服务器）。如果某个业务模块的并发量巨大（如订单模块），则分离数据库是无法缓解单台服务器压力的。针对高并发，应该使用数据库服务器集群，让多台服务器分摊一个数据库的请求压力。数据库集群方案一般有 4 种，即主从模式、智能主从模式、多节点集群和数据分片存储。

注意：如果网站的运行环境在公有云（如阿里云等）上，则数据库最好使用公有云的数据库服务，因为数据库的集群部署是十分复杂的，而公有云的数据库服务已经完成了集群化。

1. 主从模式

主从模式也就是常说的读写分离，指在原有数据库（主数据库）的基础上增加多台供查询用的数据库（从数据库），主数据库与从数据库之间自动进行数据同步，主数据库与从数据库上有相同的数据（一些数据库提供只能同步部分数据表的功能）。主从数据库的工作原理如图 6.19 所示。其中，主数据库提供读写功能，从数据库只提供读功能。

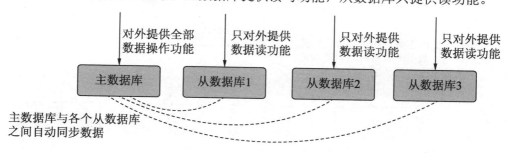

图 6.19 主从数据库的工作原理

说明：在数据库操作中，读操作的概率往往远大于更新操作，因此在高并发场景下，主
　　　从数据库能降低单个数据库的并发压力（只分摊读数据压力）。MySQL 等主流
　　　数据库一般都提供主从模式。

主数据库和多个从数据库一般部署在不同的服务器上，后端应用程序使用数据库时需
要连接具体的数据库进行操作，数据更新操作只能针对主数据库，数据读操作可以选择主
数据库或任一从数据库。

说明：可以使用一些数据库中间件作为主从数据库的连接路由，这样对外就是一个连接
　　　地址，数据库中间件可以自动把请求分配给主数据库或从数据库。以 MySQL 为
　　　例，可以使用 MySQL Router。

主从数据库的部署很简单，但稳定性却难以保证，如果主数据库服务器宕机的话，就
不能更新数据了。另外，主从数据库的数据同步是自动进行的，但一般不能保证强一致性，
也就是说可能存在从数据库的数据更新不及时的情况。如果业务数据要求强一致的话，则
主从模式是不适用的。当然，也有一些数据库能保证主从数据库的数据强一致，但是会使
数据更新操作变得缓慢，因为在一次数据更新操作中，主数据库需要同步向多个从数据库
更新数据。

2．智能主从模式

智能主从模式是对主从模式的改善，其在原有主从数据库的基础上增加了一个管理程
序，该管理程序负责监控主从服务器的运行状况，如果主数据库异常，则自动指定一个从
数据库作为新的主数据库。另外，应用程序在使用智能主从数据库时，只需要连接相同的
地址就可以了，管理程序会自动将请求分配给主数据库或从数据库。智能主从数据库的工
作原理如图 6.20 所示。

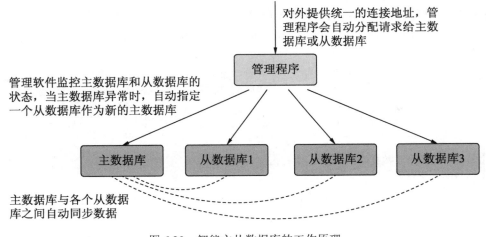

图 6.20　智能主从数据库的工作原理

🔔说明：数据库一般是不包含智能主从功能的，以 MySQL 为例，需要安装额外的 MySQL Fabric 或者 MyCat。这些软件相当于图 6.20 中的管理程序。

管理程序一般部署在一台服务器上（为了分摊压力，也可以部署在多台服务器上，后端应用程序分组调用不同的管理程序），主数据库和多个从数据库一般部署在不同的服务器上。多个后端应用程序使用数据库时可以使用相同的连接地址。

由于智能主从模式具有更高的稳定性，所以一般都使用智能主从模式替代主从模式。但是，智能主从模式只是在主从模式的基础上增加了上层管理软件，所以数据强一致仍然是不能保证的（除去一些能保证主从数据库的数据强一致的数据库）。另外，智能主从模式仍然只是读写分离，只能分摊读数据的压力，写数据的压力仍然集中在一个数据库上。

3. 多节点集群

多节点集群中的任一数据库都是主数据库，也就是说，所有节点都支持数据读写操作。多节点集群虽然能保证多个数据库的数据强一致，但是更新数据的效率较低。多节点集群数据库的工作原理如图 6.21 所示。

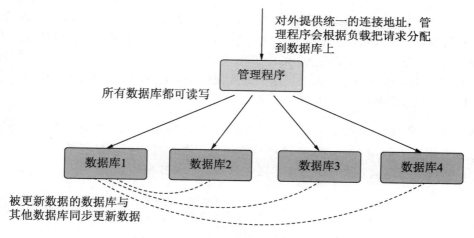

图 6.21 多节点集群数据库的工作原理

🔔说明：数据库一般是不包含多节点集群功能的，以 MySQL 为例，需要安装 PXC（Percona XtraDB Cluster）。PXC 是 MySQL 多节点集群的整体解决方案，其本身便包含 MySQL。

多节点集群看似能把数据更新的压力分摊给不同的数据库，但是其需要保证多节点的数据一致（同步更新），因此数据的更新效率可能会比更新单个数据库的效率更低（有一定的算法优化）。

多节点集群并不能完全取代智能主从模式。无论是多节点集群还是智能主从模式，从根本上只能缓解读操作的压力，而不能分摊写操作的压力。多节点集群的优势在于数据强一致，即使某个数据库异常，也能保证数据不丢失，但更新效率相对较低；智能主从数据库的优势在于更新的效率相对更高，但数据不能保证强一致。

在大型网站系统中，多节点集群和智能主从模式一般都会使用。多节点集群数据库用于存储一致性要求很高的数据（如订单、充值信息等），智能主从数据库用于存储一致性要求不高的数据（如点击率、日志等）。

4．数据分片存储

当数据量突破千万级时，单个数据库的性能（无论是更新还是查询数据）将会变得很低。为了防止这种情况发生，可以对数据进行分片存储，也就是说一张数据表的数据交由多个数据库管理，单个数据库只需要管理一部分数据就可以了。这样单个数据库的数据量就可以控制在一定范围内，数据库整体性能也不会因为海量数据而出现性能低下的情况。

💬说明：这种数据分片存储的方式又叫分布式存储，不仅在数据库领域有应用，在文件存储等领域也有应用。

数据分片存储的工作原理如图 6.22 所示。其中，调度程序是协调多个数据库的关键，当插入新数据时，调度软件会根据分片规则把数据插入某个数据库中；当更新或查询数据时，调度软件会根据分片规则调整 SQL 语句（可能分裂成几条 SQL 语句），再把对应的 SQL 语句发送给目标数据库。如果无法从分片规则中确定 SQL 语句与哪几个数据库相关的话，则会向所有数据库发送该 SQL 语句。

💬说明：数据库一般不包含数据分片存储功能，以 MySQL 为例，需要安装额外的数据库中间件（如 MyCat 等），这些软件相当于图 6.22 中的调度程序。另外，分片规则一般根据数据表中的某个字段进行分片，如日期区间等。

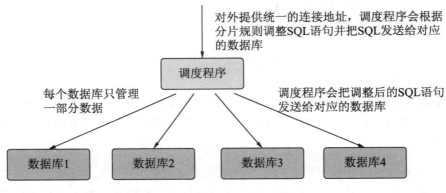

图 6.22　数据分片存储的工作原理

数据分片存储是为了应对海量数据，在高并发场景下，单个数据库仍然存在并发请求无法消化的问题。在大型网站系统中，一般会将读写分离（智能主从模式或多节点集群）和数据分片存储融合起来。

　　融合读写分离与数据分片存储的数据库结构如图 6.23 所示。在示例中，读写分离部分使用的是智能主从模式。融合后，就能变相地让读写分离模式（智能主从模式或多节点集群）突破"数据更新压力无法分摊"的问题，因为上层的数据分片限制了每个数据库集群的总数据量，而并发压力也会大概率地被分摊掉（不相关的数据库集群不会收到请求）。再者，数据库性能与数据量是负相关的，只要数据量控制在一定范围内，即使是单数据库，也可以达成既定的并发目标。

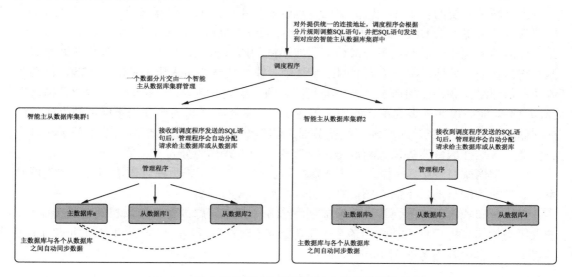

图 6.23　融合读写分离与数据分片存储的数据库结构

　　最后还有一个问题，在高并发压力下，图 6.23 所示的调度程序和管理程序可能会变成性能瓶颈，这时需要考虑这些软件的集群化。而这些软件一般都提供了推荐的集群化方案，只需要按照集群化方案部署即可。

6.3.12　分布式文件系统

　　在 6.1.4 小节中提到，在大型网站系统中，往往需要一个共享文件目录供三个基础部分（前端部分、后端部分和云计算服务部分）使用。一般来说，只需要挂载文件服务的共享盘就可以了，但是对于海量文件（如视频网站的视频文件、博客网站的图片等），文件服务器是存在性能瓶颈的。

　　为了应对海量文件的问题，可以使用分布式文件系统把文件分散存储在多台文件服务器上，而从使用者角度来看仍是一个文件服务器。分布式文件系统的基本原理与 6.3.11 小节数据库集群中的"数据分片存储"的工作原理大致相同。

现今比较流行的分布式文件系统有 FastDFS、HDFS 和 GridFS 等。如果网站的运行环境在公有云（如阿里云等）上，可直接使用公有云提供的分布式文件存储服务（如对象存储等）。

6.3.13　集群部署与分布式部署

一个服务器的物理性能毕竟是有上限的（CPU 核数、内存、带宽等都是有上限的），因此需要让多台提供相同功能的服务器分摊计算压力，这种部署方式被称作集群。

由于网站系统的各个部分所需要的物理性能是不一致的，前端部分要求更高的带宽，后端部分要求更多的 CPU 核数和内存，云计算服务部分可能需要服务器具备 GPU 等，因此大型网站系统一般需要把不同部分部署在不同的服务器上，这样能根据其特性调配服务器的物理性能。另外，在一个大型网站系统中，业务功能的请求压力是不均等的，核心业务功能与边缘业务功能的请求压力差异是巨大的，因此大型网站一般也需要做业务模块拆分，把不同业务模块部署在不同的服务器上（不同业务模块可能会使用不同的数据库等数据存储服务），以更有针对性地调配服务器的物理性能。这种把一个网站系统部署在多个服务器上（这些服务器提供的功能是不一致的）的方式称为分布式部署。

在大型网站系统中，往往需要结合集群部署和分布式部署两种方式达到动态调整网站系统处理能力的目的。下面介绍前端部分和后端部分的部署。

对于分布式集群部署而言，一般需要考虑 4 个基本问题：对外提供相同的连接地址、请求压力均衡到提供相同功能的各个子服务器上、请求可以被转发到提供对应功能的子服务器上、集群内各服务器同步。

🔔注意：本小节重点介绍前端部分和后端部分的分布式集群部署，而数据存储部分的集群化请参考 6.3.11 小节和 6.3.12 小节中的介绍。

1. 前端部分

对于前端部分的集群而言，利用负载均衡软件可以解决"对外提供相同的连接地址"和"请求压力均衡到集群中的各子服务器上"这两个基本问题。而前端部分都是静态文件，因此一般不存在"集群内各服务器同步"的问题（可能需要挂载相同的共享目录）。前端部分集群结构如图 6.24 所示。

我们以 Nginx 作为负载均衡软件为例，设置的代码见代码 6.14。如果使用的是公有云（如阿里云），则应尽量使用公有云提供的负载均衡服务。

🔔说明：负载均衡软件一般都带有反向代理功能，在代码 6.14 中，proxy_pass 为 Nginx 的反向代理功能。

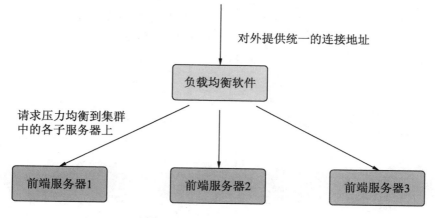

图 6.24 前端部分集群结构

代码 6.14 负载均衡设置（前端部分）

```
…
http{
    #定义均衡分发的服务器，webhttp 为均衡的名称
    upstream webhttp{
        server 192.168.0.1:80 weight=10;    #weight 为分发的权重
        server 192.168.0.2:80 weight=10;
    }

    server {
        listen           80;
        server_name  default_server;

        location / {
            proxy_pass  http://webhttp/;    #把请求分发到上面定义的多个服务器上
        }
    }
}
```

2．后端部分

对于后端部分的集群而言，利用负载均衡软件也可以解决"对外提供相同的连接地址"和"请求压力均衡到集群中的各子服务器上"这两个基本问题。而"集群内各服务器同步"的问题，则需要通过使用相同的数据服务解决。例如，使用相同数据库达到数据同步的目的，使用相同 Redis 达到共享 Session 的目的等。后端部分集群结构如图 6.25 所示。其中，数据服务部分（Redis、数据库等）也需要是集群。

💭说明：关于共享 Session 等应用协调的相关内容，请参考 4.3.5 小节中的介绍，关于数据服务的集群，请参考 6.3.11 小节和 6.3.12 小节中的介绍。

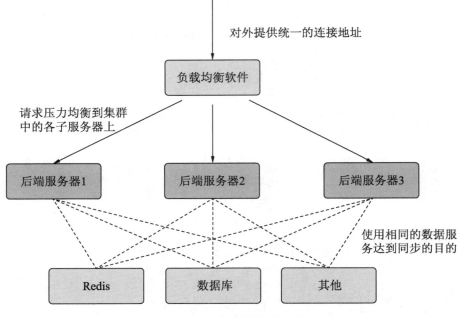

图 6.25　后端部分集群结构

　　一般情况下，后端应用程序会采用分布式部署，即不同后端应用程序运行在不同的服务器上。因此，对于负载均衡的使用，需要通过接口的路径区分目标服务器。我们以 Nginx 作为负载均衡软件为例，设置的代码见代码 6.15。如果使用的是公有云（如阿里云），则应尽量使用公有云提供的负载均衡服务。

代码 6.15　负载均衡设置（后端部分）

```
…
http{
    #定义均衡分发的服务器, webhttp 为均衡的名称
    upstream webhttp{
        server 192.168.0.1:80 weight=10;          #weight 为分发的权重
        server 192.168.0.2:80  weight=10;
    }

    #定义后端服务器集群 1
    upstream servicehttp1{
        server 192.168.0.3:8080  weight=10;
        server 192.168.0.4:8080  weight=10;
    }

    #定义后端服务器集群 2
    upstream servicehttp2{
        server 192.168.0.5:8080  weight=10;
        server 192.168.0.6:8080  weight=10;
    }
```

```
server {
    listen                80;
    server_name  default_server;

    #路径为/api/user/xxx 的接口会被转发到后端服务器集群 1 的/user/xxx 路径上
    location /api/user {
        #把请求分发给后端服务器集群 1
        proxy_pass  http://servicehttp1/user/;
    }

    #路径为/api/blog/xxx 的接口会被转发到后端服务器集群 2 的/blog/xxx 路径上
    location /api/user {
        #把请求分发给后端服务器集群 2
        proxy_pass  http://servicehttp2/blog/;
    }

    location / {
        proxy_pass  http://webhttp/;          #把请求分发到前端的多台服务器上
    }
}
```

6.4 可 用 性

在 6.2.2 小节中已经说明了网站系统高可用的必要性。大型网站系统的高可用设计应考虑 3 个基本问题：第一，系统稳定，当部分服务器出现问题时，整体系统可以继续正常运行；第二，问题可追查，出现问题时，可根据历史痕迹（运行日志）筛查问题原因；第三，新版本不影响旧版本的稳定性，发布新功能（或发布 Bug 修正）时，尽量保证其稳定性。本节将讲解实现高可用的具体方法，主要从 4 个方面进行讲解，分别是服务器定期维护与监控、数据库热备、日志机制、环境分离与灰度发布。

6.4.1 服务器的定期维护与监控

要想保证网站系统长期稳定地运行，需要先保证服务器的稳定，需要对服务器进行定期维护。维护的工作主要有重启、日志清理、核心软件包升级、漏洞修复、安全巡检和磁盘健康检查等。其中，定期重启服务器是一件很容易被忽视却又很重要的事情，服务器长期运行后，可能会出现内核错误、内存泄漏及服务器性能下降等问题，而定期重启服务器，能在一定程度上规避这些问题。定期维护的具体周期可根据操作系统和网站系统的实际压力等因素来决定。如果采用的是 Linux 操作系统，一般 3 个月左右就需要对服务器进行一次维护。

除了定期维护以外，还需要对服务器进行实时监控，当出现 CPU 使用率过高、磁盘空间不足、网络带宽持续撑满等情况时，可以通知运维人员及时处理。这样的实时监控系统，一般被称为 APM（Application Performance Management，应用性能管理）系统，比较流行的 APM 系统有 Zipkin、Pinpoint 及 SkyWalking 等。

🔔说明：如果使用的是云服务器，则不需要部署 APM 系统，因为云服务器都自带服务器监控。当然，如果有特殊需求的话，则需要进一步考量。

6.4.2　服务器热备份

尽管软件系统经过了充分的测试，服务器也进行了监控和定期维护，但是仍有一些意外情况（如断电、未发现的重大 Bug 被触发等），都可能会导致服务器宕机。而这些意外情况是不可能完全避免的。为了保证网站系统的可用性，应当增设备用服务器，当主服务器意外宕机时，备用服务器可以马上接管主服务器的工作。这种方式称为热备。

🔔说明：热备常被认为是高可用的另外一种说法，即热备与高可用是等价的。但实际上热备只实现了高可用的一部分功能，热备只保证了服务器的稳定。在本章的开始讲过，实现网站系统的高可用，除了应该保障服务器的稳定性之外，还需要做到"问题可追踪"和"新版本不影响旧版本的稳定性"这两点。

关于如何实现热备，需要根据特定的软件进行考量。热备一般分为两部分，一是数据热备，二是软件热备。数据热备一般是对数据库、文件存储等进行热备，这部分的软件（如 MySQL、对象存储等）一般都提供完整的热备方案，只需要根据其热备方案实现热备即可。软件热备一般是对运行的软件（如 Tomcat、Nginx 等）进行热备，这部分软件一般是不提供热备方案的，需要使用额外的手段对其实现热备。

针对这些不提供热备方案的软件（如 Nginx、Tomcat 等），可以使用 KeepAlive 对其实现热备。KeepAlive 的工作原理是，在主服务器和备用服务器上安装的 KeepAlive 会同时抢占同一个虚拟 IP 地址（同一时间内，虚拟 IP 地址只会被一台服务器占有），当主服务器宕机时，备用服务器会占用虚拟 IP 地址，请求就会转发到备用服务器上。以 Nginx 为例，使用 KeepAlive 对其实现热备的流程如图 6.26 所示。其中，请求需要通过虚拟 IP 地址发送。

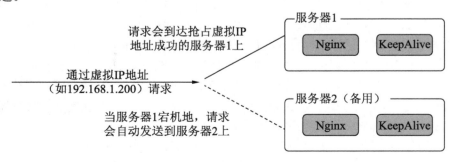

图 6.26　使用 KeepAlive 对 Nginx 实现热备

🔔 说明：KeepAlive 不是万能的，需要根据实际情况而定。另外，前端服务器和后端服务器可以在上层增设负载均衡实现热备，而负载均衡服务器可以使用 KeepAlive 实现热备。

　　值得一提的是，云服务（如 MySQL、负载均衡等）一般都提供了热备功能，无须额外搭建。另外，特别大型的系统还需要考虑自然灾害（如洪水、地震等）情况下的容灾（备用服务器在不同地区）问题。热备或容灾本身会产生额外的成本，因此热备服务器的个数、是否考虑容灾，都需要根据实际情况而定。

6.4.3　日志机制

　　软件是很难做到毫无 Bug 的，而且有时 Bug 只能在线上环境复现。如果网站系统拥有完善的日志机制，则开发团队能快速确认问题，尽早解决问题。另外，日志还能提供用户行为记录，可以进行用户画像分析等。如果出现一些用户投诉（如扣钱了但没有充值成功等问题），则日志可以提供投诉是否真实的判断。

　　值得一提的是，日志记录会损失系统性能，在一些需要应对高并发场景的地方，最好记录尽量少的日志。另外，做压力测试的时候也需要把日志记录打开，因为日志记录会影响压力测试的结果。

6.4.4　环境分离与灰度发布

　　网站系统相对于其他软件（如操作系统、桌面软件、App 等），由于不需要用户重新安装软件，一般拥有更高的更新频率。而更高的更新频率，则代表着更高的出错率。为了降低新功能造成系统不稳定的概率，最好在开发用的"开发环境"和线上运行的"生产环境"之间，增加一个测试用的"测试环境"。测试环境需要尽量模拟生产环境的结构，如软件版本和多机热备（测试环境只需要保留最少的服务器即可）等，在新版本上线前需要在测试环境中测试将要发布的新版本发布到测试环境，当测试团队确认通过后才发布到生产环境上。

🔔 说明：在代码管理方面，最好对开发环境、测试环境和生产环境的代码进行分离管理，如果使用 Git 的话，可以通过建立多个分支达到分离管理的目的。

　　为了进一步提升网站系统的稳定性，在发布新版本时可以采用灰度发布，即只让部分地区或特定用户使用，等新版本的功能稳定后，再逐步扩展到全部用户群体。灰度发布根据不同的场景需要通过不同的手段来实现，一般而言，可以通过网络策略让特定地区的用户先使用新功能，或者通过设定用户权限让特定用户先使用新功能。

　　但是，无论是以何种方式实现灰度发布，都会提升发布流程的复杂度，相应地，发布成本也会增加。因此，一般只对核心功能采用灰度发布，其余功能可以直接发布。

6.5　伸　缩　性

前面我们在 6.2.3 小节中已经说明了网站系统动态伸缩服务器的必要性，本节将讲解具体的实现方法。主要从两个方面进行讲解：伸缩指标与伸缩策略、动态弹性伸缩的局限。

6.5.1　伸缩指标与伸缩策略

网站系统动态伸缩其实就是动态增减服务器个数。通过增减服务器数量，可以增减物理性能（如 CPU 核数、内存数和磁盘大小等），以改变网站系统的处理能力。因此，一般而言，服务器弹性伸缩的指标是服务器物理资源的使用率（如 CPU 使用率、内存使用率等），这一类指标适合大部分的服务器，如前端服务器和后端服务器等。除此之外，也可以根据积压的任务数进行弹性伸缩，如云计算服务器等。当然，这种根据任务数弹性伸缩服务器的策略需要明确"一个任务占用多少物理资源"。

对于具备弹性伸缩能力的网站系统而言，一般是把服务器分为观察组和伸缩组，当观察组的服务器都达到预定的"需要新增服务器"的物理性能使用率时，会自动启动一个新的服务器（当新服务器也达到预定使用率时，会继续启动新的服务器）。当观察组服务器的使用率下降时，伸缩组的服务器会尝试关闭。

🔔说明：观察组的服务器是一直运行的服务器，伸缩组的服务器是根据需要启动的。另外，伸缩组服务器的启动需要花费一定的时间，因此，弹性伸缩指标不能设置得过高。

当新的服务器启动后，还需要加入网站系统。以前端服务器和后端服务器为例，新启动的服务器需要被添加到负载均衡中后，才会开始处理网站系统的请求。当然，服务器运行的应用也要支持多服务器运行才可以。以后端应用程序为例，如果想实现多服务器运行相同的后端应用程序的话，则需要解决共享 Session 等问题。

服务器弹性伸缩虽然看上去简单，但实际上会涉及很多服务器层面的技术问题，如虚拟机资源分配、镜像库等，因此服务器弹性伸缩是很难实现的。当然，如果使用的是公有云（如阿里云等），则相对会简单一些。

6.5.2　动态弹性伸缩的局限

动态弹性伸缩服务器看上去可以动态适应网站系统的压力，但实际上动态弹性伸缩的效果并没有理想中那么好，同时，并不是网站系统的所有部分都可以弹性伸缩服务器。动态弹性伸缩的局限，主要集中在数据库部分。

如果数据库部分实现了读写分离的话，则可以通过增加服务器来缓解读数据的压力，但是，由于新服务器需要同步数据，所以新服务器需要一段时间才能生效，并且在同步数据阶段，新服务器还可能会增加主数据库的压力。另外，如果数据库部分实现了分片处理的话，原理上也可以通过增加服务器来存储新的分片，但是对一个分片的数据库的写压力仍然无法分摊。

说明：关于数据库读写分离和分片存储的工作原理，可以参考 6.3.10 小节中的介绍。

因此，理想中的网站系统完全动态弹性伸缩是难以实现的。一般情况下，网站系统的动态弹性伸缩只是局部伸缩，如前端服务器、后端服务器、数据库的从服务器等，数据库的主服务器是做不了动态伸缩的。因此，在设置网站系统常用资源配比时，数据库的主服务器部分的性能需要比其他部分都高，这样才能在其他部分新增服务器时，数据库的主服务器部分仍然能支撑其他部分的请求压力。

6.6　安　全　性

前面在 6.2.5 小节中已经说明了网站系统安全性的重要性，而安全性问题一般分为两种，一是防攻击，二是防渗透。防攻击指的是防恶意攻击，如流量攻击和服务器攻击等，防渗透指的是防非法篡改或获取数据。网站系统的安全性是一个大问题，需要修改的地方会很多，但是相对应的也会有专业的网络安全和渗透测试。另外，国家也出台了《信息安全等级保护》等标准，在网站系统上线前只要根据这些安全标准及安全测试结果进行整改就可以了。关于安全性问题，本节将从 4 个方面进行讲解：安全堡垒机、接口鉴权、SQL 盲注和跨域。

6.6.1　安全堡垒机

对于一些安全性较高的网站系统，增设安全堡垒机是必要的。安全堡垒机可以认为是网站系统的一道防火墙，客户端的请求会先经过安全堡垒机，然后到达前端或后端服务器。安全堡垒机的作用包括防止用户（某个 IP 地址）恶意攻击、一定程度上防止数据被恶意篡改或获取的危险、安全熔断等。

说明：公有云（如阿里云等）提供有安全堡垒机服务，当然，也有一些安全厂商会提供安全堡垒机的软件。

需要注意的是，安全堡垒机对网站系统性能影响较大，如果安全策略设置不当的话，将会出现一些错误的拦截。因此，安全堡垒机一般只在核心的或对安全性要求比较高的业务服务器中使用。

6.6.2　接口鉴权

接口鉴权是一个有效应对安全问题的手段，接口鉴权需要做两件事情，一是用户信息（用户 ID、权限标识等）存储在 Session 中，并且这些用户数据对于前端网页是不可见的，接收请求时，用户信息从 Session 中读取，这样可以防止用户身份伪造等问题；二是明确接口权限且对相应的用户权限进行判断，这样可以防止用户越权篡改或获取数据。

6.6.3　SQL 盲注

SQL 盲注是一个很容易被忽略但又是十分重要的安全问题。SQL 盲注是在请求参数中加入一些 SQL 字段来改变原本系统的 SQL，以到达非法篡改或获取数据的目的。例如，可以通过 SQL 盲注不使用密码就能登录别人的账号，见代码 6.16。

代码 6.16　通过 SQL 盲注登录别人的账号

```
#为每个表设置一个独立的数据文件可以在一定程度上避免文件读写竞争，但数据文件总量会变大
innodb_file_per_table=1

#在网站系统中，通过以下 SQL 语句查询账号和密码是否正确
#$name 是请求参数提供的用户 ID，$pass 是请求参数提供的用户密码
select * from user where uername='$name' and password='$pass'

#用户登录时，将用户名写成 123' or 1=1#，即可绕过密码的校验
#那么，最后执行的 SQL 会变成下面的样子
select * from user where uername='123' or 1=1#' and password='xxx'

#由于#是 SQL 的注释符，所以实际的 SQL 会变成下面的样子
select * from user where uername='123' or 1=1

#这样的话，由于 1=1 是恒为真的，所以就可以不使用密码便登录别人的账号了
```

对于这种 SQL 盲注的手段，其实也很好防范，就是把请求数据填充到 SQL 之前，将单引号进行转义即可，如代码 6.17 所示。有一些数据库操作框架（如 **MyBatis** 等）是带有这些转换的，如果使用这些数据库操作框架的话，可以忽略单引号的转换。

代码 6.17　转义请求数据中的单引号后再注入 SQL 中

```
#转义单引号后，用户 ID 的请求数据变成 123\' or 1=1#
#最终执行的 SQL 如下
select * from user where uername='123\' or 1=1#' and password='xxx'

#由于请求数据的单引号被转义，MySQL 会认为 123\' or 1=1#是一个字符串而不是 SQL 标识
#因此 or 1=1 不再生效，后面的 and password='xxx'会生效
```

6.6.4　跨域

当网页调用后端接口时，经常会出现域名不同的情况，此时在浏览器的 Console 中会出现如代码 6.18 所示的错误提示，即触发了跨域。

代码 6.18　跨域的错误提示

```
No 'Access-Control-Allow-Origin' header is present on the requested
resource.
Origin 'http://localhost:9000' is therefore not allowed access
```

跨域是指请求接口的域与页面的域不相同而触发的浏览器安全机制。其中，域指的是协议、域名和端口的总和。例如，打开页面的地址是 http://127.0.0.1/abc/index.html，接口请求的地址是 http://192.168.1.1:8080/api/action，由于网页与接口的域不相同（网页的域是 http://127.0.0.1，而接口的域是 http://192.168.1.1:8080），所以会触发跨域。

触发跨域时，浏览器会劫持原来的请求（先不发送原来的请求），而是先向该接口的路径发送一个请求方式为 OPTION 的请求，如果正常返回并在返回的 Header 信息的 Access-Control-Allow-Origin 中包含页面的域，则浏览器会认为通过了跨域安全机制并发送原来的请求，否则会提示代码 6.18 所示的错误。跨域安全机制的工作原理如图 6.27 所示。为了简化，这里只说明了 Access-Control-Allow-Origin 关联的是信任的域名，但实际上还有其他限制跨域的属性，如 Access-Control-Allow-Methods（允许的请求方式等）。

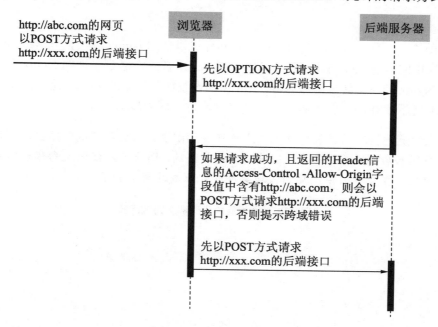

图 6.27　跨域机制的工作原理

🔔注意：跨域机制会拦截 PUT、POST 和 DELETE 等请求，但不会拦截 GET 请求。另外，
　　　跨域机制是浏览器行为，除非仅使用 GET 请求，否则，跨域问题不能完全在前
　　　端网页上解决。另外，HTTP 通信的相关内容请参考 4.1.4 小节中的相关介绍。

　　在网站系统中，跨域问题一般会在两种场景中出现，一是前端网页和后端接口采用了
不同的域名，二是前端页面和后端接口采用了相同的域名，但是在开发过程中，网页在本
地调试，而接口却在其他服务器上。

　　针对场景一，网站系统采用多域名的方式，需要在负载均衡中处理 OPTIONS 请求并
设置信任的域名。以 Nginx 为例，设置如代码 6.19 所示。

代码 6.19　通过负载均衡解决跨域问题

```
…
    location /api/ {
        …
        #处理 OPTIONS 请求
        if ($request_method = 'OPTIONS') {
            #允许的域名
            add_header 'Access-Control-Allow-Origin' 'http://abc.com';
            #允许的请求方式
            add_header 'Access-Control-Allow-Methods' 'GET, POST, DELETE,
PUT';
            …
        }
        …
    }
…
```

　　针对场景二，开发时遇到的跨域问题，同样可以使用 Nginx 解决，但是跟场景一不同
的是，这次用的是 Nginx 的反向代理功能，接口请求都先发送到本地的 Nginx 上，然后再
由本地的 Nginx 把请求转发给服务器。Nginx 的设置如代码 6.20 所示，这样即使前端服务
器和后端服务器不在同一台机器上，仍然可以通过相同的域名访问。

🔔说明：这种反向代理的配置也可用作生产环境的配置。在生产环境中往往需要把前端服
　　　务器和后端服务器分离，但是域名是相同的，因此可以使用反向代理达到同样的
　　　效果。在公有云中，反向代理会包含在负载均衡服务里。

代码 6.20　通过反向代理解决跨域问题

```
…
    server {
        #如果请求路径的开头含有/api/，则把请求转发到 IP 地址为 52.193.121.167 的服务
        器上
        location /api/ {
            proxy_pass  http://52.193.121.167;
        }

        #其他情况下访问本地磁盘
```

```
        location / {
            root   /usr/share/nginx/html/
        }
    }
…
```

6.7　小　　结

整体架构是从整体上审视整个网站系统。当然，一个成熟的大型网站系统会非常复杂，因此有些人认为大型网站架构是很难设计的，只能慢慢地演化出来。这说明一个问题，大型网站架构其实是一个庞大的问题集，如果一次性地在项目初期就把全部问题考虑进去，你会发现设计将无从下手。因此，很多项目很少在整体设计上下功夫，总想着遇到问题了再解决，殊不知网站系统会越做越难，越做越难维护。其实，大型网站系统的设计，不在于一次性地把所有问题都具象化，而在于把核心的几个问题规整化、合理化。其他细节问题确实可以等遇到了再解决，但一定是在架构设计已经覆盖这些问题的基础上。

本章介绍了整体架构需要关注的细节与对应的解决方法，主要从性能、可用性、伸缩性和安全性几个方面进行讲解。当然，整体架构需要关注的东西还有很多，本章只选择性地讲解了一些常见的问题。

至此，我们已经把大型网站架构的一些关键问题讲解完了。从第 7 章开始，将进行实战讲解。

第3篇
大型网站架构实战案例

第7章　单点登录系统架构设计

截至第 6 章，关于大型网站架构的主要问题及其解决方法都已经介绍完了。从本章开始，我们将从实际应用出发，介绍大型网站常用的子系统。本章介绍的是单点登录系统。在大型网站中，单点登录系统几乎是不可缺少的，其可以理解为大型网站的用户系统。

🔔注意：本章只介绍一些通用的应用场景，具体的架构设计应该根据实际的应用场景而定。另外，本章中提到的具体方法都不是唯一的，读者需要根据实际情况斟酌参考。

7.1　单点登录系统的关键问题

在介绍单点登录系统的架构设计之前，要先了解为什么需要单点登录系统以及单点登录系统需要解决哪些关键问题，这样才能更好地理解单点登录系统的架构设计。

🔔注意：技术是为解决问题而生的，具体技术也是为了解决某种具体的问题而存在的，抛开问题谈技术，就是舍本逐末。

7.1.1　为什么需要单点登录系统

随着网站的运营，网站系统的规模会越来越大，这就需要不断追加业务子系统以满足业务发展的需要。一般来说，由于各个业务子系统处理的业务场景是不同的，所以业务子系统间一般是相互独立的。但是，平台中的各个业务子系统都是为平台用户服务的，如果同一用户在使用不同的业务子系统时都需要重新注册或登录的话，那么体验上是无法令人满意的。

🔔说明：业务子系统指的是为应对某种业务场景而设计的独立子系统，以社区类平台为例，一般有博客和论坛等业务子系统。

为了让同一用户只需要登录一次即可访问所有被授权的业务子系统，单点登录系统（Single Sign On，SSO）应运而生。在网站架构中，单点登录系统其实属于一种网站系统

的基础子系统，管理的是大型网站中的基本用户信息。单点登录系统与其他业务子系统的
关系如图 7.1 所示。

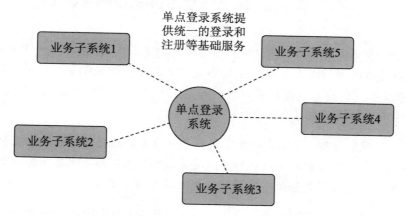

图 7.1　单点登录系统与其他业务子系统的关系

💬说明：基础子系统指的是网站平台中提供通用基础服务的子系统。一般来说，基础子系
统是为各个业务子系统提供基础服务的，它与大部分的业务子系统都关联。以单
点登录系统为例，它为其他业务子系统提供登录和注册等基础服务。

7.1.2　单点登录系统需要解决的关键问题

单点登录系统是一类系统形态，其根据具体的使用场景会有不同的功能需求，因此单
点登录系统需要解决哪些关键问题需要视实际情况而定。一般来说，单点登录系统需要解
决以下几个关键问题：

- 提供统一的登录和注册入口；
- 与其他子系统共享用户登录信息；
- 集中管理用户的基本信息，如账号、密码和昵称等。

这里需要说明的是，单点登录系统之所以不叫用户系统，是因为它只管理系统共同的
用户基本信息，至于子系统特有的用户信息，如子系统的会员信息等，还是由子系统独立
管理的。

💬说明：对于系统的基础子系统，最好不要做得太过全面，只需提供其通用功能即可。以
单点登录系统为例，它当然可以做得很全面（管理整个系统的所有用户信息），
但如果这样的话，它会与很多业务产生强关联，当需要追加功能或排查 Bug 时，
会造成维护成本过高的问题。

7.2　单点登录系统的详细架构设计

单点登录已经不是新概念，它已经有很多成熟方案，如通用的单点登录标准（如 Oauth 2.0 等）、单点登录的通用实现（如 Apache Oltu 等）和单点登录的第三方云服务（如 Auth0 等）。单点登录系统当然可以直接采用这些方案，但是在决定使用这些方案之前，一定要基于实际项目情况进行考虑。

🔔说明：软件实现的过程，其实是对需求进行量体裁衣的过程。如果只着眼于某些现成方案的名气、使用量和大而全的功能集等表面优点，而无视其功能的匹配度、使用难度，以及性能是否低下等因素，则会徒增项目成本。

本节不介绍现成的单点登录系统方案，而是基于 7.1 节介绍的单点登录系统的关键问题，分三步逐步完成单点登录系统的架构设计，即提供统一的登录与注册入口，与其他子系统共享用户登录信息，以及集中管理用户的基本信息。

🔔注意：以下提到的实现方式并不是唯一的，读者需要根据实际情况斟酌参考。

7.2.1　统一的登录与注册入口

单点登录系统需要提供统一的登录、注册页面及对应的后端接口。用户登录时，需要跳转到统一的登录和注册页面，登录或注册成功后返回登录前的页面。统一的登录注册入口如图 7.2 所示。其中，登录成功后，用户的基本信息（用户 ID 和昵称等）需要被写入 Session 中，在处理其他接口请求时，通过判断 Session 中是否有用户的基本信息来判断用户是否登录。

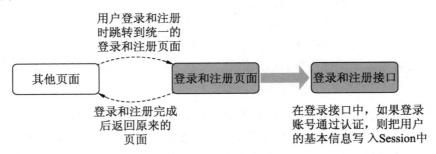

图 7.2　统一的登录与注册入口

🔔说明：后端应用程序操作 Session 的相关内容，请参考 4.3.4 小节。

这里需要关注一个问题：当在登录和注册页面的操作结束后，是否只需要跳转到原来的页面？一般而言，登录和注册页面是可以直接返回上一个页面的。但这样做的话难免有些生硬，在一些业务场景中，登录结束后不一定跳转到原来的页面。以博客平台为例，当用户单击发博客按钮时（未登录状态），页面会跳转到登录页面，当用户登录完成后，需要跳转到博客编辑页面（不是原来的页面）。

那么为了满足可以指定登录或注册后跳转页面的需求，登录和注册页面需要提供一种设置登录或注册后跳转页面地址的机制。一般而言，在登录和注册页面，可以通过 URL 参数传递所跳转页面的地址。另外，也可以使用 LocalStorage（本地缓存）传递登录或注册后所跳转页面的地址。

当然，是否限制登录或注册后只跳转到原页面需要根据具体场景进行权衡。值得一提的是，架构设计不仅需要满足现有的业务需求，而且还需要对以后可能产生的场景预留一些空间（超需求实现）。

注意：超需求实现需要增加一定的成本，也很容易实现一些毫无用处的功能（过度设计）。超需求实现的度，更多取决于设计者的经验。

7.2.2　与其他子系统共享用户登录信息

用户登录后，其基本信息存储在单点登录系统的 Session 中。如果平台规模不大，则可以直接通过共享 Session 实现单点登录系统与其他子系统共享用户登录信息，如图 7.3 所示。

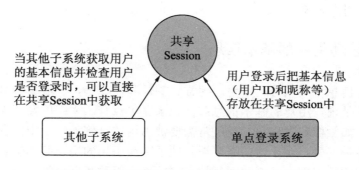

图 7.3　通过共享 Session 实现共享用户登录信息

说明：关于后端应用程序间共享 Session 的相关内容，请参考 4.3.5 小节。

通过共享 Session，确实能实现单点登录系统与其他子系统共享用户登录信息的目的。但是在平台规模较大时，这种方式并不适用，因为存放共享 Session 的软件（Redis 等）会成为性能的瓶颈。另外，子系统可能需要使用 Session 存放一些信息，如果所有的子系统都共享 Session，则很容易造成互相覆盖 Session 信息等问题。

因此，单点登录系统需要通过另外的方式与其他子系统共享用户登录信息。一般而言，单点登录系统可以通过网关注入的方式向请求的 Header 信息中追加用户登录信息，从侧面达到共享用户登录信息的目的，如图 7.4 所示。其中，网关指的是网站的入口或到达应用程序之前的部分，一般指的是网站系统的负载均衡部分。

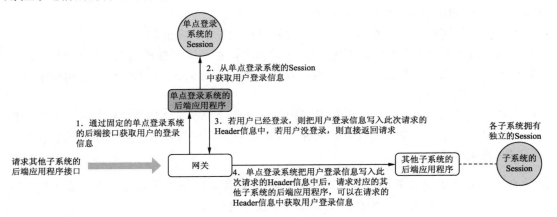

图 7.4　通过网关注入用户登录信息

如果网关部分使用的是 Nginx，那么通过网关注入用户信息需要用到 Nginx 的 auth_request 模块，在请求对应的子系统接口之前，先请求单点登录系统的鉴权接口。另外，为了降低单点登录系统的压力，每个子系统可以做一次隐性登录。各子系统处理隐性登录接口时，把用户的基本信息记录在子系统的独立 Session 中，在请求其他接口时，则不需要网关注入用户登录信息。

7.2.3　集中管理用户的基本信息

用户的基本信息，如账号、密码、昵称、头像和简介等，一般都会被单点登录系统集中管理。也就是说，用户的基本信息都被记录在单点登录系统的数据库中。但是一些用户基本信息（如头像和昵称等）是经常需要被引用的，例如帖子中的回复内容都需要带上头像和昵称等信息。对于这些需要被其他子系统引用的用户基本信息，一般会被冗余记录在子系统的数据库中，例如回复帖子中的用户昵称数据会被记录在回复帖子的数据记录中。

对于这些被冗余记录在其他子系统数据库中的用户基本信息，数据同步是一个需要思考的问题。例如，当用户修改昵称后，如何更新被记录在回复帖子中的昵称数据。首先，需要判断旧的用户信息数据是否需要更新，例如，一些论坛并不会更新回复帖子中的昵称信息。如果需要更新被记录在子系统中的用户信息，一般采用异步的方式更新。例如，单点登录系统提供一个查询当天被更新的用户信息的接口，其他子系统定时调用该接口（一般是凌晨 2 时到 5 时），然后更新记录在子系统中的用户信息。

7.3　小　　结

　　单点登录系统是大型网站中很常见的子系统，甚至在一些大型网站系统中，各子系统是通过单点登录系统整合起来的。本章从关键问题出发，简略地还原了单点登录系统的架构设计过程。本章没有提及具体的实现方式，因为具体的实现方式根据实际情况可能会有很大差别。另外，架构设计往往是基于问题进行思考，而非忽视问题直接从现有工具中进行选择。

　　当然，现有的单点登录系统方案也是可以采用的，如通用的单点登录标准、单点登录的通用实现和单点登录的第三方云服务。在决定使用这些方案之前，一定要基于现实问题进行考虑，权衡功能的匹配度、使用难度，以及性能是否低下等因素。

第 8 章　媒体库管理系统架构设计

第 7 章介绍的是单点登录系统的架构设计，本章继续介绍一个比较常用的系统——媒体库管理系统（View Management System，VMS）。随着媒体类型数据（如视频和图片等）日益重要，媒体库管理系统在很多大型网站之中也承担着非常重要的责任。

⚠️ 注意：本章只介绍一些通用的应用场景，具体的架构设计应该根据实际的应用场景而定。另外，本章中提到的具体方法都不是唯一的，读者需要根据实际情况斟参考。

8.1　媒体库管理系统的关键问题

在介绍媒体库管理系统的架构设计之前，需要先了解为什么需要媒体库管理系统，以及媒体库管理系统需要解决哪些关键问题，这样才能更好地理解媒体库管理系统的架构设计。

8.1.1　为什么需要媒体库管理系统

随着时代的发展，网站的信息载体也更偏向于使用图片和视频等给人更直观感受的载体。如果每个媒体文件都不需要重复使用且文件数量不多，那么各个子系统分别管理这些媒体文件就可以。毕竟，仅仅是上传媒体文件并让前端网页显示这些媒体文件是一件简单的事情，不需要大费周章地在网站系统中加入媒体库管理系统，唯一需要考虑的是上传文件的服务器是否需要单独部署。

但是，如果媒体文件需要被多次使用（如素材库等业务），则需要将这些媒体文件集中起来管理。为了集中管理媒体文件，媒体库管理系统逐渐流行起来。一般来说，带有素材库的网站系统都需要媒体库管理系统。

媒体库管理系统，在网站架构中属于一种网站系统的基础子系统，管理的是大型网站中的媒体文件，如视频和图片等。根据不同的业务需求，媒体库管理系统可以提供媒体文件集中管理、媒体文件多次引用、音视频文件转码和视频抽帧等功能。媒体库管理系统与其他业务子系统的关系如图 8.1 所示。

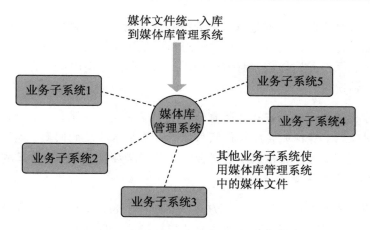

图 8.1　媒体库管理系统与其他业务子系统的关系

💬说明：基础子系统指的是网站平台中提供通用基础服务的子系统。一般来说，基础子系统是为各个业务子系统提供基础服务的，基础子系统与大部分的业务子系统都关联。以媒体库管理系统为例，它集中管理媒体文件，让其他业务子系统更方便地使用媒体文件。

8.1.2　媒体库管理系统需要解决的关键问题

媒体库管理系统是一类系统形态，其根据具体的使用场景会有不同的功能需求，因此它需要解决哪些关键问题需要视实际情况而定。一般来说，媒体库管理系统需要解决以下几个关键问题：

- 提供统一的媒体文件上传和资源选择入口；
- 提供媒体文件删除机制；
- 提供自动处理媒体文件等功能（非必要）。

这里需要说明的是，媒体库管理系统并不一定需要管理整个网站系统中的所有媒体文件。一些子系统特有的媒体文件是可以由子系统单独管理的，例如单点登录系统中的头像图片。

💬说明：设计系统的基础子系统时需要清醒地划分管理边界。以媒体库管理系统为例，它当然可以管理整个系统的媒体文件，但这样做，对于一些子系统特有的媒体文件（如单点登录系统中的头像文件）而言，反而会徒增运维成本。

8.2　媒体库管理系统的详细架构设计

对于媒体行业的相关互联网平台而言，媒体库管理系统几乎是必备的子系统。媒体库管理系统有很多成熟方案，特别是第三方云服务，如腾讯云音视频服务和网易云视频等。如果媒体文件私密性不高，且需要音视频转码和视频抽帧等功能，那么直接对接第三方云服务的媒体库管理系统是比较流行且方便的。当然，在决定使用第三方云服务之前，一定要基于实际项目情况进行考虑。

💬说明：第三方云服务提供的媒体库管理系统提供了完整的方案，一并解决了文件 CDN、大文件上传、音视频转码及视频抽帧等存在技术难度的问题。如果媒体文件的私密性很高，或者网站系统处于完全封闭的网络环境中，那么第三方云服务提供的媒体库管理系统是不适用的。

　　本节不介绍现成的媒体库管理系统方案，而是基于 8.1 节中介绍的媒体库管理系统的关键问题，分三步逐步完成媒体库管理系统的架构设计，即提供统一的媒体文件上传入口和资源选择机制，提供媒体文件删除机制，以及提供自动处理媒体文件。

8.2.1　统一的媒体文件上传入口和资源选择机制

　　媒体库管理系统需要提供通用的资源列表页面和对应的后端接口。通用的资源列表页面提供统一的媒体文件上传入口和资源选择机制，资源列表页面可以通过 Iframe 方式或其他前端支持的方式嵌入其他页面上，如图 8.2 所示。

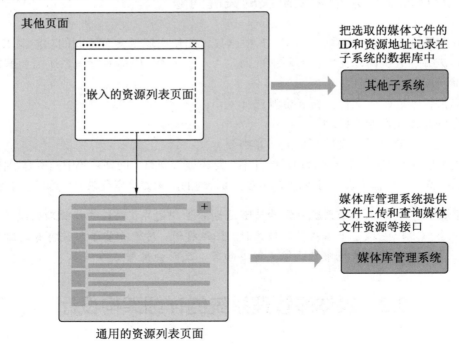

图 8.2　通用的资源列表页面

如果需要支持一些较大的媒体文件，则需要考虑使用分片上传的方式。为了能让媒体文件在前端显示，如图片显示或视频播放等，需要将其放在网站系统的共享盘或对象存储中。前端请求媒体文件时，最好使用额外的前端服务器处理这些请求。媒体文件的上传与请求如图 8.3 所示。

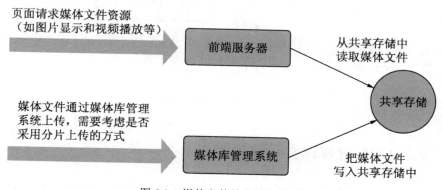

图 8.3　媒体文件的上传与请求

🔔 说明：图 8.3 中的前端服务器可以是处理页面请求的前端服务器，也可以是单独处理媒体文件的前端服务器。另外，需要增加 CDN 以减轻前端服务器的压力。

8.2.2　媒体文件的删除机制

8.2.1 小节介绍的是媒体文件的添加和获取，本小节介绍媒体文件的更新和删除。对于媒体文件的更新，例如被重新编辑的图片或视频文件，如果不需要做特别的更新操作，一般而言只需要新的媒体文件的路径和旧的媒体文件路径相同即可实现覆盖更新。而对于媒体文件的删除，则需要仔细思考一下，因为媒体文件会被其他子系统的页面使用。

因此，在讨论媒体文件的删除机制之前需要确认，如果媒体文件被删除，那么被其他页面引用的媒体文件是否可以显示"不存在"。如果是，则媒体文件可以直接被媒体库管理系统删除，前端页面或者前端服务器做一下媒体文件不存在的异常处理即可。如果要保证被引用的媒体文件正常显示，则需要在用户删除媒体文件的时候提示"该媒体文件被其他子系统使用，不可删除"。

相应地，在其他子系统选择引用某个媒体资源时，需要通知媒体库管理系统把引用记录并保存在数据库中，当用户需要删除时，先查询是否有被引用的记录，如图 8.4 所示。

🔔 注意：在媒体库管理系统提供的删除媒体文件接口的内部逻辑中，需要加入判断媒体文件是否被引用的逻辑，以防止用户以特殊手段删除已经被引用的媒体文件。

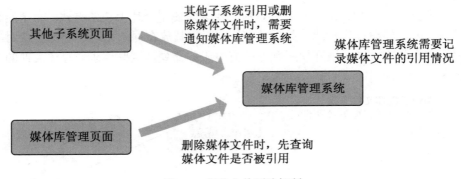

图 8.4 媒体文件删除机制

8.2.3 提供自动处理媒体文件等功能

一些互联网平台，特别是视频类平台，要求媒体库管理系统具备自动处理媒体文件的功能。以大型视频类平台为例，其一般具备自动处理媒体文件的功能，例如视频文件自动转码（自动转成高清或流畅等多个视频，自动把视频格式转成更适合网站播放的 HLS 格式等），对视频文件自动抽帧并压缩成 GIF 动图，以及对视频文件自动添加片头和片尾等。

很多时候，这些对媒体文件开发的自动处理能力也被认为是媒体库管理系统的核心技术。但是这些对媒体文件开发的自动处理能力并不是每个网站系统都需要的。以普通的博客平台为例，此类平台只需要显示图片和文字即可，因此媒体库管理系统不需要具备对媒体文件的自动处理能力。

🔖说明：博客平台一般会提供图片压缩和裁剪等功能，此类功能一般是前端网页完成的（即客户端完成的），而非媒体库管理系统完成的。

如果媒体库管理系统确实需要具备对媒体文件的自动处理能力，那么可以用两种方式实现。第一种是使用第三方提供的云计算能力（如视频转码和视频自动抽帧等服务），第二种是开发自身的云计算能力，如图 8.5 所示。

🔖说明：如何选择上述两种方式，一般取决于项目成本、数据私密性和网站平台的网络环境是否允许等因素。另外，如果要开发云计算软件，那么相关的架构设计可以参考第 5 章，而音视频处理则可以使用 FFmpeg 库。

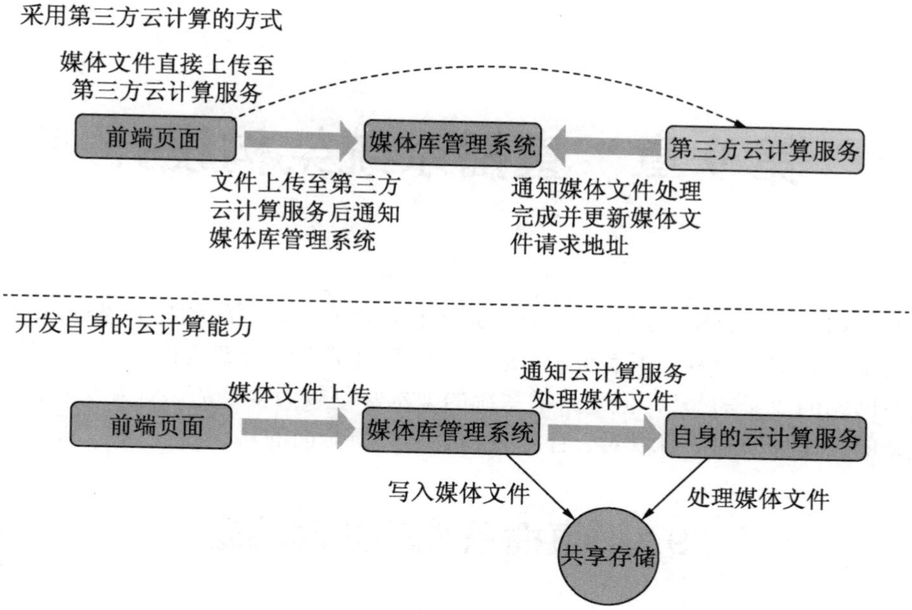

采用第三方云计算的方式

媒体文件直接上传至
第三方云计算服务

```
┌────────┐      ┌──────────────┐      ┌────────────────┐
│ 前端页面 │ ===> │ 媒体库管理系统 │ <=== │ 第三方云计算服务 │
└────────┘      └──────────────┘      └────────────────┘
```

文件上传至第三方　　　　通知媒体文件处理
云计算服务后通知　　　　完成并更新媒体文
媒体库管理系统　　　　　件请求地址

开发自身的云计算能力

　　　　　　　媒体文件上传　　　　通知云计算服务
　　　　　　　　　　　　　　　　　处理媒体文件

```
┌────────┐      ┌──────────────┐      ┌────────────────┐
│ 前端页面 │ ===> │ 媒体库管理系统 │ ===> │ 自身的云计算服务 │
└────────┘      └──────────────┘      └────────────────┘
```

写入媒体文件　　　　　　　　　处理媒体文件

共享存储

图 8.5　实现对媒体文件自动处理的两种方式

8.3　小　　结

　　媒体库管理系统在很多大型网站系统中都有。本章从关键问题出发，简略地还原了媒体库管理系统的架构设计过程。本章没有提及媒体库管理系统的具体实现方式，如视频转码和视频抽帧等，这些具体的技术都是云计算服务的具体功能，从架构设计的宏观角度而言，这些具体功能不应该被放大。

　　当然，现有的媒体库管理系统方案也是可以采用的。只是在决定使用这些方案之前，一定要基于现实问题进行考虑，权衡功能的匹配度、使用难度，以及性能是否低下等因素。

第 9 章　直播系统架构设计

第 7 章和第 8 章分别介绍了单点登录系统和媒体库管理系统的架构设计，它们是大型网站系统中较为常见的两个子系统。本章介绍的是直播系统的架构设计，虽然直播系统并不是大型网站的"必需品"，但是直播系统的架构却是较为复杂的云计算架构。通过了解更为复杂的云计算架构，可以对云计算架构有一个更全面的认识。

9.1　直播系统的关键问题

在介绍直播系统的架构设计之前，需要先了解为什么需要直播系统，直播系统需要解决哪些关键问题，这样才能更好地理解直播系统的架构设计。

9.1.1　为什么需要直播系统

2016 年之后，直播开始迅速发展，游戏直播、发布会直播、课程直播、直播带货等直播业务也逐渐深入人们的生活。因此，很多互联网平台也加入了直播相关业务，越来越多的网站系统也加入了直播系统。当然，直播系统并不是每个网站都需要的，是否需要包含直播系统，是由网站系统的业务决定的。

直播系统在网站架构中一般是作为独立子系统存在的。与单点登录系统、媒体库管理系统等基础子系统不同，直播系统是为某个具体的直播业务提供服务的，其一般不需要为其他业务子系统提供服务。直播系统与其他业务子系统的关系如图 9.1 所示。

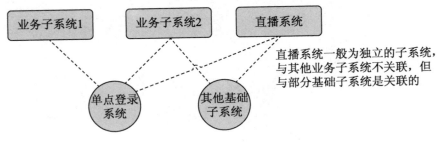

图 9.1　直播系统与其他子系统的关系

说明：直播系统对应的是直播业务板块，一般不与其他业务子系统产生关联。当然，直播系统是否与其他业务子系统有关联取决于具体的业务。以直播带货业务为例，直播系统与商品业务子系统是相关联的。

9.1.2　直播系统需要解决的关键问题

直播系统是一类系统形态，其根据具体的使用场景会有不同的功能需求，因此直播系统需要解决哪些关键问题需要视实际情况而定。一般来说，直播系统需要解决以下几个关键问题：

- 明确直播场景；
- 基础系统架构；
- 直播源接收；
- 直播流处理；
- 直播观看。

如果单纯从业务的视角看，直播系统确实与其他业务系统的区别不大，无非是直播频道管理、直播入口管理、直播观看页管理等。但是，直播系统的直播流处理部分却是需要仔细斟酌的。因此，下面的内容我们不介绍直播系统的业务部分的架构设计，只介绍直播流处理部分的架构设计。

9.2　直播系统的详细架构设计

随着直播越发流行，第三方直播云服务（如腾讯云的直播云服务、网易云的直播云服务等）已经很成熟。由于直播流处理是存在一定技术难度的，所以直接使用第三方直播云服务的话，确实能节省大量的研发成本。一般来说，如果是新启动的直播业务（直播量不大），或者直播业务非核心业务的话，那么直接对接第三方直播云服务是比较流行且方便的。当然，在决定是否使用第三方直播云服务之前，一定要基于实际项目情况进行周密考虑。

说明：第三方直播云服务提供了完整的直播方案，一并解决了直播 CDN、直播源接收、直播流处理等存在技术难度的问题。但是，是否采用第三方直播云服务，还是要基于实际项目情况而定。

本节不介绍现成的第三方直播云服务，而是基于 9.1 节介绍的直播系统的关键问题，分 5 步逐步完成直播系统的架构设计，即明确直播场景、基础系统架构、直播流接收、直播流处理和直播观看。

9.2.1　明确直播场景

在设计直播系统架构之前，需要先明确直播场景。直播场景指的是具体的直播需求，例如直播源是什么、单场直播预计观众数、直播延迟是否有要求、直播期间是否需要连麦等。以上直播场景的不同，都会导致具体的直播技术存在差别。

这里以最普遍的直播场景为例，介绍直播系统的架构设计。另外，直播业务一般带有弹幕和送礼物等功能，由于这些功能是直播的附属功能，一般是由另外的子系统支撑的。

🔊说明：最普遍的直播场景是为单个用户推送直播流，海量观众观看直播，并不需要特别
　　　　低的延迟，也不需要连麦。

9.2.2　基础系统架构

在最普遍的直播场景中，整个直播系统的基础系统架构是典型的云计算架构，如图 9.2 所示。

图 9.2　直播系统的基础系统架构

从宏观视角看，直播系统的基础架构确实如图 9.2 所示。但是直播系统的云计算服务部分是较为复杂的，其需要先接收直播流，然后对直播流进行转码处理（如分裂多个清晰度直播流、限制最大码率等），最后把直播流推送到直播 CDN 中。用户观看直播时，从直播 CDN 中拉取直播流。细化直播云计算服务部分后，直播系统的基础系统架构如图 9.3 所示，其中，直播 CDN 一般为第三方服务。

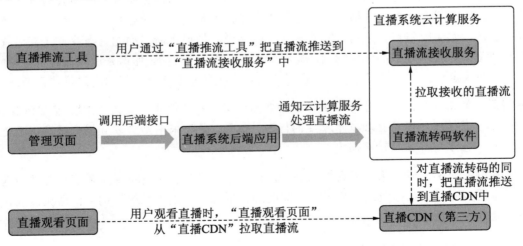

图 9.3　细化云计算部分后的直播系统的基础系统架构

在明确基础系统架构后，需要继续细化三方面的架构设计，即直播流接收、直播流处

理和直播流观看。9.2.3 小节至 9.2.5 小节将对这三方面进行详细介绍。

9.2.3　直播流接收

用户通过直播推流工具把直播流推送到直播流接收服务（服务器）中，直播流接收服务作为中转站暂存一部分直播流数据（暂存的视频数据会被不断地循环覆盖）。一般而言，直播流接收的是 RTMP 直播流服务，直播流需要以 RTMP 格式发送到服务器上。直播流接收服务可以同时接收多个直播流。

🔔说明：RTMP（Real Time Messaging Protocol，实时消息传输协议）是 Adobe Systems 公司为视频传输开发的开放协议。可以使用一些软件搭建（如 SRS 和带有 RTMP server 模块的 Nginx 等）直播流接收服务器。直播流推流工具可以是 OBS（开源的推流工具），也可以是自主研发的推流软件。

关于直播流推送的地址，需要在直播管理页面中获取。用户在直播管理页面创建直播通道后，后端应用程序需要生成一个推流地址并显示在前端页面上。而推流地址的生成规则是完全自定义的（如 rtmp:// IP:端口/xxx/xxx，IP 和端口为直播流接收服务的 IP 地址和端口），因为直播流接收服务可以接收任意路径的推流地址。

由于直播流接收服务可以接收任意路径的推流地址，因此用户只要知道直播流接收服务的 IP 地址和端口即可推流（路径部分可以随意拼接）。这样的话，直播流接收服务是很容易受到恶意攻击的，因此直播流接收服务在接收直播流之前，需要调用后端应用程序的接口来判断此推流地址是否可接收。直播流接收部分的架构设计如图 9.4 所示。

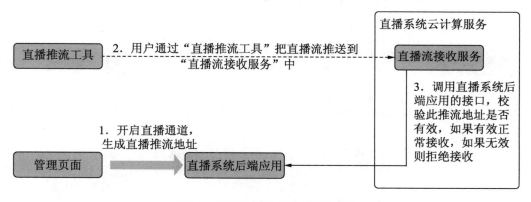

图 9.4　直播流接收部分的架构设计

9.2.4　直播流处理

直播流接收服务接收直播流后，只是暂存部分直播流数据，随着直播流数据不断接收，暂存的视频数据会被不断循环覆盖。因此，直播流接收服务只是一个中转站，直播流的处理需要交由直播流转码软件。一个直播流转码软件的进程负责处理一个直播流，如果用户创建一个直播通道时就下发一个直播流处理任务（启动一个直播流转码软件的进程），那么可能会造成一定的性能浪费。因为用户创建直播通道后并非立刻就推送直播流，如果推送直播流，则可能会让直播流转码软件的进程浪费一定的性能。

💬 说明：直播流转码软件在处理直播流时需要大量的硬件支持，一台服务器往往只能同时运行十几个直播流转码软件的进程。为了防止服务器性能枯竭，一般会限制直播流转码软件运行的进程数。因此，空闲的直播流转码软件进程其实也占用一些服务器的性能。

因此，直播流转码软件的启动，需要在直播流接收服务接收到直播流之后（用户真正开始直播推流之后）。那么，在给直播流接收服务调用提供的"校验直播推流地址是否有效"的接口中，如果直播流推流地址有效，后端应用程序就可以下发一个直播流处理任务了（启动一个直播流转码软件的进程）。

💬 说明：直播流转码软件属于云计算软件，其架构设计可以参考第 5 章的内容，音视频处理可以使用 FFmpeg 的库。

后端应用程序在下发直播流处理任务时，需要把直播流接收服务的直播拉取地址（一般与直播推流地址相同）、直播 CDN 地址和相关转码设置等参数一并传递。这样直播流转码软件就可以根据参数从直播流接收服务中拉取直播流，然后根据相关转码参数对直播流进行转码处理，并把处理后的直播流数据推送到直播 CDN 中，如图 9.5 所示。

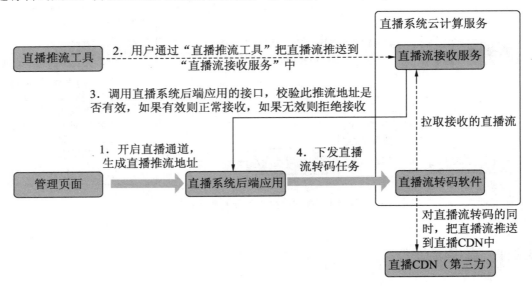

图 9.5　直播流处理部分的架构设计

🔔说明：CDN 依靠部署在各地的边缘服务器，通过中心平台的负载均衡、内容分发和调度等功能模块，使用户就近获取所需内容，降低网络拥塞，提高用户访问响应速度。直播 CDN 是专门针对直播场景的 CDN 服务，一般接收的是 RTMP 的直播流。另外，由于直播 CDN 需要大量的服务器，所以直播 CDN 一般使用第三方提供的服务。

9.2.5 直播观看

用户观看直播时，拉取的是直播 CDN 中的直播流。实际上，直播 CDN 也是一个直播流的中转站，直播系统的云计算服务把处理后的直播流数据推送到直播 CDN 中，用户观看直播时，从直播 CDN 中拉取直播流数据。直播 CDN 只是暂存部分直播流数据，随着不断接收直播流数据，暂存的视频数据会被不断循环覆盖。

由于 RTMP 的直播流在一些浏览器中是无法播放的（不能使用 Flash Player 的浏览器），所以直播 CDN 还需要转换直播流的协议，以供浏览器（客户端）拉取。

🔔说明：常用的直播流观看协议有 HLS、HTTP-FLV 和 RTMP，如果对直播延迟没有特别要求，而且需要在现代浏览器中播放的话，一般采用 HLS 协议。直播流观看协议的选择，需要考虑具体的客户端和延迟要求。

完整的直播系统的架构设计如图 9.6 所示。其中，直播 CDN 一般具有转换直播流协议的功能，一些直播 CDN 默认提供了 3 种协议（HLS、HTTP-FLV 和 RTMP）的直播观看地址。

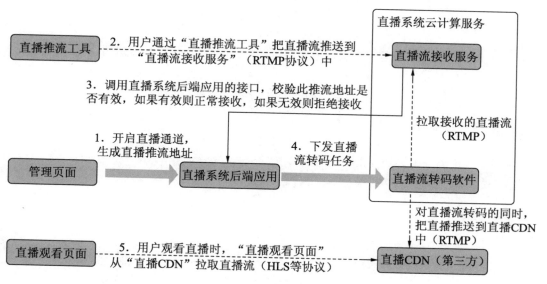

图 9.6 完整的直播系统架构设计

9.3　小　　结

本章从关键问题出发，简略地还原了直播系统的架构设计过程。本章没有详细介绍具体的实现方式，如视频转码等具体技术，因为这些具体技术都是云计算服务的具体功能，从架构设计的宏观视角来看，这些具体功能都不应该被放大。

当然，直播系统的实现过程是非常复杂的，尤其是直播流转码软件的编写。因此，一般推荐直接使用第三方直播云服务。但是，在决定使用这些方案之前，一定要基于实际问题来考虑，权衡功能匹配度、使用难度、稳定性和费用等因素。

截至本章，我们已经介绍了 3 个系统的架构设计，包括单点登录系统、媒体库管理系统和直播系统。第 10 章将会介绍笔者个人对未来架构的看法。

第 4 篇
未来架构的设想

第 10 章　未　来　架　构

前面的章节较为详细地介绍了大型网站的架构。本章将介绍一下笔者个人认为的未来架构。

本章不会详细介绍一些较为新鲜或流行的技术（如微服务、Serverless、Hadoop、FaaS、CaaS 等），这是因为技术是为解决具体问题而生的，再流行的技术也不能保证最终的软件质量。同样，没有一种技术能代表未来，因为随着时代的发展会出现新的问题，新的技术也会随之而生。

🔔注意：本章纯属个人观点，是笔者个人对未来大型网站架构的分析和预想，不代表大型网站架构确切的发展方向。

10.1　理　解　架　构

长期以来，人们对架构的认知都是比较模糊的，或者说即使知道了架构的概念，也不知道架构设计应该解决什么问题。因此，在谈及未来架构之前，我们先来聊聊架构是什么。

10.1.1　架构是什么

架构是什么？相信你一定听过架构是一个软件的抽象，架构是一个软件的骨架，架构是整体结构与各个组件间的描述等说法。很多情况下，这些广义的定义确实是正确的。但是，要想知道架构设计应该解决什么问题，还需要细化架构的定义。

笔者个人认为，在软件的世界里，架构就是软件运行环境的结构、软件的结构和开发过程的规则的统称。架构设计的目的是保证软件的质量。下面分别对这三部分进行介绍。

🔔说明：软件运行环境的结构常常被称为环境架构或者部署架构（包含硬件结构），软件的结构常常被称为软件架构，开发过程的规则常常被称为开发规范。

1. 软件运行环境的结构

软件运行环境的结构也被称为环境架构或者部署架构，是指软件运行时的环境结构。一般来说，自身开发以外的软件或硬件都算是环境。在网站系统中，运行环境包括服务器硬件配置、操作系统、网络环境及依赖的软件等。

说明：在网站系统中，运行环境相当于 PaaS 层和 IaaS 层。关于 PaaS 层和 IaaS 层的说明，请参考 2.3.2 小节。

对于软件运行环境结构的设计而言，其实就是选取合适的依赖软件和硬件，并把它们之间的关系描述出来。在网站系统中，软件运行环境结构设计的成果是一张环境拓扑图，如图 10.1 所示。

2. 软件的结构

软件的结构也被称为软件架构或者基础架构，是指自身开发的软件的基础结构。一般来说，软件架构是根据具体的软件形态而定的，例如，网站系统有特定的软件架构、App 有特定的软件架构、桌面软件有特定的软件架构、嵌入式软件有特定的软件架构等。软件架构的设计也是传统意义的架构设计。

对于软件架构的设计而言，在明确软件形态的前提下，需要选择开发语言、基础框架等。在网站系统中，宏观的软件架构如图 10.2 所示。当然，并不是所有的软件形态都有通用且成熟的基础技术。以云计算服务部分为例，这部分确实没有较为通用的软件架构，因此需要设计这部分的软件架构。关于云计算服务的软件架构设计，可以参考第 5 章云计算服务架构。

除了在宏观上规划软件结构和基础技术（如图 10.2 所示）以外，针对具体的系统，软件架构应该进一步规划软件的结构，如划分子系统和设计通信机制等。更详细的软件架构如图 10.3 所示。

说明：在网站系统的架构设计中，图 10.2 和图 10.3 需要一并提供，图 10.2 一般被称为技术架构，图 10.3 一般被称为软件架构。另外，关于网站系统划分子系统的详细内容，请参考 2.3 节。

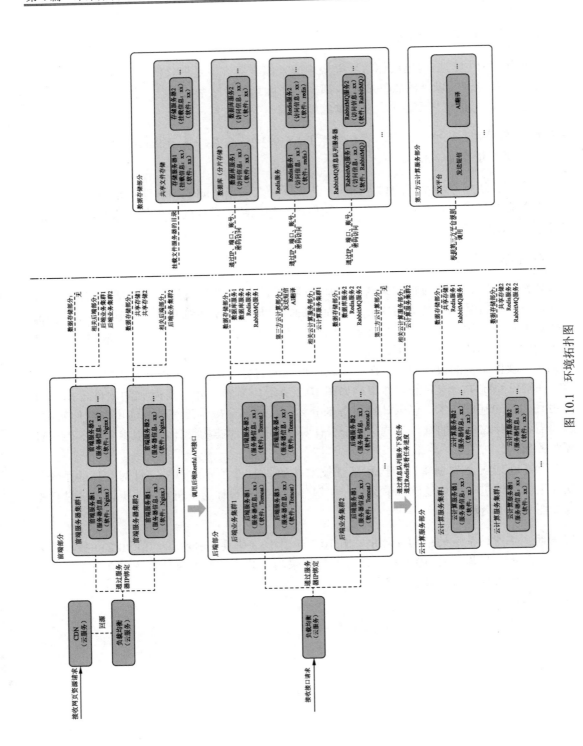

图 10.1　环境拓扑图

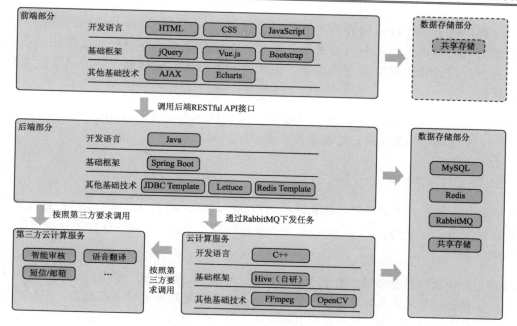

图 10.2　宏观的软件架构

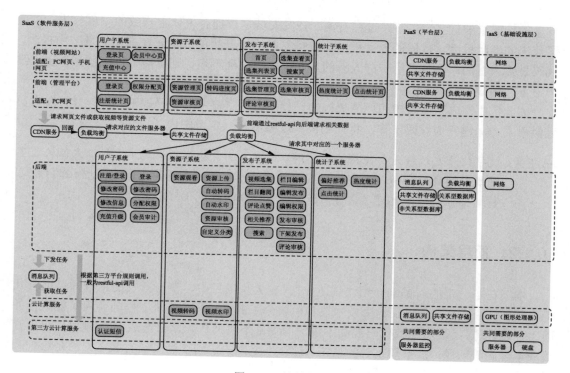

图 10.3　软件架构

另外，对于一些特殊或通用的部分，则需要对其进行更为详细的架构设计。以网站系统为例，单点登录部分、直播部分及媒体库部分等都需要进行详细设计。虽然这些特殊部分的设计思路可能有所不同，但无非就是明确关键问题，并用相关技术解决对应问题。

🔊说明：单点登录部分的架构设计可参考第 7 章，媒体库部分的架构设计可参考第 8 章，直播部分的架构设计可参考第 9 章。

3．开发过程的规则

一般情况下，在完成软件架构和环境架构的设计后，就认为完成了全部的架构设计。但实际情况是，即使使用了完全相同的软件架构和环境架构，最终的软件质量也可能是天差地别。

🔊说明：影响软件质量的因素有软件的功能性、可靠性、易用性、效率、维护性和可移植性等。但笔者认为，评判软件质量的重要标准是软件运行是否稳定，是否可支持长久的迭代升级。可以运行且迭代十几年的软件质量，一定比采用最新技术但使用一两年就必须推翻重做的软件质量强。

软件质量的优劣，与开发过程有关。开发人员是否拥有大体上一致的编程行为，决定了代码的混乱程度，代码的混乱程度会直接影响维护升级的成本。在前面的章节中提到，代码是给人看的，而且是给一群人看的，如果代码混乱不堪，则可能"推翻重做"比"维护下去"的成本要低。

因此，在完成软件架构和环境架构的设计后，还需要考虑编码规则，让一群开发人员近似千人一面地完成编码工作，将代码混乱度限制在一定范围内。

🔊注意：规整化开发过程是要把握一个度的，标准太高会拖慢项目进度，标准太低又达不到规整的目的，所以需要根据实际的团队水平和项目周期来制定规整化的标准。前端部分的规范化可参考 3.3 节，后端部分的规范化可参考 4.3 节。

10.1.2　顶层架构

本书花了一定的篇幅来介绍"规范化"。在大型项目中，参与开发的工程师可能有几十人甚至几百人，如果仅仅约束技术栈和模块分工的话，那么这些工程师会为了完成任务而"各显神通"，最后导致代码混乱不堪。而混乱不堪的代码，会造成 Bug 频出、维护升级成本过高等问题。被推翻重做的系统，往往不是因为出现了新的流行技术，而是维护升级的成本比推翻重做的成本还要高。

因此，对于保证软件质量而言，"规范化编码过程"确实是一个既简单又有效的方法。而"规范化编码过程"的目的，是让开发人员近似千人一面地完成编码工作，将代码混乱度限制在一定范围之内。

规范化标准相对完整后，就会拥有特别的工程结构和编码行为规则。此时，顶层架构就会形成。顶层架构是关心"人如何写代码""软件质量和生产效率如何最大化"的架构。简单地说，顶层架构就是一套完整的规范化标准，当然，有些顶层架构可能会使用一些工具（如编译工具）等，以改变和约束开发人员的开发方式。

🔔 说明：本书提到的前端自研架构（Trick）和后端自研架构（Once）就是一种顶层架构，其不改变任何的基础技术，只改变工程结构和约束开发过程。前端自研架构的介绍请参考 3.5.3 小节，后端自研架构的介绍请参考 4.3.7 小节。

以现有的框架工具为例，Vue-CLI 等脚手架就是一种顶层架构，Spring Boot 的 Controller、Service 和 Dao 分层也是一种顶层架构。Vue-CLI 加入了编译器和包管理等工具，改变了前端工程结构和开发人员的编码行为，以提升前端的开发效率，但是最终运行的代码还是会编译成 HTML、JavaScript 和 CSS。Spring Boot 的 Controller、Service 和 Dao 分层约束的是编码行为，但其实后端代码可以不按这三层划分。

🔔 注意：这里所举的例子（Vue-CLI 和 Spring Boot 的 Controller、Service、Dao 分层），虽然都属于顶层架构，但不等于说采用了这些框架工具就不用思考顶层架构了。因为这些框架工具的规范约束是相对宽泛的，不足以保证软件质量。

10.1.3　架构与技术

架构更多的是软件的抽象结构，而技术则是解决具体问题的工具。也就是说，架构与技术并不是一一绑定的关系，如 B/S 架构（前后端分离）的网站系统，其后端应用程序的开发语言可能是 Java，也可能是 PHP。

技术是实现架构的手段而不是目的。采用什么技术，一定是基于清晰的架构设计之上的。如果在没有清晰的架构设计之前讨论是否采用某项技术，则是一种本末倒置的行为。当然，如果没有合适的现成技术且项目成本不允许开拓新技术的话，则需要考虑是否应该对架构进行适当调整。

另外，有些技术（如微服务和 Hadoop 等）确实可以给架构设计者带来新的设计思想。因此，技术也并不是单方面地被选择，很多时候，架构和技术应该是相互成全的关系。

10.2　软件行业的发展

介绍了"架构是什么"后，我们再来聊聊"软件行业的发展"，讨论一下软件行业的现状，软件行业发展的方向和不断发展的结局。

10.2.1　软件行业的现状

随着时代的发展，软件产品已经渗透到人们工作和生活的各个环节。机械智能化、物联网、大数据分析和互联网平台等不同领域的软件产品改变了社会分工、通信方式、信息处理方式和信息采集手段。这些改变，就像"魔法"一样。

但是，就目前软件的生产过程而言，确实是处于纯手工制作的阶段。如果和工业生产类进行比较，那么现在的软件行业正处于工业革命之前，生产过程是完全由人力完成的。当然，近些年来也出现了一些低代码的平台，但这些技术实际上并没有改变软件的生产资料（人力产出），只是圈定了业务功能范围且配置的自由度更高而已。如果是一些业务场景简单的网站系统，确实可以使用低代码平台快速搭建，但对于大型网站系统而言，使用低代码平台是无法完成的。

10.2.2　软件行业的发展方向

随着软件需求的日益增长，软件行业本身也在不断发展。关于软件行业的发展，笔者认为主要有以下两个方向：

- 适应更多的需求场景。软件之于这个世界是一种工具，而软件的具体形态取决于其具体的应用场景。随着应用场景的不断拓展，将会有更多的软件形态随之出现，也会有更多的软件技术出现。
- 更高的软件生产效率。绝大部分行业的发展都会追求更高的生产效率，而软件行业也是一样的。

10.2.3　不断发展的结局

软件行业和机械行业是十分相似的。一些人认为，很多年以后，软件行业也会像机械行业一样，拥有高度标准化的零件和相对规范的设计方式。笔者曾经也这么认为，但是接触过越来越多的项目后却不这么认为了。

软件是由代码编写而成的，代码是逻辑的具体表现，逻辑又渗透着作者的思想。因此，软件可以说是一个虚拟产物，所思即所得。而机械却很难做到随心所欲，因为机械存在于现实世界，会被一些客观规则约束（如地球引力、零件的生产难度等）。因此，软件的发展，可能会拥有较为标准的零件和较为规范的设计方式，但不会像机械行业一样拥有高度标准化的零件和相对规范的设计方式。

也就是说，在软件行业，会存在相对流行的技术和流行的设计方式，但永远不会存在绝对标准。在软件行业有一个"重复发明轮子"的说法，也经常会有一些质疑，如明明有现成的单点登录系统，为什么要重新设计，明明已经有这么多编程语言了，为什么还有新的编程语言不断被开发出来，明明已经有这么多现成的代码库了，为什么还需要重复编写等。这个确实就是软件行业特别的地方，因为在软件世界里没有一个"轮子"是绝对圆的。也就是说，受限于"具体应用场景、性能要求、学习成本"等客观因素和"个人编程习惯、个人编程思想、个人业务理解"等主观因素的影响，确实没有一个适用任何场景的"轮子"。

因此，软件行业的发展不会有结局，会源源不断地出现新的编程思想、新的编程语言和新的技术。在一些软件细分领域中可能会出现一些主流的思想或技术，但不会存在绝对标准的技术和规范。就好像诸子百家一样，随着社会的发展，儒家思想在一定程度上成为主流，但道家思想、法家思想仍然会被延续，一些新思想也会不断被提出。

10.3　未来架构的方向

在介绍完架构是什么和软件行业的发展后，本节介绍一下笔者个人认为的未来架构的方向。在 10.2.2 小节中提到，软件行业的发展方向主要有两个，即适应更多的需求场景和更高的软件生产效率。适应更多的需求场景这个方向暂且不讨论，因为未来软件的需求变化是很难预测的；而更高的软件生产效率这个方向，则是本节重点讨论的内容。

在 10.1.1 小节和 10.1.2 小节中介绍了架构应该分为三部分，即环境架构、软件架构和顶层架构（开发规范）。由于影响软件生产效率的主要因素是"顶层架构"，所以本节讨论的架构实际上是顶层架构。

说明：未来架构的方向肯定不会只有一个。因为每个软件工程师都有权利去探索新的方向。另外，本节介绍的是笔者的个人想法，不代表确切的未来架构方向。

10.3.1　人力效率增加

由于软件是由人工编写的，所以提高人力效率就会让软件生产效率更高。提高人力效率，除了要提升开发人员的专业水平和项目经验以外，更重要的是要减少开发团队重复思考的时间。以网站系统为例，对于一些通用或常用的部分（如前端网页布局的规则、后端接口编写的规则和分片上传机制等），需要有一个明确的统一规则。这样团队人员就不需要浪费时间去思考这些通用部分的实现方式，而把时间放在需要特别思考的地方和代码实现上。

不过，一部分人认为，统一通用部分的规则是没必要的，因为即使没有明确这些规则，开发人员也会翻阅别人的代码，这样的话，其实重复思考的时间也是不存在的。但是，在实际开发过程中（特别是在大型团队中），开发人员只会聚焦在自己开发的部分，一般是不会关心别人开发了哪些具体功能的，自然也不会效仿别人写的代码。再者，即使开发人员之间紧密沟通，开发人员 A 写的代码仅仅是为其负责的部分设计的（其通用性有限），开发人员 B 不一定能直接使用开发人员 A 的代码（开发人员 B 通常会重新写一套逻辑），久而久之，明明是一个通用场景，却会出现很多个实现版本，无形之中浪费了很多重复思考的时间。

因此，架构是有责任对一些通用部分制定统一规则的。明确通用部分的统一规则，除了能保证软件质量以外，还可以在无形之中提高软件生产的效率（如提高功能开发、Bug 查错和功能扩展等效率）。

🔔 说明：个人认为，让开发团队近似千人一面地完成软件开发是架构的最高境界。在前面在介绍前端架构和后端架构时，笔者也都强调了规整化的重要性。关于前端架构规整化的相关内容请参考 3.3 节，关于后端架构规整化的相关内容请参考 4.3 节。

10.3.2　人力资本转化成物力资本

记得笔者在刚入行没多久就发现了一个问题？为什么每个项目几乎都是从零开始。这样的场景有很多。例如，当新项目启动时，往往需要重新搭建基础工程，重新编写很多过往已经编写过的代码，重新制定一些过往已经明确的规则等。也就是说，即使做了类似的 A、B、C、D 项目后，新项目 X 仍然需要从零开始。当然，过往项目会让开发人员积累项目经验（项目经验会提高开发人员的开发效率），也会积累一些技术解决方案。但是，人员是会变动的（如离职、部门转移等），当人员变动后，这部分经验就相当于消失了。

在金融行业，人们都追求复利，让金钱越滚越多。那么架构是否也可以实现复利呢？在经历了一个项目后，可以给下一个项目带来一些现成的代码（不需要抽丝剥茧地分离可用代码），如此下来，下一个项目即可省去该部分的成本。

好的架构应该是具有成长性的，可以让人力资本转化为物力资本，简单地说，可以在项目中不断积累可复用的代码，把人力输出积攒成物力资本。这样即可实现项目的"复利"。

在软件行业，这个想法其实也不算新鲜。一些公司也会有意识地把可复用的代码封装成动态库和 JAR 包等。但是在实际项目中，由于其使用方式各不相同、颗粒度零碎、学习成本高、很难按需查找等诸多问题，导致实际的代码复用度很低。

个人认为，这些复用的代码，其实无所谓其具体形式（裸码也没关系），关键是这些代码应该具备以下特征：

- 复用代码的颗粒度需要稍大一些且颗粒度一致。一些零碎的代码（如只有十几行代码的函数）是几乎没有复用价值的，因为找到这些代码需要时间，而开发人员更愿意重新写一次。
- 复用代码可以直接使用。复用代码应该是脱离具体业务的，应该是不需要修改即能在新项目中发挥作用。
- 复用代码间是完全隔离的。复用代码之间不能存在依赖关系（互相调用），这样能保证复用代码的独立性。
- 复用代码的调用方式大体上应该是一致的，如封装成类或函数、传入参数或结果参数统一为 JSON 格式数据等。

在笔者设计的几个架构里，复用代码都被称为模块代码。笔者在工作中发现，代码一般应该是两层的，一层是业务代码，另外一层是逻辑代码（模块代码）。业务代码是为实现某个具体业务而编写的，其具体功能的实现交由逻辑代码去完成。以后端应用程序为例，一个接口实现了用户鉴权、数据库查询的功能，那么调用和处理模块的代码即是业务代码，而用户鉴权模块和数据库模块则是逻辑代码。业务代码和逻辑代码的关系如图 10.4 所示。

说明：逻辑代码（模块代码）都是可以复用的，可以在项目中不断积累且直接用在下一个项目中。

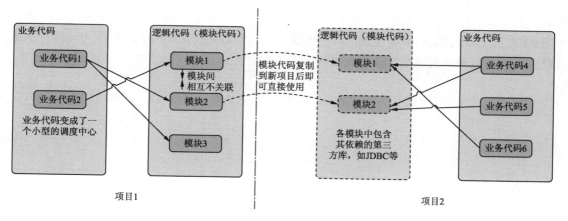

图 10.4　业务代码与逻辑代码的关系

当然，物力资本也不仅仅指的是可复用的代码，也可能是一些子系统，如单点登录系统、媒体库管理系统等。如果这些子系统设计得足够通用的话，那么是可以直接在其他项目中使用的。

10.3.3　物力资本汇聚成生态

当物力资本（复用代码）达到一定规模后，即可汇聚成生态。未来，应该会出现一种模块代码的商城，就像手机的 App 商城一样，通过使用别人开发的模块代码，可以进一步压缩项目的开发成本。在未来的模块代码商城中，应该可以直接搜索到所需的模块代码及其使用例子。当然，目前也有类似的代码库，如 Nodejs 的 npm、Python 的 pip、Java 的 Mavean 等，开发者可以在这些库中引用别人写好的代码。但是这些代码的颗粒度是有点小的，很难被业务代码直接使用。例如，在 Java 的 Mavean 中没有一个解决用户鉴权的模块代码，即使有也很难搜索到，即使能搜索到，还要学习其特别的使用方法。

另外，积累下来的子系统（如单点登录系统、媒体库管理系统）达到一定规模后也可汇聚成生态。未来，当建设大型网站时可能只需要在"子系统商城"中选择几个子系统，即可快速拼凑出大型网站的基本骨架，之后再做一些定制性开发即可。

10.4　小　　结

本章介绍的是笔者个人认为的未来架构。笔者相信，架构本身是一种思想。每个软件工程师都有权利去探索与构造自己心中的想法。就像在武侠世界中，武功招式不只有被学习和传承，还可以被创造。

至此，我们已经介绍完了本书的全部内容。本书中提及的具体技术只是大型网站技术的冰山一角，但这些技术是笔者觉得十分重要的部分。要想成为一个出色的架构师，需要不断学习、不断想象和不断尝试，但是比这些更重要的是，在经历了工作压力、批评或质疑后，你仍然深爱着这个行业及无限包容的软件世界。